中国水生野生动物
保护蓝皮书

中国野生动物保护协会水生野生动物保护分会　著

海洋出版社

2021 年 · 北京

图书在版编目（CIP）数据

中国水生野生动物保护蓝皮书/中国野生动物保护协会水生野生动物保护分会著.—北京：海洋出版社，2021.11

ISBN 978-7-5210-0843-2

Ⅰ.①中… Ⅱ.①中… Ⅲ.①水生动物-野生动物-动物保护-研究报告-中国 Ⅳ.①Q958.884.2

中国版本图书馆 CIP 数据核字（2021）第 236314 号

责任编辑：高朝君

责任印制：安　森

海洋出版社　出版发行

http：//www.oceanpress.com.cn

北京市海淀区大慧寺路 8 号　邮编：100081

北京顶佳世纪印刷有限公司印刷

2021 年 11 月第 1 版　2021 年 11 月北京第 1 次印刷

开本：787mm×1092mm　1/16　印张：18

字数：316 千字　定价：180.00 元

发行部：010-62100090　邮购部：010-62100072　总编室：010-62100034

序

　　水生野生动物是大自然赋予人类的宝贵财富，是人类赖以生存的物质基础。我国地域辽阔、水域生态类型齐全、海岸线漫长，是世界上水生生物多样性极丰富的国家之一。同时，我国人口众多，是世界上最大的发展中国家，人们对水生动物资源利用具有较大的依赖性。为确保水生动物蛋白可持续供给，1986年国家颁布实施了《中华人民共和国渔业法》（以下简称《渔业法》），并通过实施海洋捕捞"双控"减少野外资源获取量；通过伏季休渔、人工增殖放流、海洋牧场建设等加强水生生物养护、修复水生生物生境；通过发展养殖增加水生动物蛋白获取量。我国政府在近40年的时间里，为人类动物蛋白供给作出了巨大的贡献，并得到联合国粮食及农业组织（FAO）的高度赞誉。

　　水生野生动物是水生动物中的珍贵、濒危种类。自1989年3月1日《中华人民共和国野生动物保护法》（以下简称《野生动物保护法》）实施以来，各级渔业主管部门依法开展水生野生动物保护与管理工作，在物种保护、栖息地保护、人工繁育与利用管理等方面做了大量工作。由于水生野生动物与其他水生动物共存于同一水生态系统中，而物种的保护管理分别适用于《渔业法》和《野生动物保护法》，当物种资源发生变化时，其保护管理也随法律管辖范围而变化。因此，保护水生野生动物是一项复杂而又艰巨的工作。

　　本书由中国野生动物保护协会水生野生动物保护分会组织编撰，全面系统地对我国水生野生动物保护历程、政策法规以及管理机制、主要措施等进行了梳理；首次明确了"水生野生动物"的定义，分析了保护管理中存在的问题，并对今后工作的开展进行展望、提出了建议，是开展水生野生动物保护工作的必备知识用书。本书的出版，有利于社会公众对我国水生野生动物保护的认识与了解，有利于促进我国水生野生动物保护事业的发展。

　　党的十八大以来，以习近平同志为核心的党中央把生态文明建设纳入中国特色社会主义"五位一体"总体布局，坚持绿色发展理念，坚持人与自然和谐共生发展方略，以最坚定的决心、最严格的制度、最有力的举措，推动我国生态文明建设。党的十九大提出了加快生态文明体制改革、建设美丽中国新的目标、任务、举措，进一步昭示了以习近平同志为核心的党中央加强生态文明建设的意志和决心。党的十九届五中全会通过了《中共中央关于制定国民经济和社会发展第十四个五年规划和二〇三五年远景目标的建议》，提出了生态文明建设实现新进步的目标；指出推动绿色发展，促进人与自然和谐共生；要坚持"绿水青山就是金山银山"理念，坚持尊重自然、顺应自然、保护自然，坚持节约优先、保护优先、自然恢复为主，守住自然生态安全边界；要求深入实施可持续发展战略，完善生态文明领域统筹协调机制，构建生态文明体系，促进经济社会发展全面绿色转型，建设人与自然和谐共生的现代化。党和国家大力推进生态文明建设，为水生野生动物保护创建了大好形势和发展生机，同时也对水生野生动物保护提出了新的要求，寄予了更高的期望。让我们共同努力，守护住大自然赋予人类的宝贵财富，不因珍贵、濒危的水生野生动物在我们这一代人手中消失而遗憾，为生态文明建设作出贡献。

中国野生动物保护协会水生野生动物保护分会会长　李彦亮

2021 年 1 月 19 日

编写说明

一、《中国水生野生动物保护蓝皮书》是由农业农村部渔业渔政管理局委托中国野生动物保护协会水生野生动物保护分会组织编著。书中系统总结了渔业行政主管部门自承担水生野生动物保护职责以来所做的工作，涉及业务知识面广，力求内容全面、科学性强，希望对水生野生动物保护工作具有参考价值。

二、该书中统计数据，除了有参考文献和标注出处的，其余数据均由中国野生动物保护协会水生野生动物保护分会进行统计核验，全国统计数据中不包含香港、澳门和台湾。

三、该书的编写工作得到农业农村部长江流域渔政监督管理办公室、各省（自治区、直辖市）渔业行政主管部门的大力支持，得到参编单位全国水产技术推广总站、中国科学院水生生物研究所、中国水产科学研究院东海水产研究所、中国水产科学研究院长江水产研究所、中国水产科学研究院珠江水产研究所、中国水产科学研究院淡水渔业研究中心、中国水产科学研究院资源环境中心、中国水产科学研究院长岛增殖实验站、水利部中国科学院水工程生态研究所、陕西师范大学、武汉大学、复旦大学、上海海洋大学、内江师范学院、中山大学、暨南大学、贵州大学、海南大学、海南师范大学、青海湖裸鲤救护中心、宜宾珍稀水生动物研究所、辽宁大连斑海豹自然保护区的大力协作，在此一并表示感谢！

目　录

综　述　篇

物种保护篇

栖息地保护篇

人工繁育与利用篇

水族馆篇

综 述 篇

第一章　概述

　　我国是世界上水生野生动物种类极丰富的国家之一，对世界生物多样性具有极其重要的意义。水生野生动物资源是人类生产生活的重要物质基础，从人类诞生到农牧业的出现，从农业社会发展到工业社会，人类的衣食住行都与水生野生动物密切相关。水生野生动物是海洋生态系统、淡水生态系统、湿地生态系统的重要组成部分，在维护地球生态系统中发挥重要作用。党和国家对水生野生动物资源保护与利用非常重视，在 20 世纪 80 年代先后制定了《中华人民共和国渔业法》（以下简称《渔业法》）和《中华人民共和国野生动物保护法》（以下简称《野生动物保护法》）等，把水生野生动物资源保护纳入了法制管理体系。2006 年，国务院批准颁发了《中国水生生物资源养护行动纲要》，要求依法保护和合理利用水生生物资源，实施可持续发展战略。2016 年，全国人民代表大会常务委员会在修订《野生动物保护法》时，把保护野生动物纳入推进生态文明建设的目标任务之中。在新时期、新形势下，总结我国水生野生动物保护工作，系统梳理存在的问题，展望未来和前景，对促进我国水生野生动物保护事业健康发展具有重要意义。

一、水生野生动物概述

　　在我国，"水生野生动物"这一名称是在 1988 年颁布的《野生动物保护法》中正式出现的，在法律上将野生动物划分为陆生野生动物和水生野生动物，分别由林草主管部门和渔业主管部门进行管理。《野生动物保护法》保护的野生动物是指珍贵、濒危的陆生、水生野生动物和有益的或者有重要经济价值、科学研究价值的陆生野生动物。

（一）水生野生动物定义

　　水生野生动物定义可分为广义和狭义两种，广义是指：在自然界，生活史以水环境为主的动物，通常情况下我们称其为水生动物。狭义是指：纳入《野生动物保护法》管理范畴的珍贵、濒危水生动物，包括列入《国家重点保护野生动物名录》中的水生野生动物和经过农业农村部核准按照国家重点保护野生动物管理的《濒危野生动植物种国际贸易公约》（以下简称"CITES"）附录Ⅰ、附录Ⅱ和附录Ⅲ中的水生动物（含杂交种、人工繁育种）。本书所称"水生野生动物"一般是指狭义定义中受保护的水生动物。

（二）水生野生动物的特点

水生野生动物种类繁多，有哺乳类、爬行类、两栖类、鱼类、虾蟹类、贝类和珊瑚类等；按地理区域划分有生活在热带、亚热带的暖水性种类，高纬度的冷水性种类和在中纬度地区生长与繁衍的温水性种类；从分布水层来看，既有资源丰富的中上层鱼类，又有种类多样的底栖动物种类；从洄游特性来分，既有定居的地方物种，又有长距离迁徙的洄游物种等。

水生野生动物除水生哺乳动物外，大多数具有繁殖量大、对外部环境条件相对要求高、抵御自然天敌能力弱等特点。水生野生动物与水生植物、水生微生物生活在同一生态环境中，它们相互依赖并共同组成食物链，维持水域生态系统的平衡。水生野生动物属于可再生资源，生活在同一生态环境中的水生动物，因水域环境因素、人为活动因素影响，资源波动性大。为加强水生野生动物资源保护与管理，我国把珍贵、濒危的水生野生动物纳入《野生动物保护法》范畴进行管理，对其他的水生野生动物纳入《渔业法》范畴进行管理。

二、水生野生动物保护的意义

（一）保护水生野生动物是维护生物多样性和生态平衡的需要

水生野生动物是海洋生态系统、淡水生态系统和湿地生态系统的重要组成部分。每一个水生野生动物物种，在食物链中都占有独特的位置，若某一个物种消失，将导致若干物种的变化，甚至是灭绝，进而造成整个生态系统平衡的改变。水生野生动物对环境的变化比陆生动物更为敏感，某些水生野生动物种群数量发生变化，往往是自然环境已经恶化和人类生存已经受到严重威胁的征兆。专家认为，水生野生动物资源遭到破坏，会引起生态平衡的改变和环境的恶化，最终将危及人类的生存。保护水生野生动物，就是保护生物多样性和丰富的遗传基因多样性，为人类的生存与发展提供广阔的空间。

（二）保护水生野生动物是实现自然资源可持续利用的需要

水生野生动物是人类宝贵的自然资源，具有重要的科学、生态、经济、军事和文化价值。我国许多水生野生动物在生物学、仿生学、生理学、地质学以及军事科学等方面都具有重大的科研价值。如白鱀豚具有极为发达的大脑及声呐系统，它对人类的军事科学研究具有极高的价值；通过对中华鲟的研究，人们可以了解地球的地质、地貌变迁。任何一个物种的灭绝，都会造成难以弥补的损失。水生野生动物资源是一种生物资源，具有再生性，在遵循自然规律、坚持保护优先、规范管理的基础上，能够实现自然资源的永续利用，对改善和丰富人民的物质和文化生活，造福人类具有重要意义。

（三）保护水生野生动物是建设现代文明国家的需要

国际社会对水生野生动物保护日益重视，对野生动物保护的程度已经逐步成为衡量一个国家和社会文明程度的重要标志，很多国家都将这项工作纳入重要议事日程。此外，千姿百态的水生野生动物及其构成的自然美景还是人类文化艺术的重要灵感源泉。了解认识水生野生动物，既可以欣赏到水生野生动物婀娜的身姿、五彩缤纷的海底世界，又能增长水生野生动物科普知识、陶冶情操，促进社会文明与进步。因此，加强水生野生动物保护，对树立我国保护生物多样性负责任大国形象，促进生态文明建设具有深远的意义。

执笔人：中国野生动物保护协会水生野生动物保护分会　周晓华　陈芳

第二章　中国水生野生动物资源概况

我国海域辽阔，东南面环有渤海、黄海、东海和南海，海岸线总长 18 000 多千米，共有海岛 1 万多个，岛屿岸线 14 000 多千米。我国内陆江河众多，流域面积超过 1 000 平方千米的河流有 1 500 多条，流长在 300 千米的河流有 104 条，其中 1 000 千米以上的有 22 条；湖泊星罗棋布，其中面积大于 1 平方千米的自然湖泊有 2 693 个，总面积 81 414.6 平方千米（李龙 等，2020）。此外，还有沼泽湿地 217 329 平方千米，人工湿地 67 459 平方千米；为水生野生动物提供了赖以生存和繁衍的丰富自然条件。

一、中国水生野生动物资源现状

我国海域处在中、低纬度地带，自然环境和资源条件比较优越，海洋生物物种繁多，已鉴定的海洋生物种类达 20 278 种，有记载的海产鱼类有 2 160 种，海洋哺乳动物有 43 种，海洋爬行动物有 5 种。我国内陆水域中共有鱼类 18 目 54 科 316 属 1 384 种（张春光 等，2015），分布主要集中在东部和南部水系。我国湿地野生动物种类繁多，共有湿地野生动物 25 目 68 科 724 种（赵学敏，2005），其中两栖动物共有 3 目 11 科 300 种，爬行动物有 3 目 13 科 122 种，兽类有 7 目 12 科 31 种，此外还有上百种虾蟹类。

二、中国珍贵、濒危水生野生动物资源现状

在我国现有的 6 000 余种脊椎动物中，水生物种占 70% 左右。在 2003 年出版的《中国濒危动物红皮书·鱼类》中，已有 92 种鱼类被列为野生绝迹、濒危、易危、稀有等级。目前已列入 CITES 禁止贸易和限制贸易的水生动植物有 400 多种。我国 1989 年发布的《国家重点保护野生动物名录》中有 48 种（类）水生动物种，其中属于国家一级保护野生动物的有：白鱀豚、白鲟、鼋、儒艮、中华白海豚、中华鲟和红珊瑚等；属于国家二级保护野生动物的有：文昌鱼、

大鲵和胭脂鱼等。此外，还有许多珍贵水生野生动物被列入地方重点保护野生动物名录。2021年2月1日，经国务院批准，国家林业和草原局、农业农村部联合发布公告，公布了新调整的《国家重点保护野生动物名录》，其中水生野生动物有294种和8类，涉及15纲34目77科。

三、中国水生野生动物资源特点

（一）生态类型齐全，生物多样性丰富

中国广阔的国土、多样化的气候以及复杂的自然地理条件形成了多样化的生态系统，包括江河、湖泊、海洋与海岸自然生态系统，涵盖寒带、温带、亚热带及热带，这些多样化的生态系统孕育了丰富的水生生物物种多样性，使我国成为世界上水生生物多样性极丰富的国家之一。全世界共有11 952种内陆鱼类，我国内陆鱼类种数占11.32%，与我国所处纬度相近或高于我国的俄罗斯、美国、加拿大和欧洲大陆相比，我国内陆鱼类种数每百万平方千米分布141种、美国为99种、欧洲为51种，俄罗斯和加拿大分别为25种和24种，这反映出我国内陆鱼类有较高的物种多样性。

（二）特有种多且濒危程度高

由于特殊的自然地理条件，我国拥有大量特有的水生动物物种。我国内陆鱼类中一半以上为特有种，特有种数是美国的2.5倍、欧洲的3倍以上、俄罗斯的近30倍、加拿大的275倍（张春光 等，2015）。根据对《中国濒危动物红皮书》《世界自然保护联盟濒危物种红色名录》《中国物种红色名录》（第二卷）、CITES附录和《国家重点保护野生动物名录》等文献资料整理，目前我国内陆鱼类濒危物种有252种，其中211种为特有种，占濒危物种总数的83.73%。国家重点保护水生野生动物白鱀豚、长江江豚、扬子鳄、长江鲟、大鲵、秦岭细鳞鲑、川陕哲罗鲑和胭脂鱼等都是我国特有种。

执笔人：中国野生动物保护协会水生野生动物保护分会　周晓华　陈芳
全国水产技术推广总站　罗刚　李永涛

第三章 中国水生野生动物保护管理概况

中华人民共和国成立后,野生动物保护工作划入国家林业主管部门职能,保护对象主要以陆生野生动物为主。当时,我国经济根基还比较薄弱,迫切需要通过多种方式完成国民财富积累,丰富的水生野生动物资源成为宝贵的食物来源,为我国群众提供了大量的优质动物蛋白,一些珍贵品种还作为名特优产品出口海外,为国家换来了宝贵的外汇。直到改革开放后,我国水生野生动物保护工作才逐步开展。

一、水生野生动物保护发展历程

(一)保护初期阶段(1979—1986年)

为了繁殖保护水产资源,发展水产事业,1979年2月10日,国务院颁布了《中华人民共和国水产资源繁殖保护条例》,对有经济价值的水生动物和植物的亲体、幼体、卵子、孢子等以及赖以繁殖成长的水域环境加以保护;明确要求国家水产总局、各海区渔业指挥部和地方各级革命委员会,应当加强对水产资源繁殖保护工作的组织领导;规定了保护对象和采捕原则,把50种鱼类、7种虾类、14种贝类和白鳍豚、鲸、大鲵、海龟、玳瑁、海参、乌贼、鱿鱼、乌龟、鳖纳入保护之中。1980年,国家水产总局印发文件,组织开展全国渔业自然资源调查和区划工作,历时6年完成了中国名贵珍稀水生动物调查,为开展水生野生动物保护,建立水生野生动物自然保护区提供了科学依据。1986年,《渔业法》颁布实施,经过多次修改完善,确定国家对渔业生产实行以养殖为主,养殖、捕捞、加工并举,因地制宜,各有侧重的方针。《渔业法》专门制定了"渔业资源的增殖和保护"章节,并规定了"国家对白鳍豚等珍贵、濒危水生野生动物实行重点保护,防止其灭绝。禁止捕杀、伤害国家重点保护的水生野生动物。因科学研究、驯养繁殖、展览或者其他特殊情况,需要捕捞国家重点保护的水生野生动物的,依照《中华人民共和国野生动物保护法》的规定执行"。

（二）保护发展阶段（1987—2016 年）

1987 年，农牧渔业部渔政渔港监督管理局组织中国水产科学研究院等单位开展《国家重点保护水生野生动物名录》制定工作，1988 年，农业部与林业部共同组成"野生动物保护法"起草小组，开展法律的起草工作，为水生野生动物保护纳入法制化管理奠定了基础。1989 年 1 月 14 日，经国务院批准，《国家重点保护野生动物名录》发布。1988 年 11 月 8 日，第七届全国人民代表大会常务委员会第四次会议通过了《野生动物保护法》，于 1989 年 3 月 1 日起实施。法律规定："国家对野生动物实行加强资源保护、积极驯养繁殖、合理开发利用的方针，鼓励开展野生动物科学研究。"并明确国务院渔业行政主管部门主管全国水生野生动物保护工作，县级以上地方政府渔业行政主管部门主管本行政区域内水生野生动物保护工作。2006 年，国务院颁布了《中国水生生物资源养护行动纲要》，把生物多样性与濒危物种保护行动纳入其中。围绕水生野生动物保护，从中央到省、自治区、直辖市人民政府相继制定配套法规和部门规章；各级渔业主管部门积极开展物种保护与救护工作；加强栖息地保护与保护区的建设管理；开展水生野生动物人工繁殖、增殖放流、生态修复工作；加强执法，严厉打击非法捕捉、出售、利用水生野生动物及其产品行为和破坏水生野生动物栖息地活动。各地还积极开展水生野生动物保护法律法规和科普知识宣传，提高社会公众对水生野生动物保护的认识，扩大社会影响。全国呈现保护与合理利用相结合、专管与群管相结合、社会各相关单位和志愿者共同参与的良好局面。

（三）调整提升阶段（2017 年—）

2016 年 7 月 2 日，第十二届全国人民代表大会常务委员会第二十一次会议通过修订后的《野生动物保护法》，于 2017 年 1 月 1 日正式实施。修订后的《野生动物保护法》首次把"生态文明建设"纳入野生动物保护目标，并将"国家对野生动物实行加强资源保护、积极驯养繁殖、合理开发利用的方针，鼓励开展野生动物科学研究"调整为"国家对野生动物实行保护优先、规范利用、严格监管的原则，鼓励开展野生动物科学研究，培育公民保护野生动物的意识，促进人与自然和谐发展"。修订后的《野生动物保护法》大篇幅增加了栖息地保护内容；将野生动物保护经费纳入政府预算；明确野生动物保护属于社会公益事业；要求教育部门、学校应当对学生进行野生动物保护知识教育；将"驯养繁殖"改成"人工繁育";把野生动物遗传资源列入保护范围;扩大了野生动物伤害的补偿范围;将野生动物许可管理向省级部门转移;明确提出野生动物及其制品专用标识制度;明确提出禁止食用野生动物及其制品;禁止为出售、购买、利用野生动物或者禁止使用的猎捕工具发布广告;禁止网络交易平台、商品交易市场等交易场所,为违法出售、购买、利用野生动物及其制品或者禁止使用的猎捕工具提供交易服务;明确规范野生动物的野外放归和放生活动;明确了中国的国家责任和义务,建立防范、打击野生动物及其制品的走私和非法贸易的部门协调机制,开展防范、打击走私和非法贸易行动。

为贯彻落实新修订的《野生动物保护法》,2017年4月20日,农业部印发《关于贯彻实施〈野生动物保护法〉加强水生野生动物保护管理工作的通知》。通知从五个方面提出要求:一是认真组织开展新保护法的学习和宣贯工作;二是抓紧做好配套法规规章的制修订和清理工作;三是积极稳妥推进行政审批工作的平稳过渡;四是调整对水生野生动物及其制品运输、携带、寄递等活动的查验要求;五是进一步加强水生野生动物保护管理工作。同时,农业部渔业渔政管理局组织相关单位开展配套法规的起草修改工作,开展水生野生动物及其制品标识研发与管理平台建设,加强旗舰物种保护行动计划制订工作,并指导中国野生动物保护协会水生野生动物保护分会(以下简称"水生野生动物保护分会")搭建物种保护交流平台,聚集社会各界力量参与水生野生动物保护工作。

2020年,全国人大常委会出台了《关于全面禁止非法野生动物交易、革除滥食野生动物陋习、切实保障人民群众生命健康安全的决定》,聚焦非法交易、滥食野生动物的突出问题,在相关法律修改之前,全面禁止食用野生动物,严厉打击非法野生动物交易,为维护公共卫生安全和生态安全,保障人民群众生命健康安全提供有力的法制保障。同时,全国人大常委会启动了《野生动物保护法》修订工作。2021年,国务院批准了新修订的《国家重点保护野生动物名录》,扩大了物种保护的范围。水生野生动物保护迎来了新形势、新要求。

二、水生野生动物法律法规

为加强水生野生动物资源保护与管理,各级渔业行政主管部门及其渔政管理机构高度重视水生野生动物保护法制建设,根据水生野生动物资源保护现状和存在的问题,联合各级人大、政府、执法机构和科研机构等部门组成调查组多次深入水生野生动物自然保护区、海洋馆、湿地和管理机构调查研究，广泛听取各界对水生野生动物保护法制建设意见和建议，并在充分论证研究后，按有关程序陆续颁布和修改了一系列水生野生动物保护法律法规和规范性文件，使水生野生动物保护法制建设不断完善。

（一）《野生动物保护法》

为保护、拯救珍贵、濒危野生动物，保护、发展和合理利用野生动物资源，维护生态平衡，1988 年 11 月 8 日，第七届全国人民代表大会常务委员会第四次会议通过了《野生动物保护法》，于 1989 年 3 月 1 日起实施。2016 年 7 月 2 日，第十二届全国人民代表大会常务委员会第二十一次会议对《野生动物保护法》进行修订，从保护目标、保护原则、管理制度等方面，围绕全面贯彻党中央推进生态文明建设的部署，针对实践中野生动物保护的需要进行了大篇幅的修订。《野生动物保护法》共五章、五十八条，对野生动物及其栖息地保护、野生动物管理、法律责任进行了全方位的明确规定，是水生野生动物保护管理最重要的法律依据。

（二）《渔业法》

为了加强渔业资源的保护、增殖、开发和合理利用，发展人工养殖，保障渔业生产者的合法权益，促进渔业生产的发展，适应社会主义建设和人民生活的需要，农牧渔业部组织起草了《渔业法》。《渔业法》于 1986 年 1 月 20 日第六届全国人民代表大会常务委员会第十四次会议通过，1986 年 7 月 1 日起实施，期间经过四次修正，最近一次修订为 2013 年 12 月 28 日。《渔业法》共六章、五十条，对渔业养殖和捕捞、渔业资源增殖和保护及法律责任进行了规定。《渔业法》是保护渔业水域生物资源的母法，也是保护管理水生野生动物资源的重要法规。在新时期，为推动渔业高质量发展，推进实施现代渔业强国建设和乡村振兴战略，新一轮的《渔业法》修订工作也在加快推进。

（三）《中华人民共和国水生野生动物保护实施条例》

《中华人民共和国水生野生动物保护实施条例》（以下简称《水生野生动物保护实施条例》）于 1993 年 9 月 17 日经国务院批准，1993 年 10 月 5 日由农业部发布。《水生野生动物保护实施条例》共五章、三十五条，是以 1988 年版《野生动物保护法》为依据，针对水生野生动物保护管理颁布的专门性法规。《水生野生动物保护实施条例》进一步明确了各级渔业行政主管部门对水生野生动物保护管理的职能和任务；政府、单位和个人对水生野生动物保护的责任和义务；相关行政部门在其职能管辖范围内对水生野生动物及其产品进行监督管理的规定。《水生野生动物保护实施条例》对捕捉国家重点保护水生野生动物情形、申报程序、不批准情形进行了详细规定，对奖励与处罚也进行了明确规定。2016 年《野生动物保护法》修订实施后，农业农村部也正在加快对《水生野生动物保护实施条例》的修订。

（四）《中华人民共和国自然保护区条例》

为了加强自然保护区的建设和管理，保护自然环境和自然资源，1994 年 10 月 9 日，国务院令第 167 号发布了《中华人民共和国自然保护区条例》（以下简称《自然保护区条例》）。《自然保护区条例》共五章、四十四条，2011 年和 2017 年国务院对其进行了两次修订。《自然保护区条例》对自然保护区进行了定义，规定了国家对自然保护区实行综合管理与分部门管理相结合的管理体制，国务院环境保护行政主管部门负责全国自然保护区的综合管理，国务院林业、农业、地质矿产、水利、海洋等有关行政主管部门在各自的职责范围内，主管有关的自然保护区。根据党的十九届三中全会审议通过的《中共中央关于深化党和国家机构改革的决定》《深化党和国家机构改革方案》和第十三届全国人民代表大会第一次会议批准的《国务院机构改革方案》，水生野生动物自然保护区管理职能被划入国家林业和草原局。

（五）《中华人民共和国濒危野生动植物进出口管理条例》

为了加强对濒危野生动植物及其产品的进出口管理，保护和合理利用野生动植物资源，履行 CITES，2006 年 4 月 29 日国务院令第 465 号发布了《中华人民共和国濒危野生动植物进出口管理条例》（以下简称《濒危野生动植物进出口管理条例》），自 2006 年 9 月 1 日起实施。《濒危野生动植物进出口管理条例》明确了国务院林业、农业（渔业）主管部门，按照职责分工主管全国濒危野生动植物及其产品的进出口管理工作，并做好与履行公约有关的工作。《濒危野生动植物进出口管理条例》对国家重点保护的野生动植物及其产品、批准进口或者出口的公约限制进出口的濒危野生动植物及其产品，办理核发允许进出口证明书进行了规定。

（六）《中华人民共和国水生野生动物利用特许办法》

为保护、发展和合理利用水生野生动物资源，加强水生野生动物的保护与管理，规范水生野生动物利用特许证件的发放及使用，农业部于 1999 年 6 月 24 日发布了《中华人民共和国水生野生动物利用特许办法》（以下简称《水生野生动物利用特许办法》）。《水生野生动物利用特许办法》共七章、四十六条，根据《野生动物保护法》《水生野生动物保护实施条例》的规定制定。《水生野生动物利用特许办法》规定："凡需要捕捉、驯养繁殖、运输以及展览、表演、出售、收购、进出口等利用水生野生动物或其产品的，按照本办法实行特许管理。"同时对捕捉、驯养繁殖、经营利用、运输、进出口水生野生动植物及其产品的，必须严格按照法律的规定和程序，实行特许证件管理。2016 年《野生动物保护法》修订实施后，农业农村部也正在加快对《水生野生动物利用特许办法》的修订。

（七）《水生生物增殖放流管理规定》

为规范水生生物增殖放流活动，科学养护水生生物资源，维护生物多样性和水域生态安全，促进渔业可持续健康发展，根据《渔业法》《野生动物保护法》等法律法规，2009 年 3 月 20 日农业部第 4 次常务会议审议通过《水生生物增殖放流管理规定》。《水生生物增殖放流管理规定》第九条规定，用于增殖放流的人工繁殖的水生野生动物物种，应当来自有资质的生产单位。其中，属于经济物种的，应当来自持有《水产苗种生产许可证》的苗种生产单位；属于珍贵、濒危物种的，应当来自持有《水生野生动物驯养繁殖许可证》的苗种生产单位。

三、水生野生动物管理制度

（一）栖息地管理制度

《野生动物保护法》第十二条规定，国务院野生动物保护主管部门应当会同国务院有关部门，根据野生动物及其栖息地状况的调查、监测和评估结果，确定并发布野生动物重要栖息地名录。2017 年 12 月 13 日，农业部发布第 2619 号公告，将四川省诺水河水獭重要栖息地等 33 处水生野生动物重要栖息地列入《国家重点保护水生野生动物重要栖息地名录》（第一批），自 2018 年 1 月 1 日起实施。

（二）海洋伏季休渔制度

海洋伏季休渔制度是经国务院批准、由渔业行政主管部门组织实施的保护海洋渔业资源的一种制度，规定每年的三伏季节在我国管辖的海域一侧不得从事捕捞作业。中国自 1995 年开始，在东海、黄（渤）海海域实行全面伏季休渔制度；从 1999 年开始，南海海域也开始实施伏季休渔制度；覆盖了渤海、黄海、东海和南海我国管辖的 4 个海区。休渔时间从最初的两个月延长到三个半月至四个半月，每年参加休渔的捕捞渔船超过 10 万艘，休渔渔民达上百万人，涉及沿海 11 个省（自治区、直辖市）和香港、澳门特别行政区。

（三）长江禁渔制度

长江禁渔制度是保护长江流域渔业资源的措施。农业部于 2002 年规定，每年从云南省德钦县至长江口的长江干流，在云南、贵州、四川、重庆和湖北等省、直辖市境内的赤水河、乌江、嘉陵江、岷江、汉江等江段，鄱阳湖和洞庭湖区范围内实施休渔。休渔时间为：云南德钦县至葛洲坝以上为每年的 2 月 1 日至 4 月 30 日；葛洲坝以下至长江口为每年 4 月 1 日至 6 月 30 日。2015 年 12 月 23 日，农业部发布通告（农业部通告〔2015〕1 号）公布调整长江流域禁渔制度，扩大了禁渔范围，覆盖了长江主要干支流和重要湖泊，统一长江上、中、下游的禁渔时间为每年 3 月 1 日 0 时至 6 月 30 日 24 时，从 3 个月延长到 4 个月。

为贯彻落实习近平总书记关于"长江大保护"指示精神，2019 年 12 月 27 日，《农业农村部关于长江流域重点水域禁捕范围和时间的通告》对长江上游珍稀特有鱼类国家级自然保护区等 332 个自然保护区和水产种质资源保护区，自 2020 年 1 月 1 日 0 时起，全面禁止生产性捕捞。长江干流和重要支流除水生生物自然保护区和水产种质资源保护区以外的天然水域，最迟自 2021 年 1 月 1 日 0 时起实行暂定为期 10 年的常年禁捕，其间禁止对天然渔业资源的生产性捕捞。鄱阳湖、洞庭湖等大型通江湖泊除水生生物自然保护区和水产种质资源保护区以外的天然水域，由有关省级渔业主管部门划定禁捕范围，最迟自 2021 年 1 月 1 日 0 时起，实行暂定为期 10 年的常年禁捕，其间禁止对天然渔业资源的生产性捕捞。与长江干流、重要支流、大型通江湖泊连通的其他天然水域，由省级渔业行政主管部门确定禁捕范围和时间。禁捕期间，因育种、科研、监测等特殊需要采集水生生物的，或在通江湖泊、大型水库针对特定渔业资源进行专项（特许）捕捞的，由有关省级渔业主管部门根据资源状况制定管理办法，对捕捞品种、作业时间、作业类型、作业区域、准用网具和捕捞限额等作出规定，报农业农村部批准后组织实施。

（四）经营利用许可制度

为规范野生动物经营利用管理，2017 年 1 月 1 日施行的《野生动物保护法》对特许利用审批权限进行了调整。申请捕捉国家一级保护水生野生动物的和国务院对批准机关另有规定的国家重点保护水生野生动物人工繁育许可，报国务院渔业行政主管部门审批。申请捕捉国家二级保护水生野生动物的，申请人工繁育国家重点保护水生野生动物的，申请出售、收购、利用国家重点保护水生野生动物及其产品的，报所在地省级人民政府渔业行政主管部门审批。将运输证的办理取消，改为：运输、携带、寄递国家重点保护野生动物及其制品出县境的，应当持有或者附有依法取得的许可证、批准文件的副本或者专用标识以及检疫证明。进出口 CITES 附录的水生野生动物或者其制品，出口国家重点保护水生野生动物或者其制品的审批没有变化。

（五）标识管理制度

标识管理制度是为了规范野生动物及其制品利用行为的管理制度。2015 年 1 月 8 日，农业部印发了《关于加强大鲵资源保护规范经营利用的通知》（农渔发〔2015〕2 号），通知明确了对养殖大鲵及其产品实行标识管理。2017 年 1 月 1 日施行的《野生动物保护法》规定，因科学研究、人工繁育、公众展示展演、文物保护或者其他特殊情况，需要出售、购买、利用国家重点保护野生动物及其制品的，应当经省、自治区、直辖市人民政府野生动物保护主管部门批准，并按照规定取得和使用专用标识，保证可追溯。目前，农业农村部正在制定水生野生动物标识管理办法。

（六）人工繁育和增殖放流制度

根据《野生动物保护法》有关规定，国家支持有关科学研究机构因物种保护目的人工繁育国家重点保护野生动物，人工繁育国家重点保护野生动物实行许可制度。近年来，各地积极组织力量开展人工繁育技术攻关，水生野生动物的繁殖和资源增殖成效显著。中华鲟、胭脂鱼、松江鲈、新疆大头鱼、秦岭细鳞鲑、大鲵等珍贵、濒危物种已实现了全人工繁殖。目前，我国已初步形成了以水生野生动物繁育基地、水族馆、海洋馆等为主体的水生野生动物繁育体系，繁殖物种数量不断增加，为开展水生野生动物的增殖放流、恢复野生种群数量提供了坚实的基础。

四、国务院有关水生野生动物保护重要政策性文件

（一）《关于加强野生动物保护　严厉打击违法犯罪活动的紧急通知》

为加强野生动物保护工作，严厉打击各种违法犯罪活动，1991 年 1 月 8 日，国务院印发了《关于加强野生动物保护　严厉打击违法犯罪活动的紧急通知》（国发明电〔1991〕1 号）。通知要求：切实加强领导，大力宣传贯彻《野生动物保护法》；严厉打击破坏野生动物的犯罪活动；加强野生动物及其产品经营活动的管理；严格猎枪、弹具管理；加强野生动物及其产品的进出口管理。

（二）《中国水生生物资源养护行动纲要》

为全面贯彻落实科学发展观，切实加强国家生态建设，依法保护和合理利用水生生物资源，实施可持续发展战略，根据新阶段、新时期和市场经济条件下水生生物资源养护管理工作的要求，国务院于 2006 年 2 月 14 日印发了《中国水生生物资源养护行动纲要》。《中国水生生物资源养护行动纲要》分五个部分：水生生物资源养护现状及存在问题；水生生物资源养护的指导思想、原则和目标；渔业资源保护与增殖行动；生物多样性与濒危物种保护行动；水域生态保护与修复行动。纲要的发布，使农业农村部在水生生物多样性保护方面的工作得到了系统性的整合和拓展，对水生野生动物保护相关工作的开展有非常重要的战略指导意义。

（三）《关于促进海洋渔业持续健康发展的若干意见》

为促进海洋渔业持续健康发展，2013 年 3 月 8 日，国务院印发了《关于促进海洋渔业持续健康发展的若干意见》。意见就加强海洋渔业资源和生态环境保护提出了要求。一是全面开展渔业资源调查。健全渔业资源调查评估制度，科学确定可捕捞量，研究制定渔业资源利用规划。每五年开展一次渔业资源全面调查，常年开展监测和评估，重点调查濒危物种、水产种质等重要渔业资源和经济生物产卵场、江河入海口、南海等重要渔业水域。二是大力加强渔业资源保护。严格执行海洋伏季休渔制度，积极完善捕捞业准入制度，开展近海捕捞限额试点，严格控制近海捕捞强度。加强濒危水生野生动植物和水产种质资源保护，建设一批水生生物自然保护区和水产种质资源保护区，严厉打击非法捕捞、经营、运输水生野生动植物及其产品的行为。三是切实保护海洋生态环境。

加强海洋生态环境监测体系建设，强化监测能力。

(四)《关于加强长江水生生物保护工作的意见》

为加强长江水生生物保护工作，2018年9月24日，国务院办公厅印发了《关于加强长江水生生物保护工作的意见》。意见要求：到2020年，长江流域重点水域实现常年禁捕，水生生物保护区建设和监管能力显著提升，保护功能充分发挥，重要栖息地得到有效保护，关键生境修复取得实质性进展，水生生物资源恢复性增长，水域生态环境恶化和水生生物多样性下降趋势基本遏制。到2035年，长江流域生态环境明显改善，水生生物栖息生境得到全面保护，水生生物资源显著增长，水域生态功能有效恢复。意见对开展生态修复、拯救濒危物种、加强生境保护、完善生态补偿、加强执法监管、强化支撑保障、加强组织领导作出了具体部署。

五、水生野生动物保护管理成就

(一) 法规建设不断完善

自《野生动物保护法》颁布实施以来，为加强水生野生动物保护配套法规建设，农业部组织开展对水生野生动物保护管理开展调研、起草相关法规，先后出台了《水生野生动物保护实施条例》《中华人民共和国水生动植物自然保护区管理办法》《水生野生动物利用特许办法》。2017年，新修订的《野生动物保护法》实施后，农业农村部先后颁布了《人工繁育国家重点保护水生野生动物名录》《濒危野生动植物种国际贸易公约附录水生动物物种核准为国家重点保护野生动物名录》《水生野生动物及其制品价值评估办法》等规章制度，并着手修订《水生野生动物保护实施条例》《水生野生动物利用特许办法》，制定《国家重点保护水生野生动物及其制品专用标识管理办法》《罚没水生野生动物及其制品管理和处置办法》《水生野生动物收容救护管理办法》，有效促进了水生野生动物保护法制化、制度化建设发展。

(二) 保护体系不断健全

经过30多年的发展，水生野生动物保护已初步形成专业化程度较高的完整的保护管理体系。农业农村部负责全国水生野生动物保护工作，县级以上各级渔业行政部门负责本行政区域内水生野生动物保护工作。截至2019年，全国拥有渔业执法机构 2 587 个，渔政管理人员 32 784 人，其中大专以上学历人数占 80.7%；渔业科研机构 87 个，渔业科研人员 6 213 人，其中高级职称以上人数占 27.5%；水产技术推广机构 11 705 个；具备水生野生动物及其制品鉴定资格的科研教学单位 32 家，成立了农业农村部濒危水生野生动植物科学委员会；全国共建成水生野生动物自然保护区 220 余个，水生野生动物救护中心 30 余个，水生野生动物救护站 100 多个。建立了覆盖全国范围的水生野生动物保护管理体系和技术支撑体系，形成了以渔政执法机构、水生生物自然保护区、水族馆、海洋馆、人工繁殖基地、教学科研机构为框架，覆盖全国的水生野生动物救护网络体系。

（三）资源养护取得长足发展

为加强水生野生动物资源保护，农业农村部组织编制并发布了中华鲟、长江鲟、长江江豚、中华白海豚、斑海豹、海龟、鼋等物种保护（拯救）行动计划，为一段时期的保护管理工作作出统一规划部署。在一些保护物种人工繁育取得成效的基础上，各级渔业主管部门组织有关单位开展水生野生动物增殖放流活动。据不完全统计，截至 2019 年年底，累计放流中华鲟 800 余万尾，史氏鲟、达氏鳇 500 余万尾，胭脂鱼 100 余万尾，大鲵十余万尾；补充恢复野外水生野生动物资源，并对中华鲟、长江江豚等部分物种开展迁地保护。自 1995 年起，我国在东海、黄海、渤海和南海海域陆续实行全面伏季休渔制度，实现了我国海域伏季休渔的全覆盖。从 2002 年开始，长江、珠江、淮河和黄河先后在国家层面建立了禁渔制度；从 2019 年起又将海河、辽河、松花江流域纳入禁渔范围，实现了我国内陆七大重点流域和主要江河湖海休渔禁渔制度全覆盖。自 2006 年以来，国家实施水生生物资源养护行动，各地共举办水生动物增殖放流活动 25 300 多场次，放流的水生动物种类超过 200 种，累计增殖放流各类水生动物 5 200 多亿尾，放流水域遍及我国重要江河、湖泊、水库和近海海域。

（四）重要栖息地基本得以保护

为保护水生野生动物栖息地，1990 年农业部启动了水生野生动物自然保护区的建设与管理工作，1992 年经国务院批准建立了广东惠东海龟国家级自然保护区、湖北长江新螺段白鱀豚国家级自然保护区和湖北长江天鹅洲白鱀豚国家级自然保护区。截至 2018 年年底，我国已经建立各级水生生物自然保护区 220 余处，其中国家级 25 处，省级 50 处，保护了超过 500 万公顷的水生野生动物重要栖息地和超过 70% 的国家重点保护水生野生动物物种。2017 年 12 月 31 日，农业部发布公告，划定了四川省诺水河等 33 处国家重点保护水生野生动物重要栖息地，总面积达到 1.14 万平方千米。

（五）保护发展取得积极成效

在国家鼓励发展野生动物人工繁殖方针指导下，各级渔业科研机构联合相关单位、企业积极开展水生野生动物人工繁殖研究，其中有 30 多种国家重点保护水生野生动物取得全人工繁育成功，还有长江江豚、海豚、海豹、白鲸、绿海龟等不少物种在人工饲养环境中繁殖出子一代。目前，我国已初步形成了以科研机构、人工繁殖基地、水族馆、海洋馆为主体的水生野生动物人工繁殖体系，通过发展人工繁育，极大地缓解了水生野生动物野外种群压力，同时人工繁育个体还能通过放归野外等方式修复野外资源，反哺野生动物保护。另外，对人工繁育子二代的野生动物适当的科学利用，还解决了保护区所在地的就业问题，成为农民增收，解决并改善当地农民生计和精准扶贫的重要手段。以我国的鲟鳇鱼类养殖产业为例，目前产业规模为全球第一，2019 年养殖产量就达 10 万吨，鱼子酱产量 400 吨以上，社会总产值超过 100 亿元，直接就业人员近 20 万人。还有大鲵养殖产业，自 2007 年仿生态养殖大鲵技术成熟后，带动了一大批山区农户参与养殖，并已成为部分农民家庭生活的重要经济来源，极大地提高了当地农民的收入水平。据调查统计，截至 2019 年年底，全国共有养殖企业约 1 500 家、养殖农户约 8 万户，加工企业超过 50 家，从业人员约 15 万人，年繁育大鲵苗 2 100 万尾，养殖存量超过 5 000 万尾，商品鲵 3.2 万吨，社会总产值近 100 亿元。可以说，我国在通过人工繁育保护野生动物方面，取得了成功经验，探索出了一条保护野生动物的可行之路。

（六）基本形成专管与群管相结合的保护局面

自《野生动物保护法》颁布实施以来，各级渔政管理机构积极开展执法监督，针对滥捕乱捞、非法经营和走私贩卖水生野生动植物及其产品以及破坏水生野生动植物和栖息地行为进行打击和查处。农业农村部门多次会同或配合环保、工商、公安、交通、铁路、民航、海关、海警等部门，联合开展保护水生野生动植物的清理整顿和执法监管活动，查处了一批重大案件。近年来，农业农村部组织开展渔政"亮剑"系列专项执法行动，各地渔政部门针对水生野生动物聚集的重点地区、重点场所、重点物种、重点环节，加强执法监管，严厉查处非法猎捕、交易、运输、食用水生野生动物及其产品行为。同时，农业农村部先后出台和公布《濒危水生野生动植物鉴定单位名单》《水生野生动物及其制品价值评估办法》，为渔政、工商、市场监管、海关、公安和司法等部门严厉打击不法行为提供了技术支撑。随着我国生态文明建设的深入，社会各界对水生野生动物保护的热情也在不断高涨。2017 年，在农业农村部长江流域渔政监督管理办公室（以下简称"农业农村部长江办"）的指导与支持下，水生野生动物保护分会组织湖北省长江生态保护基金会和长江江豚重点水域渔政管理机构，通过"99 公益日"募捐资金和爱心企业捐助资金，在长江水生野生动物重点分布区域，开展"协助巡护"试点示范工作，组织退捕渔民协助渔政开展巡护执法，取缔非法网具，打击"电、毒、炸"行为，监督沿江乱排乱放等危害长江水域生态环境、破坏渔业资源行为。不少社会公益组织和志愿者也积极参与水生野生动物保护，建言水生野生动物保护之策、参与水生野生动物救护行动、检举破坏水生野生动物资源的违法行为，并监督渔政执法工作的开展。

（七）加入国际保护公约，加强国际交流与合作

我国于 1980 年加入《国际捕鲸公约》及国际捕鲸委员会；1981 年加入 CITES；1982 年加入《关于特别是作为水禽栖息地的国际重要湿地公约》；1992 年加入《生物多样性公约》；1996 年加入《联合国海洋法公约》，并签署了《有关养护和管理跨界鱼类种群和高度洄游鱼类种群的规定的协定》；2006 年加入了《南极海洋生物资源养护公约》。加入国际保护公约以来，农业农村部在水生物种保护国际问题研究、履行公约决议、参与国际谈判、协调对外立场、参与相关国际管理规则制定等方面发挥了积极作用。除履约外，还同美国、日本等国家互派管理技术人员进行考察交流活动，加强了对外宣传，增进了合作，取得了良好的效果。

（八）积极开展水生野生动植物保护宣传教育活动

为提高社会公众对水生野生动物保护意识，调动社会公众广泛参与水生野生动物保护，各级渔业部门通过举办讲座，法律法规知识竞赛，制作水生野生动物保护专题节目，发放宣传画册、图片、书籍，动物保护科普知识进校园，开展了形式多样的宣传教育活动。2007 年，水生野生动物保护分会成立，通过水生野生动物保护分会这一平台，大力开展水生野生动物保护宣传活动。自 2010 年起，农业部在全国组织开展"全国水生野生动物保护科普宣传月"（以

下简称"科普宣传月")活动，通过政府、企业及民间组织的大力协同、广泛宣传，截至 2020 年已连续 11 年举办科普宣传月活动。科普宣传月活动深入社区、学区、渔区、景区，使社会公众保护水生野生动物意识逐步增强。水生野生动物保护分会还联合社会各相关组织成立了长江江豚、中华鲟、中华白海豚、斑海豹、海龟、珊瑚六个物种保护联盟，搭建物种保护交流平台，设立中华白海豚、海龟、长江江豚保护宣传日，开展保护宣传；聘请国家一级演员、中国戏剧家协会主席濮存昕，奥运会、世乒赛和世界杯单打冠军、中国乒乓球协会主席刘国梁，著名影视演员刘烨，担任"中国水生野生动物保护公益形象大使"；拍摄制作水生野生动物保护公益广告片，在中央电视台等新闻媒体平台进行播放宣传。通过宣传教育，广大群众保护水生野生动物的意识普遍得到加强，群众自觉保护水生野生动物的行为屡见不鲜，并逐渐形成社会新风。

六、水生野生动物保护存在的主要问题

自渔业主管部门负责水生野生动物保护工作以来，经过 30 余年的发展，水生野生动物保护从无到有、从弱到强，取得了可喜的成效。但是，与新时代党和国家对生态文明建设的要求相比还存在一定差距，还不能满足新形势、新任务下水生野生动物保护的需求。

（一）水生野生动物生存环境不断恶化，面临的保护压力越来越大

我国是世界上最大的发展中国家，随着人口的不断增加和经济的快速发展，大量未经处理的工业废水和城市污水直接排入江河湖海，导致水生野生动物赖以生存的环境日趋恶化；特别是建闸筑坝，截断了水生野生动物的洄游通道，对水生野生动物的生活习性、生态环境产生了不可逆转的影响；日趋繁忙的航运和海底石油、天然气等资源的开采，河滩挖沙、围湖造田、海岸滩涂开发、填海造地、农业面源污染等，不仅挤占了水生野生动物的生活空间，更对水生野生动物造成直接伤害，对水生野生动物资源造成了毁灭性的破坏。另外，非法捕捞、有害渔具屡禁不止，破坏水生野生动物资源行为时有发生，水生野生动物的保护压力越来越大。

（二）水生野生动物保护管理薄弱，难以适应保护事业发展的需要

根据《野生动物保护法》和国务院"三定"方案，农业农村部负责水生野生动物保护管理，国家林业和草原局负责陆生野生动物保护管理。目前，在人

员的安排上，作为全国水生野生动物保护主管部门，农业农村部专职从事水生野生动物保护管理的人员只有数人。此外，国家层面协助主管部门开展工作的也只有水生野生动物保护分会、中国水产科学研究院资源与环境研究中心。各省并未设置专门的水生野生动物保护管理机构，专业执法力量严重不足。加上国家对野生动物保护的要求越来越高，水生野生动物保护的种类越来越多，现有保护管理机构、力量以及能力水平远远不能满足当前的形势要求。

（三）对水生野生动物保护的重要性、必要性认识不足

实际工作中，对水生野生动物保护的重要性认识仍有不足，重发展、轻保护，对日益严峻的保护形势缺乏紧迫感。在资金投入方面，与渔业产业发展或陆生野生动物保护相比也是相形见绌、严重不足；社会公众对于水生野生动物保护的关注度也有待于进一步提高，对水生野生动物保护形势认识不足，主动保护意识不强。

（四）水生野生动物资源状况不清，给保护管理带来困难

水生野生动物保护是一项技术性较强的工作，科学、有效的管理必须建立在对水生野生动物的习性、资源分布以及受环境条件影响的程度等全面了解的基础上。自 20 世纪 80 年代国家水产总局组织开展全国渔业资源调查区划时对珍贵、濒危的水生野生动物进行资源调查后，由于缺乏资源调查专项经费，近年来还没有进行过全国水生野生动物资源系统性的全面调查，水生野生动物资源状况不清，给保护管理带来困难。

（五）水生野生动物保护科研滞后，影响保护事业发展

目前，我国还没有高校开设水生野生动物保护专业，中央和地方政府也没有设立专门的水生野生动物保护研究机构，国家科研经费中也没有设立水生野生动物保护科研专项，水生野生动物保护人才缺乏。虽然在一些科研单位设立了单一物种的研究室，但是由于经费投入不足，基础设施简陋、陈旧，研究手段相对落后，严重影响保护事业的发展。

（六）水生野生动物社团组织发展滞后，不利于社会化公众参与和对外合作交流

水生野生动物社团组织建设相当滞后，目前全国仅中国野生动物保护协会下设了水生野生动物保护分会，各省（自治区、直辖市）尚未成立水生野生动

物保护组织。作为目前全国唯一一家全国性水生野生动物保护社团组织，由于其尚不具备一级协会开展工作的职能，极大地限制了其平台作用的发挥，在国际合作、对外交流方面也难有所作为。

执笔人：中国野生动物保护协会水生野生动物保护分会　周晓华　陈芳

辽宁省海洋渔业厅　焦凤荣

第四章　中国水生野生动物保护展望

当前，我国已进入新时代中国特色社会主义发展阶段，党和国家制定了协调推进"四个全面"战略布局、统筹推进"五位一体"总体布局，水生野生动物保护也面临新的机遇和挑战。水生野生动物保护事业是生态文明建设的重要内容之一，是为全局计、为子孙谋的事业。水生野生动物保护不仅是对物种和生态的保护，也是国家利益和国际政治的博弈，必须贯彻落实创新、协调、绿色、开放、共享的发展理念，坚持保护优先、规范利用、严格监管的原则，做好顶层设计。

一、指导思想和基本原则

（一）指导思想

根据党的十八大以来国家推进生态文明建设的战略部署，牢固树立创新、协调、绿色、开放、共享和"绿水青山就是金山银山"的发展理念，全面贯彻落实《关于加快推进生态文明建设的意见》《野生动物保护法》《中国水生生物资源养护行动纲要》及《中国生物多样性保护战略与行动计划（2011—2030年）》的有关要求，以水生野生动物栖息地保护和种群恢复为目标，加强保护制度与机制创新，提升生态系统功能和物种保护能力，增强公众保护与参与意识，推动形成政府主导、科技支撑、公众参与、社会监督和国际合作的水生野生动物保护体系，推进生态文明建设，维护水生生物多样性，促进人与自然和谐发展。

（二）基本原则

1. 坚持统筹协调的原则

处理好保护与经济社会发展的关系。科学保护要与合理利用相结合，既服从和服务于国家建设发展的大局，又通过经济社会发展不断增强水生野生动物保护力度，做到保护中开发，开发中保护。在尽可能减少资源消耗和破坏环境的前提下，把保护水生野生动物资源与转变渔业增长方式、优化渔业产业结构结合起来，提高资源利用效率，实现健康可持续发展。

2. 坚持整体保护的原则

处理好全面保护与重点保护的关系。将水生野生动物保护工作纳入国家生态建设的总体部署，对水生野生动物及其栖息地环境进行整体性保护。同时，优先考虑重点保护部分珍贵、濒危物种，积极采取措施，对珍贵、濒危物种及其栖息地实施有效保护，保障其种群生存的可持续性。

3. 坚持科技先行的原则

以科学技术为引领，借助新技术、新方法、新工艺，全面掌握我国水生野生动物各个物种的生物学特性、种群数量结构、分布规律、栖息地选择等基本信息，为有效保护和管理提供基础；以问题为导向，实施相应的精准保护技术、策略和措施，并保持前瞻性，实现我国水生野生动物精准保护和高效保护。

4. 坚持务实开放的原则

处理好立足国情与履行国际义务的关系。在实际工作中，要充分考虑我国经济社会的发展阶段，立足于我国人口多、渔民多、渔船多、资源承载压力大的特点，结合现有工作基础，制定切实可行的保护管理措施。同时，要切实履行我国政府签署或参加的有关国际协议和公约，并学习借鉴国外先进的保护管理经验。

5. 坚持共同参与的原则

处理好政府主导与社会力量参与的关系。水生野生动物保护是一项社会公益事业，从水生动物资源的流动性和共有性特点考虑，需要协调渔业主管部门、保护区管理机构、海洋保护地主管部门、科研院所、大专院校、社会团体和国际机构等，加强沟通交流、整合各类资源、形成工作合力，推动建立水生野生动物保护的信息共享和协作机制。

二、保护目标

（一）近期目标（2020—2025 年）

近期目标规划是在 2020—2025 年，基本摸清我国水生野生动物各物种种群数量和分布、主要产卵场、洄游路线、索饵场，各类保护、救助、人工繁育机构现状和受威胁因素等基础信息。建立国家重点保护水生野生动物主要栖息地监测、评估、预警体系；健全水生野生动物救护和公众宣传体系；探索建立水生野生动物疫源疫病监测检疫体系。加强国家重点保护水生野生动物主要栖息地生态修复建设，力争使重点区域珍贵、濒危水生物种的种群衰退趋势得到有效遏制。加强物种就地保护，合理开展迁地保护，加大水生野生动物科研力度；建立三至五个国家重点保护水生野生动物基因库，重点物种基因得到妥善保存。

（二）中远期目标（2025—2035 年）

中远期目标规划是在 2025—2035 年，我国水生野生动物种群资源状况调查与评估全面完成，并实施有效监控。以就地保护为主，实现珍贵、濒危水生物种种群数量保持稳定或者小幅回升，栖息地破碎化现状逐步得到有效缓解，力争获得水生野生动物人工繁育、种群重建、迁地保护等关键技术的全面突破，抢救性保护措施高效可行。水生野生动物保护和执法监管能力、水平大幅提高，保护水生野生动物成为公众的自觉行动。

三、主要工作

（一）建立健全保护体系与机制

建立健全新时代中国特色水生野生动物保护体系和协调机制。要按照国家统一部署，明确职责分工，加强协调配合，切实形成工作合力。在农业农村部的指导协调下，进一步夯实地方主体责任，建立涵盖相关地方管理机构的保护管理体系；建立健全生态补偿与损害赔偿机制；推动我国珍贵、濒危水生物种主要分布区域的地方政府制订相关保护管理规定和保护行动计划；推动将水生野生动物保护行动计划纳入地方经济发展规划的重点考虑范围。

（二）夯实保护基础

组织开展全国水生野生动物资源普查，摸清现有资源种类数量与分布状况；加强我国水生野生动物基础学科研究，构建我国水生野生动物研究体系；建立人才培养与激励机制，培养科技创新人才，吸引优秀科技人才从事水生野生动物保护研究；大力开展水生野生动物保护和管理技术培训，提高保护管理工作者专业素养和业务能力，促进相关保护工作科学规范开展。

（三）充分发挥社会组织作用

在现有水生野生动物保护分会基础上，成立中国水生生物保护研究会。利用行业协会联结政府与企业的桥梁作用，组织动员社会力量，广泛开展科普宣传教育，提高全民族的生态保护意识；加强与国外的科技交流与合作，促进野生动物保护科学技术的发展；拯救珍贵、濒危物种，保护生物多样性，全面发挥其生态效益、社会效益和经济效益，推动我国水生野生动物保护事业与社会经济的协调发展，促进人与自然的和谐。

（四）加强建章立制和执法监管

完善以《野生动物保护法》为核心的水生野生动物保护法律法规和规章制度体系，推动《水生野生动物保护实施条例》以及救护罚没物品处置、特许利用和标识管理等配套规章制度的制修订，进一步规范水生野生动物经营利用等行为；组织开展中国渔政"亮剑"系列执法行动，以严厉打击各类破坏水生野生动物资源行为和违法经营利用作为重要内容。

（五）提高保护能力和水平

一是创新管理方式。利用现代物联网技术，构建行政许可事中事后监管、动物繁育展演管理、重要栖息地监测管理、动物救护与收容管理平台，实现动态管理，快速反应，提高保护管理水平。二是创新执法管理。充分利用现代技术手段通过无人机巡航、探头监控取证和发展转产渔民、志愿者进行协助巡护，加强执法力度，打击非法行为。三是创新科技机制。促进国家科研单位与民营企业，特别是与水族馆合作，开展水生野生动物科学研究，丰富水生野生动物保护科研成果，提高水生野生动物保护水平。

（六）做好履约和对外交流合作

加强水生野生动物保护对外交流与合作，积极引进国际先进保护理念、管理经验及技术手段。通过"一带一路"建设，建立水生野生动物保护国际合作机制，加强水生野生动物保护技术和成果的国际交流，逐步建立国际多边机构、双边机构和非政府组织参与的水生野生动物保护合作伙伴关系。加强履约能力建设，提升我国在鲸豚、海龟等水生野生动物保护方面的负责任国家形象和国际影响力。

执笔人：中国野生动物保护协会水生野生动物保护分会　周晓华　陈芳

全国水产技术推广总站　罗刚　李永涛

物种保护篇

第五章 物种保护概述

一、水生野生动物保护价值

生物价值构成有多种论述。孙勇等（1996）将生物的价值划分为直接价值和间接价值，前者是指通过直接利用、生产、交易过程中体现出的价值，后者可理解为生物资源在生态系统中体现出的价值。刘爱群等（1995）则将生物的价值分为三种：其一是自然商品价值（消费使用价值），系指不经过市场流通而直接产生的价值；其二是商品使用价值（生产使用价值），指经过市场交易后产生的价值；其三是生态系统功能的间接价值（非消费使用价值）。马建章等（1995）将物种的价值划分为自身的价值和对人类的价值两个方面，物种的自身价值可通过营养级、自然生产力、稀有程度、进化程度和自然历史进行评价，其中前三种可作为物种价值的数量标准，后两种可作为物种价值的质量标准。从价值判定的可实施性考虑，水生野生动物的价值简单划分为社会价值和经济价值两个部分。

（一）社会价值

社会价值强调物种对人类的精神贡献，可由科研价值、生态价值和文化价值三部分组成。

1. 科研价值

水生野生动物的科研价值主要体现在物种本身所蕴含的各种生物信息。物种的生存既体现出自然界进化选择的结果，同时也体现出自然界演化发展的过程。理论上，每一个物种均代表了生物系统进化树上的一个位点，一些特殊种类更代表了一些生物类群。每一个物种均蕴含着人类尚难完全理解的生物信息，如果能够全面解读这些生物信息，将会对人类社会的进步产生巨大影响。白鱀豚、文昌鱼和中华鲟等，均是动物研究方面的重要素材。

2. 生态价值

水生野生动物的生态价值主要体现于其在水域生态系统中的作用。水生野生动物是水域环境中的重要组成部分，其资源状况对维持水域生态系统的平衡及环境中物种之间的平衡有重要作用，一个物种资源的变动会通过食物链对环境中的其他组成元素产生影响，进而对整个水域环境生态系统产生影响。

3. 文化价值

水生野生动物的文化价值主要体现在其对人类社会精神生活的贡献。如：中华白海豚被东南沿海渔民认为是"妈祖象征"；海龟是长寿的象征；中国金鱼已成为中国传统文化。水生野生动物为人类的休闲娱乐和文化生活增添了丰富的内容。

（二）经济价值

经济价值强调物种对人类经济的贡献，可分为食用价值、药用价值和工业原料价值三个方面。

1. 食用价值

中国是水生动物利用大国，已纳入《中国渔业统计年鉴》的鱼、虾、贝等大宗养殖种类有 58 种，捕捞种类有 38 种；目前具有一定养殖规模的水生动物品种超过了 500 种，有一定经济产量的捕捞品种超过 300 种；水生动物养殖产量占世界总养殖产量的 60% 左右。随着人口数量的增加，在可持续发展的前提下，更多的水生野生动物将得到开发，为人类动物蛋白的供给发挥重要作用。

2. 药用价值

我国是世界上最早利用水生动物作为药物的国家。史料记载，夜光蝾螺厣可用于治疗难产；鲨主治肠风、泻血及产后痢；棘皮动物海星对阴雨发损痛有疗效，河鲀毒素经提取后可制药，有止血、镇痛的功能；海马也是传统的珍贵药材。

3. 工业原料价值

水生动物或其产物可用作工业原料。一些海洋动物几乎全身都是宝，鱼鳞可以制成鱼鳞胶，是电影胶卷的重要原料；鱼皮和兽皮可制革；脂肪可以制造肥皂和润滑油；鱼肝可提取鱼肝油，鱼内脏和骨骼可制鱼粉等。

（三）价值分析

价值是一个比较抽象的概念，在特定历史时期，价值只有通过价格才能得到量化的表现，并因此具有可比性。从市场角度来看，一般的经济水产品因其资源的易得性，其经济价值以外的社会价值表现得并不突出，因而被隐含在经济价值之中，并通过市场交易价格得到比较合理的体现。对具有特殊政策背景的珍贵水生野生动物来说，其价值的表现则较为复杂。首先，这类物种的天然资源丰度较低，资源的易得性较差，往往受到严格监管并限制或禁止利用。受我国传统消费观念和市场供求关系的影响，社会对这类物种特殊经济价值的认同要高于普通的经济物种。其次，这类物种在生态系统及人类社会生活中有着不可替代的地位，并因此受到社会保护，其社会价值往往远高于其经济价值。如中华鲟、大鲵等，通过非法交易形成了地下市场，价格要较普通物种高出很多，但从价格构成分析来看，高价格的原因主要源于违法成本和传统消费理念，其重要的社会价值并没有体现在价格中，相对于其内在价值来说，这个价格严重偏低。

二、中国水生野生动物保护管理分类体系

我国水生物种保护管理分三种类型：一是重点保护的水生野生动物，按照《野生动物保护法》进行管理；二是仅野外种群列入《国家重点保护野生动物名录》的水生野生动物，其野外种群的管理按照《野生动物保护法》进行，人工种群实行与野外种群不同的管理措施；三是水生野生动物以外的其他水生动物，按照《渔业法》进行管理。

（一）水生野生动物保护管理

水生野生动物是指珍贵、濒危的水生物种，包括列入《国家重点保护野生动物名录》中的水生物种、地方重点保护野生动物中的水生物种、CITES 附录中的水生物种。

1.《国家重点保护野生动物名录》中的水生野生物种管理

1988 年 12 月，国务院批准了林业部、农业部联合制定的《国家重点保护野生动物名录》，1989 年 1 月 14 日由林业部和农业部发布施行。名录将物种保护级别分为一级和二级，列为国家一级保护水生野生动物有 13 种（类），分别为

儒艮、白鱀豚、中华白海豚、鼋、新疆大头鱼、中华鲟、白鲟、长江鲟（原名达氏鲟）、红珊瑚、库氏砗磲、鹦鹉螺、多鳃孔舌形虫、黄岛长吻虫，国家二级重点保护水生野生动物有 35 种（类）。根据《野生动物保护法》的规定，《国家重点保护野生动物名录》由国务院野生动物保护主管部门组织科学评估后制定。2021 年 1 月，国务院批准了国家林业和草原局、农业农村部联合修改制定的《国家重点保护野生动物名录》，2021 年 2 月 5 日由国家林业和草原局、农业农村部发布实施。新修订的名录保留了原名录的所有种类，把长江江豚等 33 种原二级保护水生野生动物升级为一级保护，并扩大了保护的范围，把一些濒危物种新增列入。新名录共有国家一级保护水生野生动物 45 种和 1 类，国家二级保护水生野生动物 249 种和 7 类。

1988 年颁布的《野生动物保护法》规定：捕捉、驯养繁殖、出售、收购、利用国家一级保护水生野生动物的，由国务院渔业行政主管部门批准；捕捉、驯养繁殖、出售、收购、利用国家二级保护水生野生动物的，由省、自治区、直辖市政府渔业行政主管部门批准。运输、携带国家重点保护水生野生动物或者其产品出境的，必须经省、自治区、直辖市政府渔业行政主管部门或者其授权的单位批准。出口国家重点保护水生野生动物或者其产品的、进出口中国参加的国际公约所限制进出口的水生野生动物或者其产品的，必须经国务院渔业行政主管部门或者国务院批准，并取得国家濒危物种进出口管理机构核发的允许进出口证明书。

2016 年新修订的《野生动物保护法》调整了物种审批管理的措施，国务院渔业主管部门负责对猎捕国家一级保护水生野生动物、进出口水生野生动物及其制品的审批；其他事项的审批除国务院对批准机关另有规定的除外，均由省、自治区、直辖市人民政府渔业主管部门批准；取消了运输证、增加了检疫证明；对利用野生动物及其制品实施标识管理并规定了禁食、禁交易、禁广告相关条款。2017 年，农业部以农渔发〔2017〕7 号文件规定：对白鱀豚、长江江豚、中华白海豚、儒艮、红珊瑚、中华鲟、长江鲟、白鲟、鼋共 9 种国家重点保护野生动物的人工繁育许可证核发和出售、购买、利用野生动物及其制品的行政许可，在国务院对审批机关作出规定后按规定办理。

2. 地方重点保护野生动物中的水生野生物种管理

地方重点保护野生动物中的水生野生物种是指《国家重点保护野生动物名

录》以外，由省（自治区、直辖市）发布的重点保护的野生动物名录中的水生物种。地方重点保护野生动物名录，由省（自治区、直辖市）人民政府组织科学评估后制定、调整并公布。地方重点保护的水生野生动物或其产品的管理，可参照对国家二级保护水生野生动物的管理规定执行。

3. CITES 附录中的水生野生物种管理

CITES 在于保护某些野生动物和植物物种不致由于国际贸易而遭到过度开发利用，把需要保护的野生动物和植物纳入附录中，按附录Ⅰ、附录Ⅱ和附录Ⅲ分别进行管理。2001 年 4 月 19 日，农业部下发了《关于转发〈濒危野生动植物种国际贸易公约〉附录水生野生物种目录的通知》，对 CITES 附录物种和国家重点保护物种规定保护级别不一致的，国内管理以国家保护级别为准，进出口管理以 CITES 附录级别为准。并将 CITES 附录Ⅰ中的 107 种（类）、附录Ⅱ中的 50 种（类）、附录Ⅲ中的 11 种（类）纳入国家重点保护水生野生动物进行管理。根据新修订的《野生动物保护法》规定，2018 年 10 月 9 日，农业农村部公布了《濒危水生野生动植物种国际贸易公约附录水生物种核准为国家重点保护野生动物名录》，将 CITES 附录水生物种中的 45 种（类）核定为国家一级保护水生野生动物、113 种（类）核定为国家二级保护水生野生动物，并要求自公告发布之日起，按照被核准的国家重点保护动物级别进行国内管理，进出口环节需同时遵守 CITES 有关规定。

（二）人工繁育国家重点保护水生野生动物保护管理

随着经济社会的发展，水生野生动物人工繁育种类和规模不断扩大。为加强水生野生动物保护，明确人工繁育种群管理要求，根据《野生动物保护法》相关规定，农业农村部先后于 2017 年 11 月和 2019 年 7 月公布了两批《人工繁育国家重点保护水生野生动物名录》，共包括黄喉拟水龟、花龟、黑颈乌龟、安南龟、黄缘闭壳龟、黑池龟、暹罗鳄、尼罗鳄、湾鳄、施氏鲟、西伯利亚鲟、俄罗斯鲟、小体鲟、鳇、匙吻鲟、唐鱼、大头鲤、大珠母贝、三线闭壳龟、大鲵、胭脂鱼、山瑞鳖、松江鲈、金线鲃 24 个物种。

列入《人工繁育国家重点保护水生野生动物名录》的物种，主要是国家重点保护水生野生动物和 CITES 附录中被核准为国家重点保护水生野生动物中的人工繁育技术普遍成熟、除人工群体改良等特殊情况不需要从野外获取种源、相关繁育活动对野外物种保护有促进作用的物种。根据《野生动物保护法》有关规定和要求，列入《人工繁育国家重点保护水生野生动物名录》中的野外种群仍按照国家重点保护水生野生动物进行管理，对人工繁育技术成熟稳定的野生动物的人工种群，在《国家重点保护野生动物名录》进行调整时，根据有关野外种群保护情况，可以不再列入《国家重点保护野生动物名录》，实行与野外种群不同的管理措施，但应当依照《野生动物保护法》第二十五条第二款和第二十八条第一款的规定取得人工繁育许可证和专用标识。

根据最新公布的《国家重点保护野生动物名录》，黑颈乌龟、乌龟、花龟、黄喉拟水龟、平胸龟、闭壳龟属所有种、眼斑水龟、四眼斑水龟、山瑞鳖、大鲵、虎纹蛙、厦门文昌鱼、青岛文昌鱼、鳇、西伯利亚鲟、裸腹鲟、小体鲟、施氏鲟、双孔鱼、胭脂鱼、唐鱼、稀有鮈鲫、圆口铜鱼、多鳞白甲鱼、金沙鲈鲤、花鲈鲤、后背鲈鲤、张氏鲈鲤、极边扁咽齿鱼、细鳞裂腹鱼、重口裂腹鱼、拉萨裂腹鱼、塔里木裂腹鱼、大理裂腹鱼、厚唇裸重唇鱼、尖裸鲤、大头鲤、岩原鲤、红唇薄鳅、长薄鳅、拟鲇高原鳅、斑鳠、细鳞鲑属所有种、哲罗鲑、花羔红点鲑、北极茴鱼、下游黑龙江茴鱼、鸭绿江茴鱼、海马属所有种、波纹唇鱼、松江鲈、锦绣龙虾、大珠母贝、无鳞砗磲、鳞砗磲、长砗磲、番红砗磲、砗蚝、珠母珍珠蚌 56 种和 3 类所有种的人工种群实行与野外种群不同的管理措施。

（三）以捕捞、加工、养殖为目的的水生动物保护管理

该类物种主要是指珍贵、濒危水生野生动物以外的物种，按照《野生动物保护法》相关规定，适用《渔业法》等有关法律的规定。目前经调查并记录的水生生物物种有 2 万多种，淡水动物种类有 3 300 多种，海洋动物种类有 16 200 多种。其中鱼类 3 000 多种、两栖爬行类 300 多种、水生哺乳类 40 多种、水生植物 600 多种，具有重要利用价值的水生生物种类 200 多种。

对于该类物种的保护管理主要有以下几项。一是实施捕捞许可制度。在天然水域从事水生野生动物捕捞的，应当依法取得县级以上渔业主管部门核发的捕捞许可证。二是实施禁渔区和禁渔期管理制度，在划定区域和规定时间内禁止捕捞。三是加强捕捞渔具的控制管理，实施最小可捕规格和最小网目尺寸制度。四是实施海洋捕捞渔船"双控"（渔船总数和渔船主机总功率数）制度，控制海洋捕捞强度。五是实施海洋捕捞总量管理和限额捕捞制度，加强产出控制。六是加强物种的人工繁育和增殖放流活动，恢复野生种群。七是建立水产种质

资源保护区和海洋牧场，实施生态修复工程，保护和恢复水生生物的栖息环境。八是大力发展经济物种的人工养殖，满足人们日益增长的水产品需求，降低捕捞水产品的需求。

三、水生野生动物保护成就

（一）开展全国珍贵、濒危水生野生动物调查

1980 年，根据国家水产总局印发文件《关于发送〈全国渔业自然资源调查和区划研究实施计划〉的通知》要求，中国水产科学研究院黄海水产研究所和长江水产研究所，组织有关单位对我国的珍贵、濒危水生野生动物进行调查研究，并广泛收集资料，历时 6 年，完成了《中国名贵珍稀水生动物》的撰写工作。列入该书的珍贵、濒危水生野生动物共 88 种，为开展水生野生动物保护，建立水生野生动物自然保护区提供了科学依据。

（二）制订保护发展纲要和行动计划

2006 年 2 月 14 日，国务院下发了《国务院关于印发〈中国水生生物资源养护行动纲要〉的通知》。《中国水生生物资源养护行动纲要》把生物多样性与濒危物种保护行动纳入其中，要求通过采取自然保护区建设、濒危物种专项救护、濒危物种人工繁殖、经营利用管理以及外来物种监管等措施，建立水生生物多样性和濒危物种保护体系，全面提高保护工作能力和水平，有效保护水生生物多样性及濒危物种，防止外来物种入侵。2015—2019 年，农业部（2018 年 3 月更名为农业农村部）先后制订并印发了《中华鲟拯救行动计划（2015—2030 年）》《长江江豚拯救行动计划（2016—2025）》《斑海豹保护行动计划（2017—2026 年）》《中华白海豚保护行动计划（2017—2026 年）》《长江鲟（达氏鲟）拯救行动计划（2018—2035）》《海龟保护行动计划（2019—2033 年）》《鼋拯救行动计划（2019—2035 年）》。2018 年 3 月 22 日，农业农村部联合生态环境部、水利部制定印发了《重点流域水生生物多样性保护方案》。纲要与保护计划的出台，为保护水生野生动物明确了目标和任务。

（三）加强行政审批管理

组织《野生动物保护法》与相关行政许可培训班，特别是 2016 年修订颁布的《野生动物保护法》实施后，把培训范围扩大到市、县，每年参加培训的人

数都在 500 人以上。2015 年 5 月 26 日，农业部印发第 2261 号公告，自 2015 年 6 月 30 日起，启动 3 项渔业行政许可项目网上申报工作，包括出口国家重点保护的或进出口中国参加的国际公约所限制进出口的水生野生动物或其产品审批、从国外引进水生野生动物审批、重要水产苗种进出口审批。截至 2020 年 10 月，农业农村部水生野生动物类行政审批事项已全部实现网上申报；地方根据"放管服"改革有关部署要求，也在不断完善行政审批网上申报工作。针对水族馆引进水生动物展演、鲟鱼子酱出口注册等经营利用水生野生动物的行政审批，组织专家赴现场考察，再进行评审，提高审批的科学性与准确性。

（四）建立水生野生动物救护与鉴定体系

为开展水生野生动物救护工作，农业农村部先后成立长江豚类保护网络和海洋珍贵、濒危水生野生动物救护网络，全国各省（自治区、直辖市）渔业主管部门都建立了本辖区内的水生野生动物救护中心和保护救护站，逐步形成以渔政执法机构、水生生物自然保护区、水族馆、海洋馆、人工繁殖基地、教学科研机构为骨架，覆盖全国的水生野生动物救护网络体系。近 10 年来，累计救护、放生中华鲟、海龟、江豚、中华白海豚、斑海豹等珍贵、濒危水生野生动物 2 万多头，产生了较好的社会影响。2017 年 11 月 13 日，根据《最高人民法院关于审理发生在我国管辖海域相关案件若干问题的规定（二）》（法释〔2016〕17 号）中关于涉及珍贵、濒危水生野生动物及其制品案件鉴定单位资格认定问题的有关规定，农业农村部发布 2607 号公告，批准中国科学院动物研究所等 32 家科研教学单位承担《国家重点保护野生动物名录》《国家重点保护野生植物名录（第一批）》和 CITES 附录中水生野生动植物种及其制品的鉴定工作，为水生野生动物执法司法提供了技术支撑。

（五）人工繁育水生野生动物成效显著

根据新调整的《国家重点保护野生动物名录》，目前，我国水生野生动物人工繁育取得成功的物种有 60 多种，其中技术成熟且稳定的 24 种已列入《人工繁育国家重点保护水生野生动物名录》中。人工繁育水生野生动物技术的突破，不仅有效地保存了物种的遗传资源，并促进了对野外资源的保护。

1. 支撑人工放流，恢复野外种群资源

如黑龙江省自"十二五"以来累计增殖放流珍贵、濒危物种 414.6 万尾，其中施氏鲟 358.42 万尾、达氏鳇 20.45 万尾；四川省 2011—2016 年共放流珍

贵、濒危物种 469.8 万尾，其中放流长江鲟 2.38 万尾、胭脂鱼 89 万尾、大鲵 15 300尾，有效地补充了水生野生动物资源。

2. 有效缓解对野外资源的利用

2019 年，我国人工养殖鲟鱼产量约 10 万吨，占世界养殖总产量的 80% 左右，有效地减轻了鲟鱼分布国从野外捕捞鲟鱼资源的压力。

3. 增加就业岗位，在脱贫致富中发挥作用

如广东、广西两地共有龟鳖类养殖场（户）19.1 万个（户），直接从业人口 134 万人；2019 年年底，陕西省汉中市有大鲵养殖户近 2 万户，养殖企业 300 多家，人工繁育鲵苗 700 万尾，人工养殖大鲵存量 1 200 万尾，年销商品鲵 8 000 吨，大鲵养殖已经成为农民致富的朝阳产业。

（六）经营利用水生野生动物不断规范

为规范经营利用水生野生动物行为，农业农村部制定发布了《水族馆术语》（SC/T 6074—2012）、《水族馆水生哺乳动物饲养水质》（SC/T 9411—2012）、《水生哺乳动物谱系记录规范》（SC/T 9409—2012）、《水生哺乳动物饲养设施要求》（SC/T 6073—2012）、《水族馆水生哺乳动物驯养技术等级划分要求》（SC/T 9410—2012）、《白鲸饲养规范》（SC/T 9603—2018）、《斑海豹饲养规范》（SC/T 9606—2018）、《海龟饲养规范》（SC/T 9604—2018）、《海狮饲养规范》（SC/T 9605—2018）、《鲸类运输操作规程》（SC/T 9608—2018）、《水生哺乳动物医疗记录规范》（SC/T 9607—2018）等一系列标准。同时，加强海洋馆和水族馆等重点场所的规范管理，对红珊瑚、大鲵等重点物种制定了针对性管理措施。2015 年农业部印发《关于加强大鲵资源保护规范经营利用管理的通知》，首次决定对人工繁殖子代大鲵及其产品实行标识管理，从而开创我国水生野生动物人工繁殖产品标识化管理的先河。2020 年 2 月，全国人民代表大会常务委员会作出关于全面禁止非法野生动物交易、革除滥食野生动物陋习、切实保障人民群众生命健康安全的决定后，农业农村部印发了《农业农村部关于贯彻落实〈全国人民代表大会常务委员会关于全面禁止非法野生动物交易、革除滥食野生动物陋习、切实保障人民群众生命健康安全的决定〉进一步加强水生野生动物保护管理的通知》（农渔发〔2020〕3 号），规范水生野生动物经营利用行为。

（七）打击水生野生动物非法活动形成高压态势

为打击水生野生动物非法活动，各级渔政执法部门积极对水生野生动物栖息地环境和利用水生野生动物及其制品进行监督检查。一是开展日常巡护检查。加强捕捞许可证管理，严厉打击无证捕捞和"三无渔船"非法捕捞行为，打击违法渔具渔法。二是对人工繁殖、经营利用水生野生动物持证单位开展全面检查。严格制度管理，进一步规范水生野生动物的特许利用行为，打击非法利用、破坏水生野生动物资源的行为。三是开展专项检查。针对水生野生动物重点集聚区域，如禁渔区禁渔期、重点水域保护区、集贸市场和水族馆等场所，组织开展专项执法行动。四是开展联合执法检查。与公安、工商、林业、海关、铁路、民航等部门配合，严厉打击非法捕捞、收购、运输、经营利用、走私水生野生动物等违法行为以及各种破坏和危害水生野生动物资源的行为。据不完全统计，"十三五"前后，全国各地累计取缔涉渔"三无"船舶17万余艘、"绝户网"460余万张（顶）；"十三五"期间，北京市共组织水生野生动物保护执法检查4 182次，其中联合执法检查291次，立案81起，移交公安机关追究刑事责任9起，罚没绿海龟、玳瑁、砗磲物种等制品，有力打击违法行为，进一步加强水生野生动物保护执法工作。

四、物种保护建议

（一）全面开展种群生态调查与监测，加强关键栖息地保护

依托现有的监测力量，构建我国监测网络体系，开展系统性和长期性监测，掌握我国水生野生动物的种群生态状况，为高效管理及有效保护奠定基础。在此基础上，构建物种生态信息库，实现数据共享；分析并建立各物种关键栖息地以及栖息地的关键环境因子等资料，进一步结合各物种的生活需求，提出相应的重点保护区域，加强保护。

（二）科学开展濒危物种迁地保护和野外救护

深入研究濒危水生物种的生理、生化、免疫、发育等基础数据，合理布局、科学选址，开展人工繁育与人工种群构建工作，探索野生种群恢复的新途径。在现有救护网络基础上，健全完善救护体系；加强救护法规建设，健全救护工作联动机制；集成现有以及国内外先进救护技术和经验，制定救护技术相关标准，促进我国水生野生动物救护运行法制化、制度化、规范化，提升我国水生野生动物救护水平和能力。

（三）规范增殖放流，严控外来物种入侵

加强水生野生动物放流规范管理，引导社会放生行为规范有序地开展，避免盲目不合理的放生造成野生动物资源的破坏，甚至产生生态安全风险。加强对生物入侵威胁的科学评估，建立系统且有效的风险评价机制，建立水生生物外来物种早期预警机制，避免外来物种对本地生态系统造成毁灭性灾难，确保我国水生生物多样性和生态安全。

执笔人：中国野生动物保护协会水生野生动物保护分会　周晓华

全国水产技术推广总站　罗刚　李永涛

第六章　重点保护物种

一、白鱀豚

　　白鱀豚（*Lipotes vexillifer*），属鲸目、白鱀豚科、白鱀豚属（图6-1）。秦汉时期古籍《尔雅》中首次称之为"鱀"，故而得名。长江中下游干流，及与之相连的鄱阳湖、洞庭湖和汉江，以及钱塘江的富春江江段，都曾有白鱀豚的身影。白鱀豚可以追溯到约两千五百万年前的中新世和上新世。虽然经历了漫长的历史进程，但依然保留着两千多万年前的一些古老生物的特征，被称为"水中大熊猫"。因其游泳时体态优美，有"长江女神"之誉。20世纪50年代以来，由于长江航运频繁、水质污染以及鱼类资源的匮乏等多方面因素的影响，白鱀豚的数量急剧下降，21世纪初在长江中已几近消失。2007年，白鱀豚被认为功能性灭绝。

图6-1　人工饲养了20余年的白鱀豚"淇淇"（摄影：张先锋）

（一）生物学特征

　　淡水豚总科（Platanistoida）已确认的现存科有恒河豚科（Platanistidae），亚河豚科（Iniidae）及拉河豚科（Pontoporiicfae）三科。白鱀豚的物种命名与描述者Miller（1918）将白鱀豚归属亚河豚科。1978年，周开亚等根据白鱀豚与亚河豚的外形、内脏及骨骼各部分的对比研究，将白鱀豚从亚河豚科分离出来，建立新科白鱀豚科（Lipotidae）。近年来，随着分子生物学的发展，白鱀豚科的分类地位被进一步确认（周开亚，2002）。

白鱀豚背部青灰色，腹部白色。性成熟雌性一般在 200 厘米以上，雄性一般在 180 厘米左右。性成熟年龄雌性为 6 龄，雄性为 4 龄。胎儿体长达 73 厘米时，母豚即将分娩。出生 2 个月的幼体体长可达 95 厘米。4—5 月常发现成体身旁有幼豚跟随，由此推测白鱀豚的生殖交配期可能在 4—5 月。

白鱀豚食物主要为鱼类，对鱼的种类没有明显的选择性。鲤、鲢、草鱼、青鱼、三角鲂、赤眼鳟、鲶和黄颡鱼等皆可为食。

白鱀豚为纯淡水豚类，喜栖息活动在洲滩附近水流平缓、流态稳定的回水区，有时活动在支流和湖泊通向长江的出口处。为追食鱼类，常接近岸边、浅滩。通常成群活动，不过也有单独活动的个体。群体规模一般为 5~9 头，最多曾发现有 15 头以上的群体。这些小的组群在一定时期内比较稳定，如被冲散会暂时分离，而后又聚集在一起。白鱀豚平时游泳速度缓慢，成对在一起游泳时，几乎同时在水面起伏；若为母子豚一起游泳，幼豚出水频繁。呼吸时，先是头部向上，吻突露出水面，接着背部和背鳍出水，有时身体大部分露出水面，可见鳍肢；潜水时躬曲身体，头部先入水，而后背鳍入水，尾鳍不露出水面。它们潜水时间较短，通常为 10~20 秒，最短仅 5 秒，最长的时间约 2 分钟；呼气时发出声响，有时喷起不高的水花。

白鱀豚有抚幼行为。据观察有时母豚背鳍紧抚幼豚颈部，当母豚头部潜入水中背部略拱时，可见幼豚斜趴在母豚背上；或母豚用鳍肢托住幼豚，同时沉浮，游行较长距离。

白鱀豚有避害行为。当船靠近时即分散潜水回避并在水下变换游泳方向，当船离去后又集结为一群。尽管如此，仍有被螺旋桨击伤或致死的个体。

通过对人工饲养白鱀豚行为的观察，弥补了在自然条件难以观察到的行为。在豢养条件下，白鱀豚的游泳除背向上正常姿态外，还有侧游、仰游、滚游、跳跃、直立、浮卧和滑行等多种形式。在长江中曾观察到白鱀豚的跳跃有斜向跃出和垂直跃出两种形式，垂直跃出时，豚体略垂直向上，出水高度可达 1 米。白鱀豚在水表面极其平稳地浮卧、滑行、仰卧或随浪漂流，都被认为是歇息行为。

（二）人工饲养

白鱀豚"淇淇"是世界上唯一人工饲养成功的白鱀豚。"淇淇"在人工饲养下存活了近 23 年。通过对"淇淇"的研究，我们获得了白鱀豚研究的第一手资料。这些资料有着极为重要的研究价值。

1980 年 1 月 11 日，一头幼年雄性白鱀豚在靠近洞庭湖口的长江边被渔民捕获，被捕获时曾严重受伤。第二天被运至中国科学院水生生物研究所，经过 4 个月的救治才痊愈。时任中国科学院水生生物研究所所长的伍献文教授给这头白鱀豚取名为"淇淇"。当时"淇淇"体长 147 厘米，体重 36.5 千克，年龄估计为 2 岁。

1986 年 3 月 31 日，由中国科学院水生生物研究所牵头的我国首次人工捕获白鱀豚获得成功。在长江湖北观音洲江段捕获两头白鱀豚，一头成年雄性白鱀豚体长 207 厘米，体重 110.75 千克，取名为"联联"；另一头幼年雌性白鱀豚体长 150 厘米，体重 59.5 千克，取名为"珍珍"。"联联"与"珍珍"是父女关系。

但是，由于年龄较大的"联联"刚被捕获时身上有一处鼓包，身体已非常虚弱，一直无法适应人工饲养的环境，仅在池塘中生活 76 天就死亡了。而年幼的"珍珍"在与"淇淇"磨合了两个多月后终于生活在一起了。由于当时的饲养条件和经验不足，"珍珍"误食了池上方遮阳棚钢架坠落的铁锈，未被及时发现和处理，导致并发其他病症，于 1988 年 9 月 27 日死亡。

此后"淇淇"又开始了孤独的生活，并于 1996 年和 2000 年大病两次，经过抢救和精心护理才转危为安。2002 年 7 月 14 日，"淇淇"在中国科学院水生生物研究所白鱀豚馆死亡。此时，"淇淇"体长 2.07 米，体重 98.5 千克，约 25 岁，在淡水鲸类动物中已属老龄。

"淇淇"的一生给人们留下了许多珍贵的一手研究资料。通过对"淇淇"的饲养和研究，人们解开了许多白鱀豚的"未解之谜"，极大地推动了我国鲸类学研究的发展，这期间的研究也为后来长江江豚的保护提供了珍贵借鉴。"淇淇"还是人类与白鱀豚交流的"亲善大使"。社会各界、世界各地关心白鱀豚的人们纷纷前来参观，并通过"淇淇"来了解长江中白鱀豚的生存现状，探讨保护白鱀豚的措施。"淇淇"还两次登上邮票画面，多次成为体育赛事和文化活动的吉祥物，频频在电视荧屏现身，使得无数的人们认识了白鱀豚，唤起了人们的保护意识，改变了对长江生态环境保护的观念。

（三）保护工作

白鱀豚种群数量调查研究始于 20 世纪 80 年代，根据当时的研究估计，白鱀豚的种群数量约为 300 头，应尽快采取相应的保护措施。白鱀豚种群面临的主要威胁为长江航运、长江渔业、水体污染以及水利设施建设等人类活动。针对这些威胁，1986 年，中国科学家提出了保护白鱀豚的三大措施：一是就地保护，即加强白鱀豚自然种群及其栖息地环境保护和管理；二是迁地保护，即把白鱀豚迁移到环境与其自然生活的条件尽量接近，又可避免其面临的主要威胁的半自然或半人工环境中去，让白鱀豚在这样的环境中繁衍生息；三是加强人工饲养繁殖研究。

围绕这三大保护措施，国家有关部门相继建立了长江新螺段白鱀豚国家级自然保护区、长江天鹅洲白鱀豚国家级自然保护区和铜陵淡水豚国家级自然保护区以及若干省市级自然保护区。

长江新螺段白鱀豚国家级自然保护区的建设就是白鱀豚就地保护的重要措施之一。该保护区位于长江新滩口至螺山段，全长 135.5 千米。该江段位于江汉平原的南部，属亚热带季风气候。江段水面宽阔，水深约 25 米，河道迂回曲折，浅滩、江心洲发育良好，鱼类资源丰富，生境良好，是白鱀豚集中分布区之一。其北岸在洪湖市境内，南岸由东至西则是湖北的嘉鱼县、赤壁市和湖南的临湘市。江段内支流众多，上游紧接洞庭湖口，并有内荆河、小清河、红庙河、东荆河连接洪湖、黄盖湖、西凉湖、武湖、陆水水库等水系注入长江，沿岸还有一些突出的矶头，控制江水的流向流态，形成较多的深槽和大洄水区，是白鱀豚理想的栖息环境。在该保护区采取的保护措施包括全面打击违法渔法渔具，季节性和区域性禁止渔业活动（目前已经全面禁止渔业活动），限制船只航速，限制周边涉水工程建设，加强科普宣传教育等。

长江天鹅洲白鱀豚国家级自然保护区是白鱀豚迁地保护的理想场所，该保护区的建设是作为白鱀豚迁地保护措施的重要一步。长江天鹅洲故道位于长江荆江江段，河道蜿蜒迂回。该故道过去是长江干流的一部分，曾经是白鱀豚的栖息地。1972 年，该江段自然裁弯取直后形成了现在的长江故道。利用这个故道，建成了长江天鹅洲白鱀豚国家级自然保护区。天鹅洲故道长 21 千米，水面约 20 平方千米，水质洁净，鱼类资源丰富，不通航，人类活动少，没有工业污染源，是迁地保护白鱀豚的理想场所。从 1990 年开始，中国科学院水生生物研究所开始把长江江豚引进该故道进行试验性饲养，为将来引进白鱀豚积累经验，做好准备。长江江豚在该故道生长良好，并可以自然繁殖。然而，人们试图从长江引进白鱀豚的努力一直未能取得理想效果。1995 年年底，第一头雌性白鱀豚被放入天鹅洲故道，但仅半年，这头白鱀豚就不幸死亡。随着白鱀豚种群数量的急剧下降，长江天鹅洲白鱀豚国家级自然保护区此后再也没有引进白鱀豚。为了利用该保护区的优良条件，后来又陆续引进了数批次的长江江豚。目前在该保护区的长江江豚数量已发展到100多头，成了迁地保护长江江豚的一个成功样板（见长江江豚部分）。

铜陵淡水豚国家级自然保护区经历了与长江天鹅洲白鱀豚国家级自然保护区相似的过程。该保护区当初也是为白鱀豚迁地保护建设的，由于一直没有引进白鱀豚，目前也成为长江江豚迁地保护的场所。

第三项白鱀豚保护措施是加强人工饲养繁殖。这主要是利用中国科学院水生生物研究所白鱀豚馆，结合对"淇淇""珍珍"的饲养，深入开展其饲养繁殖研究。如前所述，白鱀豚"淇淇"的饲养是成功的。除了积累了一些繁殖生物学的基本资料，如性激素指标、性行为观察等，白鱀豚的繁殖一直未获成功。而随着"淇淇"的离去，白鱀豚饲养繁殖研究已经无法开展。

自20世纪80年代开展白鱀豚种群数量考察研究以来，白鱀豚的数量一直在下降，20世纪90年代初估计为200头。1995年，估计不足百头。1997—1999年，由农业部渔业局主持，组织中国科学院水生生物研究所等单位，连续三年对长江中下游白鱀豚分布区域进行了同步考察，三年分别观察记录到白鱀豚13头、4头和5头。2001年，农业部委托中国科学院水生生物研究所起草了《中国长江豚类保护行动计划》，经过国内外专家研讨后正式发布。

然而，长江环境条件的恶化和白鱀豚种群数量下降的趋势并未得到遏制。这期间通过野外观察收到的白鱀豚意外死亡记录和标本也越来越少。最后一次在野外发现的白鱀豚，是2004年8月在南京江段发现的一具搁浅死去的尸体。2006年11月至12月，由六国世界一流鲸类研究专家组成考察队，沿着长江对白鱀豚曾经出现的全部江段进行了47天地毯式搜索，但连一头白鱀豚也没有发现。2007年，基于野外调查的结果，白鱀豚被正式宣布功能性灭绝。功能性灭绝有两层含义：一是指白鱀豚这个曾经处于长江生态系统能量金字塔顶端的大型动物，由于物种数量的稀少，已经失去了其在长江生态系统中的地位和功能；二是指白鱀豚已经丧失自我繁衍后代的能力，即使在野外还有零星的个体存在，也很难在自然环境下实现繁衍。白鱀豚，曾经的"长江女神"，已从人们视野中消失了。

（四）问题与现状

白鱀豚的功能性灭绝已是不争的事实。在可以预见的未来，白鱀豚最终走向灭绝的趋势也难以扭转。我们希望能够通过白鱀豚的消失，总结经验、吸取教训，把在白鱀豚研究和保护过程中积累的知识，用在保护其他长江濒危物种上，如中华鲟、长江江豚等，不要让这些珍贵物种步白鱀豚的后尘。可喜的是，习近平总书记指示，"当前和今后相当长一个时期，要把修复长江生态环境摆在压倒性位置，共抓大保护，不搞大开发"，要让中华民族的母亲河永葆生机活力。这让我们深切感受到了保护长江、拯救长江珍贵动物的曙光和希望。

执笔人：中国科学院水生生物研究所　张先锋　王熙

二、长江江豚

长江江豚（*Neophocaena asiaeorientalis*）是一种小型齿鲸（Jefferson et al.，2011），别名江猪，属于鼠海豚科、江豚属（Pilleri et al.，1972），现为国家一级保护野生动物，主要分布于我国长江中下游干流宜昌至长江入海口、大型通江湖泊（洞庭湖和鄱阳湖）及其支流。

图 6-2　长江江豚（摄影：张先锋）

（一）生物学特征

长江江豚体形略呈纺锤形，皮肤润滑，皮下有发达的脂肪层，无毛发和汗腺。头圆而钝，额部前凸，吻短阔，口裂较宽，无明显的吻凸，牙齿侧扁似铲，上下颌各有 15~22 枚（Chen et al.，2015；王丕烈，2012）。鼻孔开口于头部，鼻腔扩大成囊状，在鼻孔内侧有活动的瓣膜，潜水时关闭，以阻止水进入鼻腔，出水面呼吸时张开。长江江豚眼小，位于头侧口角上方，视觉不发达，外耳孔极小，形似芝麻粒。长江江豚体色暗灰，无背鳍，背部正中有一条嵴状隆起，一直延伸至尾鳍，在其背嵴的前部以及嵴上具有 1~16 行棘状小结节，或称疣粒区（王丕烈，2012）。体长一般为 1.5 米左右，体重在 50 千克上下。雌性长江江豚在腹面后部有生殖孔，其后为肛门，两者相距 3~5 厘米。在生殖孔两侧有一条纵沟，沟内各有一乳头。雄性长江江豚生殖孔位于腹面稍前方，距肛门开口 10~25 厘米。鳍肢呈短镰刀状，尾鳍较宽阔，呈新月形，整个尾鳍呈水平扩展。长江江豚具有发达的发声和听觉，个体间主要通过声信号通信和交流，是依赖回声定位系统生存的动物（Li et al.，2008），其回声定位信号的峰值频率范围为 80~145 千赫，平均为（125±6.92）千赫（Li et al.，2007；Li et al.，2008）。新生幼豚能发出频率为 2~3 千赫的声信号，直到出生约 20 天后才能发出高于 100 千赫的高频声信号（Li et al.，2007；Li et al.，2008）。长江江豚具有发达的听觉，在所研究的 8~152 千赫范围内，长江江豚听力呈现"U"形曲线，听觉敏感的频率范围为 45~139 千赫，并且具有两个听觉高敏区，分别为 45~54 千赫和 90~108 千赫（Popov et al.，2005）。

长江江豚平时多在沙洲洲头或洲尾、江湖交汇水域、汊江水域或近岸水域活动觅食，一般三五头结成小群活动，偶见结成数十头的大群（于道平 等，2005）。平时多在晨昏活动，早晚有两次活动高峰，傍晚活动最为频繁。长江江豚出水呼吸时头吻部先出水，然后呼吸孔出水，呼吸后即下潜，潜水时间十几秒至几十秒，有时也可以达 1~2 分钟。长江江豚生性胆小，通常远离人类活动频繁水域，捕食时通常协同进行，有时将鱼追赶得跳出水面。食物主要有鱼、虾、甲壳类和其他水生动物（杨光 等，1998）。刀鲚（*Coilia nasus*）、凤鲚（*Coilia mystus*）、大银鱼（*Protosalanx hyalocranius*）、鳗鲡（*Anguilla japonica*）等小型鱼类都是长江江豚喜食的猎物。长江江豚日食量约占其体重的 10%，食性可随栖居环境而变化，贝氏鳘（*Hemiculterbleekeri*）、飘鱼（*Pseudolaubuca sinensis*）和日本沼虾（*Macrobrachium nipponense*）也都是其理想食物。长江江豚属混交制，雄性在同一交配季节可与多头雌性交配，雌性在不同的季节可与不同的雄性交配。长江江豚的交配期在春、秋两季，怀孕期约 11.5 个月，每胎产 1 仔，幼仔体长约 70 厘米，哺乳期约 6 个月，幼豚通常与母豚在一起生活 1 年以上才离群（于道平 等，2005；蒋文华 等，2006；郝玉江 等，2006）。

（二）种群现状

长江江豚是长江生态系统健康与否的重要指示物种和伞护种，具有重要的保护地位和研究值。20 世纪末至今，随着长江流域社会经济不断发展，人类涉水活动的影响不断加剧，长江部分水域生态系统结构和功能发生巨变，生态环境不断恶化，指示物种白鱀豚、白鲟已多年未见踪迹。长江江豚种群数量也在不断下降，分布范围亦呈萎缩趋势，其拯救和保护已进入最后的"保种"阶段（Wang et al.，2000；魏卓 等，2002；杨健 等，2000；于道平 等，2001；肖文等，2000，2002；张先锋 等，1993；周开亚 等，1998；Zhao et al.，2008；Wang，2009；Mei et al.，2014）。世界自然保护联盟物种生存委员会（IUCN/SSC）于 2013 年将长江江豚列为"极度濒危"（CR）级，在国家林业和草原局、农业农村部于 2021 年 2 月 5 日更新的《国家重点保护野生动物名录》中，长江江豚正式成为国家一级保护动物。2017 年冬季，农业部组织实施了"2017 年长江江豚生态科学考察"，考察结果显示，长江江豚种群数量为 1 012 头，其中干流为 445 头，鄱阳湖 457 头，洞庭湖 110 头。长江江豚种群数量大幅下降的趋势得到遏制，但其极度濒危的状况没有改变，且长江中下游干流长江江豚的分布特征呈现出相对集中、日益斑块化的趋势，各群体之间的间隔距离渐趋扩大，表现出明显的地理隔离。

（三）致危因素

人类活动剧增及其所产生的影响导致长江江豚生境恶化、饵料资源短缺，具体包括涉水工程建设、水域污染、过度捕捞及有害渔业活动、非法采砂等（Wang et al.，2000），此外还包括航运、干流自然岸带衰退等（中国科学院水生生物研究所，2018），而全球气候变化所导致的极端气候事件也是重要的潜在致危因素。

1. 涉水工程建设

涉水工程对水生生物的影响主要分为施工期和运营期两个阶段。

施工期间产生的噪声，直接造成长江江豚听力损伤，甚至死亡。同时噪声干扰还可能导致幼豚与母豚失去联系，从而使其生存能力降低，甚至直接导致死亡。此外，施工造成水体悬浮物浓度上升和有毒有害物质扩散均可能对邻近水域内的长江江豚产生直接影响，同时，施工还可能通过影响浮游生物、底栖生物以及鱼类从而对长江江豚产生间接影响（Xie et al.，1996）。工程完工后，河道生境会显著改变，一方面会直接影响长江江豚的栖息生境，另一方面水文情势的显著变化也会影响鱼类的栖息和繁衍，进而对长江江豚产生间接影响

（Liu et al.，2000；Smith et al.，2000）。

2. 水环境污染

随着沿江工业迅速发展和农药大量使用，长江水体污染日趋严重。长江水环境的污染，一方面使渔业资源量下降，另一方面也可能对长江江豚造成直接的伤害，甚至引起长江江豚中毒死亡（Dong et al.，2006；Yang et al.，2008）。

3. 过度捕捞及有害渔业活动

长江流域捕捞技术日趋现代化，捕捞强度迅速增大，非法渔具的大量使用大大破坏了长江流域的鱼类资源（Reeves et al.，2000，IWC，2001）。非法渔具的滥用不仅会严重破坏渔业资源，导致长江江豚的食物资源减少，还可能会对长江江豚产生误捕误伤，甚至致死（Jefferson et al.，1994；Zhou et al.，1995；Reeves et al.，1997）。2019 年 1 月 6 日，农业农村部、财政部、人力资源和社会保障部联合发布《长江流域重点水域禁捕和建立补偿制度实施方案》（农长渔发〔2019〕1 号），并于 2019 年 12 月 27 日发布《农业农村部关于长江流域重点水域禁捕范围和时间的通告》（农业农村部通告〔2019〕4 号），分别对水生生物保护区、长江干流和重要支流、大型通江湖泊及其他重点水域划定禁捕范围及时间，要求最迟自 2021 年 1 月 1 日 0 时起，实行暂定为期 10 年的常年禁捕，期间禁止天然渔业资源的生产性捕捞。此项重大举措将最大限度地降低过度捕捞及有害渔业活动对长江江豚带来的不利影响，逐步恢复长江流域渔业资源。

4. 非法采砂

采砂活动引起泥沙的再悬浮、降低水体的透明度、减弱水下光环境，会对环境产生一系列影响。对长江江豚会产生如下影响：第一，破坏长江江豚的栖息地环境，进一步压缩长江江豚的生存空间；第二，对长江江豚的迁移产生不利的影响；第三，采砂船产生巨大的水下噪声，对长江江豚声呐探测等产生不利影响；第四，采砂活动进一步改变了部分河道、沙洲的冲淤特征，使沙洲崩岸现象进一步加剧，使适合于长江江豚觅食的浅滩缓坡岸线进一步萎缩，影响长江江豚的行为活动及分布特征（Xiao et al.，2000；Wang et al.，2006；Zhao et al.，2008）。

5. 航运

长江中航行的船舶噪声对长江江豚存在明显的干扰，在短时间内可能改变长江江豚的发声行为（董首悦 等，2012），长江江豚常表现出显著的避船行为（魏卓 等，2002）。在长期的噪声影响下，动物可能会发生听觉阈移、听觉遮蔽和行为干扰（Nowacek et al.，2007；Popov et al.，2011），严重的还会影响长江江豚的免疫和生殖系统等。此外，长江江豚幼豚主要依靠低频声信号与母豚保持通信，这些航行船舶的噪声能够对低频声信号进行遮蔽，导致母豚和幼豚分离，增加幼豚生存风险。

6. 干流自然岸带衰退

长江江豚倾向于选择坡度平缓的自然岸带和洲滩栖息，这一区域也是其他水生生物的关键栖息地，自然平缓坡岸及洲滩的消失和质量衰退将对长江江豚的生存造成严重威胁。由于岸线开发比例在不断增加，自然岸坡丧失严重，栖息地破碎化分布格局十分显著，未来可能会进一步导致长江江豚种群分布的破碎化，威胁长江江豚种群生存和恢复（中国科学院水生生物研究所，2018）。

（四）保护现状

在保护生物学中，就地保护是最重要的保护手段，但是自然保护区分布在长江干流两岸，无法全断面或全河段禁止通航、捕捞等人类活动，这给长江江豚保护工作带来了极大的困难。1986 年 10 月 27—30 日，"淡水豚类生物学和物种保护国际学术研讨会"在武汉召开，会上提出了保护白鱀豚的三大措施，即就地保护、迁地保护和人工繁殖研究，这些保护措施同样适用于长江江豚。在这次会议成果的指引下，国家和地方各级职能部门和广大科研人员共同努力，先后在长江干流、鄱阳湖及洞庭湖流域建立了 9 处长江江豚自然/迁地保护区，按建立时间先后依次为湖北长江新螺段白鱀豚国家级自然保护区（湖北长江新螺段白鱀豚省级自然保护区 1987 年成立，1992 年升级）、湖北长江天鹅洲白鱀豚国家级自然保护区（湖北长江天鹅洲白鱀豚省级自然保护区于 1990 年成立，1992 年升级为国家级）、岳阳市东洞庭湖江豚自然保护区（岳阳市东洞庭湖城陵矶江豚自然保护区 1996 年成立，2004 年更名）、铜陵淡水豚国家级自然保护区（安徽省铜陵淡水豚自然保护区 2000 年成立，2006 年升级为国家级）、镇江长江豚类省级自然保护区（2003 年）、鄱阳湖长江江豚省级自然保护区（2004 年）、安徽安庆江豚省级自然保护区（安庆市江豚自然保护区 2007 年成立，2021 年升级为省级）、南京长江江豚省级自然保护区（2014 年）、湖北何王庙/湖南集成垸江豚省级自然保护区（2015 年），其中湖北长江天鹅洲白鱀豚国家级自然保护区、铜陵淡水豚国家级自然保护区、安徽安庆江豚省级自然保护区为自然与半自然结合的保护区，湖北何王庙/湖南集成垸江豚省级自然保护区为半自然迁地保护区。先后建立武汉白鱀豚馆（1996年）、天鹅洲保护区网箱（2008年）、长隆海洋王国（2018年）3个人工饲养群体，并在实验室条件下开展离体细胞培养和保存等研究工作。截至2020年，湖北长江天鹅洲白鱀豚国家级自然保护区的迁地群体已从1990年投放的5头增长至超过80头，湖北何王庙/湖南集成垸江豚省级自然保护区、安徽安庆江豚省级自然保护区、铜陵淡水豚国家级自然保护区迁地群体数量分别达到15头、18头和12头，长江江豚迁地保护群体数量已超过120头，每年有10头左右的幼豚出生，长江江豚迁地保护工作已初见成效。相较之下，长江江豚人工繁育研究工作略显滞后。中国科学院水生生物研究所白鱀豚馆于1996年开始饲养长江江豚，迄今仅有2005年及2018年成功繁育2头雄性长江江豚并存活至今，存活率相对较低。且此案例仅为通过提供人工环境促进长江江豚饲养群体的自然繁殖，与实现长江江豚人工繁育还存在很大的距离。

（五）保护计划

长江江豚的保护工作已全面展开，也取得了一定的进展。但是，多年努力的成果并未从根本上扭转长江江豚种群数量持续下降的状况，并且可以预见随着长江干流及两湖地区社会经济的发展，人类活动产生的扰动仍可能进一步加剧，长江江豚面临的威胁仍将长期存在。

为遏制和扭转长江江豚极度濒危的态势，国家各部委相继出台了一系列的保护规划：2016年12月13日，农业部发布《长江江豚拯救行动计划（2016—2025）》，提出"以长江干流及两湖就地保护为核心，加快推进迁地保护，加大人工繁育保护力度，着力做好遗传资源保存"等全方位、多层次的保护原则；2017年7月17日，环境保护部、发展改革委、水利部会同有关部门编制印发了《长江经济带生态环境保护规划》；2017年9月30日，国务院印发《关于创新体制机制推进农业绿色发展的意见》；2018年4月3日，生态环境部会同农业农村部、水利部制定了《重点流域水生生物多样性保护方案》；2018年9月24日，国务院办公厅印发《关于加强长江水生生物保护工作的意见》；2020年12月26日第十三届全国人民代表大会常务委员会第二十四次会议通过《中华人民共和国长江保护法》，自2021年3月1日起施行。上述相关法规、政策均对长江江豚保护提出了明确、具体的要求。

（六）保护措施

1. 种群数量及栖息地环境监测

开展长期跟踪监测和阶段性全面调查，加强长江江豚及其他水生生物资源和栖息地状况监测网络建设，提高监测系统自动化、智能化水平，加强生态环境大数据集成分析和综合应用，促进信息共享和高效利用。及时掌握长江江豚生存状况，并在必要时采取及时有效的抢救性保护措施。定期向社会发布长江江豚生存状况报告，扩大长江江豚保护工作的影响，提升全社会参与长江江豚保护的意识。

2. 开展生态修复、完善生态补偿机制

对于受人类活动影响强烈的长江江豚自然分布水域，需要通过工程手段进行生境修复；实施长江江豚自然栖息地生态修复工程，建立健全长江流域江河湖泊生态保障和补偿机制，加强生物多样性保护，维护长江流域生态平衡。

3. 加强自然和迁地保护区建设

在保护区现有工作及技术条件的基础上，强化源头防控，结合长江流域生态保护红线划定，加强保护区能力建设，有效监管、控制保护区范围内人类活动的范围和强度，遏制保护区范围内的各类非法活动，及时救护被困和受伤的长江江豚，减少受伤、死亡事件，确保长江江豚群体数量稳定，栖息地环境得到明显改善。在已经建成的迁地保护区之间进行长江江豚的个体交流机制，优化长江江豚迁地种群结构，降低遗传退化。

4. 人工繁育及遗传资源保护

利用科技支撑，针对长江江豚人工繁育进行攻关，实现全人工繁殖，进而实现人工育种群体快速增长。同时，重视对其遗传资源的保护，建立完备的谱系样本库和遗传基因信息库。

5. 支撑和保障

完善管理制度，提升执法监管能力，提高豚类保护网络运行能力和效率；通过国际合作交流，培养和引进长江江豚保护的技术人才和骨干力量，提高保护技术水平；加强公众宣传和科普教育，通过海洋馆、保护区、传统媒体和网

络方式加强相关知识普及和保护现状的公众宣传和教育。

长江江豚的濒危现状已经成为国内外各界人士关注长江生态环境的焦点。尽管长江江豚的前期保护措施和在人工环境中繁育保护取得了一些进展，但是这些进展离有效恢复和保护长江江豚自然种群尚有遥远的距离。为了有效地执行长江江豚拯救计划，各级部门应加强组织领导协作，落实配套政策，加大资金投入，推进科学研究，建立监测和保护体系，加强国际交流与合作，充分发挥社会保护力量的作用，相信长江江豚保护的前景是光明的。

执笔人：中国水产科学研究院淡水渔业研究中心　徐跑　刘凯　蔺丹清　谈金豪

三、中华白海豚

中华白海豚（*Sousa chinensis*），在国际上也被称作"印度-太平洋驼背豚"（Indo-Pacific hump-back dolphin）。中华白海豚属脊椎动物亚门、哺乳纲、鲸目、齿鲸亚目、海豚科、白海豚属，为我国的"国家一级保护动物"，2008年被《世界自然保护联盟濒危物种红色名录》列为"近危物种"（图6-3）。

图6-3　中华白海豚群体（摄影：林文治　郑锐强）

（一）生物学特征

中华白海豚的体色随年龄变化呈现连贯性变化。尽管个体体色变化存在差异性，但能够从体色以及生长情况推断群体的年龄结构（Guo et al.，2020）。根据先前研究经验将中华白海豚分为6个年龄时期：UC期：无斑点幼体，刚出生至 1 岁左右，体色呈铅灰色，出生不久的还可以看到胎褶；UJ期：无斑点青年个体，小海豚体色逐渐变淡呈浅灰色，1~3 岁；SJ 期：有斑点青年个体，灰色慢慢褪去变成了浑身密密麻麻的斑点；Molted 期：多斑点成年个体，海豚身上的斑点褪到占身体半成左右，已开始性成熟；SA 期：少斑点成年个体，海豚的身上仅剩少量的斑点；UA 期：无斑点成年个体，海豚浑身纯白或只剩极少斑点。雌性中华白海豚性成熟年龄在 9~10 岁，而雄性个体比雌性晚 2~3 年。母豚的怀孕期约为 11 个月，每胎大多只怀一头海豚。母豚一般哺育幼豚直至其能够独立捕食。母豚大多间隔至少 3 年才生一胎。中华白海豚捕食对象主要是近岸水域鱼类，较少摄食头足类和甲壳类等动物。中华白海豚利用回声定位系统，能精确辨别方位，感知水深，识别海底性质、沉没物体的大小和性质、估算海岸距离，并能分辨出鱼类、软体动物、甲壳类等各种食物。中华白海豚所发的声音，除用于回声定位，还用于相互间的通信联系等。

根据珠江口水域中华白海豚生长参数的初步研究，刚出生的幼豚体长在 100 厘米左右，出生后第一年生长迅速，随后生长速度略有减缓；10 岁左右，即接近性成熟时，中华白海豚进入第二个生长高峰期，大约 16 岁体长增长至最长，约 240 厘米。中华白海豚的体长与体重最高纪录约为 270 厘米和 250 千克。一般认为，珠江口中华白海豚的寿命为 30~40 岁，根据在珠江口水域搁浅中华白海豚样本的年龄分析结果，目前记录到年龄最大的个体为 43 岁。

(二) 种群现状

据文献记载，中华白海豚在我国主要分布在东南部沿海，其分布最北可达长江口，向南延伸至福建、台湾、广东、广西和海南沿岸河口水域，有时也会进入江河。中华白海豚喜栖在 20 米左右的水域以及河口咸淡水交汇水域、沿海潟湖、航道、珊瑚礁等有利于猎物自然聚集的地貌特征水域。目前，我国开展中华白海豚种群研究较多的水域是福建厦门九龙江口；广东珠江口、湛江雷州湾水域、江门上下川岛；广西钦州三娘湾水域以及海南西部水域。在广东汕头附近海域、福建宁德附近水域也有过中华白海豚的目击记录。

珠江口水域的中华白海豚是目前世界最大种群。2011—2021 年，中山大学在珠江口东部、中部和西部对中华白海豚资源开展了系统调查，发现珠江口及周边水域中华白海豚资源数量在 2 000 头以上。2010 年，陈涛等（2010）通过截线调查分析得出珠江口水域分布有 2 517～2 555 头中华白海豚。2012 年，Wang 等（2012）调查估计台湾西部有 54～74 头中华白海豚。2018 年，Chen 等（2018）调查分析厦门水域约有 70 头中华白海豚。2015 年，Xu 等（2015）通过调查分析得出雷州湾约分布有 1 485 头中华白海豚。2016 年，Chen 等（2016）通过调查分析得出在广西北部湾分布有 389～444 头中华白海豚。其他中国海域的中华白海豚种群都较小。2017 年，Chan 等（2017）通过调查研究分析得出至少有 368 头海豚在香港水域活动，其中夏季的丰度估计值高于冬季。

（三）面临的威胁

目前，中华白海豚种群面临的生存和风险压力仍然较大，保护工作还存在不少薄弱环节，面临的问题与挑战还十分严峻，主要体现在：一是人类活动对中华白海豚的威胁和影响不断加大。如大量围填海、涉海工程、海上爆破、过度捕捞以及航运等。此外，渔业资源衰退、海洋污染也是造成中华白海豚种群衰退的重要原因之一（Zhang et al.，2019，2021；Ning et al.，2020；Guo et al.，2021）。随着我国海洋开发活动尤其是涉海工程的不断增加，中华白海豚的栖息地将不断萎缩和破碎化，其种群衰退的趋势较难遏制。二是中华白海豚保护力度亟待加强。水生野生动物保护法律及政策体系尚不完善，新修订的《野生动物保护法》已于 2017 年 1 月实施，但相关配套法规还在抓紧制定中。公众参与程度还不高，全社会的中华白海豚保护意识还需进一步提升。

（四）保护目标和任务

今后，根据中华白海豚保护的总体目标和任务，综合确定我国中华白海豚保护的重点工作。

（1）构建中华白海豚监测网络体系，完善中华白海豚种群基线信息库，推进中华白海豚重要栖息地的有效保护。中山大学已建立珠江口及周边水域中华白海豚个体识别数据库，通过进一步完善中华白海豚监测网络体系，从整体上掌握我国中华白海豚的种群生态状况，有助于明确重点保护区域，为高效管理及有效保护奠定基础。

（2）完善现有保护工作体系和协调机制，实现保护常态化和制度化。建立我国中华白海豚保护管理相关部门间的有效协调机制，提升保护管理效率，促进中华白海豚持续有效保护。

（3）制定中华白海豚保护技术规范，推进中华白海豚救护能力与网络建设。

制定具有可操作性的中华白海豚保护技术规范，同步构建救护网络，提升我国中华白海豚的救护能力。

（4）建立生态补偿与损害赔偿机制，修复受损中华白海豚栖息地。

（5）加强野生种群恢复，寻找我国中华白海豚"潜在"栖息地，完善中华白海豚样品资源库。依托中山大学等科研单位，基于常态化监测网络体系识别"潜在栖息地"，有助于制定相应的保护策略与种群引导转移方案，提升种群的持续生存能力；在中山大学建成的世界最大中华白海豚组织样品库基础上，进一步完善中华白海豚搁浅死亡样品库，开展相应的诊断分析和基础研究工作，为管理保护提供基础支撑。

（6）加强海洋珍贵物种领域的科学研究，培养海洋珍贵物种保护领域的人才。提升科研水平，加快我国海洋珍贵物种保护领域的专业技术和管理人才培养，促进我国中华白海豚保护能力建设，保障我国中华白海豚保护事业持续健康发展。

（7）加强宣传教育和公众参与，加强民间团体合作与国际交流。建立普遍性的宣传机制，提高公众的中华白海豚保护意识，充分发挥公众在中华白海豚保护方面的作用，同时，完善中华白海豚保护的非政府组织参与机制，进一步提升国际交流合作水平。

执笔人：中山大学　吴玉萍

四、鼋

鼋（*Pelochelys cantorii*）于 1988 年被列为国家一级保护野生动物；2000 年，鼋被《世界自然保护联盟濒危物种红色名录》列为濒危物种（EN）；2003 年，鼋被列入 CITES 附录 II（图 6-4）。

（一）生物学特征

鼋是大型鳖科动物，成体鼋背盘长可达 100 厘米以上。头较小，头背较宽、平，皮肤光滑。吻圆，吻突短而宽圆，约为眼眶径的 1/2，鼻孔位于吻端，每侧有一开孔，其中有中隔。眼小，位于额部背侧方，两颌自吻端至口角处，均有较宽大的唇褶。颈部粗短，头部不能完全缩入壳内。体背与颈背光滑，有因皮肤褶皱形成的粗细网格，后颈肥厚与背盘相连。背部平、扁圆、面平滑，边缘

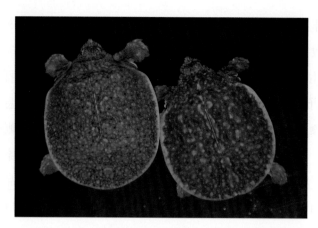

图 6-4   人工繁育的幼鼋（摄影：洪孝友　赵建）

为结缔组织形成的厚实裙边，前缘平，后缘微凹。背部呈褐黄色或褐黑色，腹面黄白色，四肢棕色，成体腹部有 4 块发达的胼胝。四肢粗扁，不能缩入壳内，趾间蹼发达，前肢外缘和蹼均为白色，均具 3 爪。尾短，雌性的尾巴不露出裙边。肋骨 8 对，最后 1 对在背中线相切。上腹板小，被内腹板分隔开，腹面的舌腹板、下腹板和剑腹板发达。幼体背甲、头部、颈部以及四肢有不规则的黑色和浅灰色的斑点，裙边边缘呈白色。稚幼鼋头颈部、背部不规则分布着小黑斑，裙边边缘为浅黄色（Ernst et al.，1989）。

（二）资源状况

鼋在我国最早记录见于公元前 16 世纪至前 11 世纪的甲骨卜辞，是殷商甲骨文记载的 17 种爬行动物之一。历史上，鼋在我国的江西、山东、湖北、江苏、浙江、广东、海南、福建等地均有分布。近代，海南、浙江、广东、福建、云南等地偶尔有发现鼋的报道（顾辉清 等，2000）。在国外，鼋主要产于印度、孟加拉国、缅甸、老挝、柬埔寨、泰国、越南、印度尼西亚、马来西亚及菲律宾等地。

根据生态环境部公布的自然保护区名录，对以鼋命名的自然保护区、发现过鼋的河段及民间救护保护站等 17 个场所进行了实地调研的结果显示，近 10 年在野外基本上没有发现野生个体，仅仅在 6 个人工圈养基地有人工养护成体鼋13 只。目前鼋野生资源已经极度濒危（Hong et al.，2019）。

（三）人工繁育

通过对人工驯养多年的 2 对成体鼋的研究结果显示，人工驯养状态下的鼋繁殖期为 5—8 月。雌鼋在产卵前会提前 1~3 天，在晚上 20:00 至次日 2:00 爬上岸寻找产卵地址；巡查确定无危险后，才挖窝产卵。整个产卵过程分为选巢期、掘巢期、产卵期、掩巢穴、回水体期五个阶段。平均每窝产卵期所需时间约 10 分钟，平均 15 秒产 1 枚卵，每窝的产卵用时与每窝卵数量具有正相关关系，$T = 0.249\ 4 \sim 1.211\ 6\ N$（$T$ 为产卵用时，单位为分钟；N 为产卵数量，单位为枚）。窝深 28.5~37 厘米，卵窝腔层数为 4~8，卵窝腔最大横截面为（14~21）厘米×（12~16）厘米。

每只鼋每年产卵 5~6 窝，产卵间隔期大部分为 12~20 天，每窝 32~55 枚。鼋卵圆形，刚性，卵壳钙质层较薄，卵均重（16.82±1.99）克，直径（3.10±0.18）厘米。在气温为 24.2~33.1℃时，用含水量约 8% 的细沙或者含水量约 50% 的蛭石为孵化介质，平均孵化期为（64.94±3.47）天，刚孵出的稚鼋平均体重（13.60±0.85）克。初步估计野生鼋需要 10 年以上才性成熟，性成熟个体最小要达到 15 千克。除了气温较低的冬天外，其余三个季节均可发现鼋有交配活动。交配时，鼋会雌前雄后追逐交配，时而浮出水面，掀起巨大的浪花（Zhu et al.，2015）。

刚孵出的稚鼋，待脐带收敛干脱后，置于直径为 2 米的圆形水桶中培育，培育用水为过滤循环水，保持 pH 值为 7~7.5，氨氮≤0.5 毫克/升。水桶中沙厚 10 厘米，水深 5 厘米，放养密度为 100 只/桶，以体长 1~2 厘米食蚊鱼作为稚鼋的活饵。随着个体增重，应保证活饵适口性，逐步降低养殖密度，增加培育水池面积和池底河沙厚度。第 1 年在温室内培育，可增加苗种越冬培育成活率，之后可在室外水泥池培育，整个养殖过程要保证水质良好以及活饵适口性（洪孝友 等，2018）。

目前，全国有广东省肇庆市广宁县和广东省佛山市高明区共两地成功开展了鼋人工繁育，共孵化幼鼋 1 267 只，现存活幼鼋 886 只。具体见表 6-1。

表 6-1 现有人工孵化培育幼鼋统计

时间	地点	产卵量/枚	受精卵数量/枚	受精率/（%）	孵出鼋苗数量/只	孵化率/（%）	存活幼鼋/只	现存活率/（%）
2014	广宁	66	30	45.45	10	33	3	30
2016	广宁	124	—	—	—	—	20	--
2015	高明	406	273	67.24	140	51.20	26	18.57
2016	高明	483	353	73.08	212	60.06	143	67.45

时间	地点	产卵量/枚	受精卵数量/枚	受精率/（%）	孵出鼋苗数量/只	孵化率/（%）	存活幼鼋/只	现存活率/（%）
2017	高明	516	326	63.18	241	73.93	182	75.52
2018	高明	459	280	61	215	76.79	167	77.67
2019	高明	444	287	64.46	225	78.39	187	83.11
2020	高明	383	238	64.75	162	68.07	158	97.53
	合计	2 881			1 267		886	

（四）保护现状

鼋在古代被视为灵物，加上它体型庞大，栖息在水底深潭，在水中几乎没有天敌。鼋的保护工作主要有以下几项。一是建立自然保护区。目前全国已建立 1 个鼋省级自然保护区和十多个鼋县市级自然保护区。二是开展全人工繁育工作。据调研，目前全国共有 6 处存成鼋个体 13 只，其中 2 处成功进行了人工繁育，成功实现了鼋的人工保种。三是开展保护研究。在农业农村部的支持下，中国水产科学研究院珠江水产研究所从 2014 年起开始了鼋生物学、栖息地资源调查以及保护遗传学等方面的研究，形成了鼋调查报告和保护建议。四是开展适应性野外放流。将全人工繁育的鼋通过野化训练后，选择适合其生存的自然水域进行放流，以恢复野外自然种群数量。2020 年 9 月 26 日，由农业农村部、广东省人民政府主办的 2020 年鼋野化适应性保护活动在佛山市高明区举办，野放了 20 只 4~5 龄幼鼋，此次活动是贯彻落实 2019 年农业农村部颁布的《鼋拯救行动计划（2019—2035 年）》精神的第一个标志性活动。

（五）存在的问题

1. 人类活动对鼋的威胁和影响不断加大

鼋是大型鳖科动物，性成熟年龄大，许多鼋个体未达到性成熟就被捕杀，这对物种的延续是极大的威胁。开采河砂、水利工程致使鼋栖息地和产卵场遭到严重破坏。此外，渔业资源减少、河流污染也是造成鼋种群减少的重要原因。

2. 保护力度亟待加强

各级政府对鼋保护重视不够、投入不足。我国鼋保护区的自然资源本底不

清，大部分的保护区批建时未开展详细的资源调查，更谈不上动态监测（表6-
2）。保护区的总体管理工作不到位，多数是无管理机构、无人员、无经费等情
况；大部分保护区基本保护功能和作用丧失，自然生态系统退化。鼋保育研究
滞后，相关机构对鼋驯养、繁殖等保育研究滞后，鼋的保护与管理尚缺乏可操
作性的技术与规范，管护水平有待提升。公众参与程度不高，对鼋的认识严重
不足，全社会对鼋的保护意识还需进一步提升（蔡晓丹 等，2018）。

表6-2 部分鼋保护区及鼋发现地的情况

序号	保护区名称	级别	管理情况
1	上海市水生野生动物收容救护基地	无	未设立保护区，有2只活体鼋。有档案资料
2	浙江青田鼋省级自然保护区	省级	3个事业编制，年经费50万~60万元。有2只活体鼋。档案资料不齐全
3	福建省三明市水产推广站（尤溪河鼋）	无	未设立保护区，无活体鼋，有鼋标本。档案资料较齐全（有本底调查）
4	广东省韶关市仁化锦江鱼类生物多样性自然保护区	县级	无编制、无人员、无经费、无活体鼋。档案资料不齐全。鼋列入保护名录
5	广东省河源市龙川县鼋自然保护区	县级	正股级事业单位，2个编制。无活体鼋。档案资料不齐全
6	广东省韶关市北江黄茅峡名优鱼类种质资源县级保护区	县级	无编制、无人员、无经费、无活体鼋。档案资料不齐全。鼋列入保护名录
7	广东省河源市东源县新丰江鼋自然保护区	县级	无编制、无人员、无经费、无活体鼋。档案资料不齐全
8	广东省河源市黄沙鼋自然保护区	市级	正科级事业单位，3个编制，经费按财政补助一类拨付，无活体鼋。档案资料不齐全
9	广东省潮州市韩江鼋自然保护区	市级	正科级事业单位，3个编制，人员经费由财政核拨，无活体鼋。无档案资料
10	广东省肇庆市广宁县广宁鼋自然保护区	县级	副股级事业单位，3个编制，有人头费，无专项经费，有2只活体鼋。档案资料不齐全
11	广东省肇庆市四会市四会绥江鼋自然保护区	县级	挂靠广东渔政总队四会大队，3个事业编制，列入财政供给，有2只活体鼋。档案资料不齐全
12	广东省高明区万绿源生态种养殖有限公司	无	未设立保护区，有4只活体鼋。无档案资料

续表

序号	保护区名称	级别	管理情况
13	云南省西双版纳澜沧江-湄公河流域鼋、双孔鱼保护区	州级	无编制、无人员、无经费。有 1 只活体鼋。档案资料不齐全
14	云南省河口瑶族自治县南溪河市级野生动物自然保护区	县级	被列入《全国自然保护区名录》

（六）保护目标和任务

2019 年 11 月 18 日，农业农村部发布了《鼋拯救行动计划（2019—2035 年）》，对鼋的保护目标和任务进行了明确。

1. 保护目标

预计到 2023 年，我国鼋自然种群状况基本摸清，濒危灭绝态势得到有效扭转，初步搭建较完善的监测、评估与预警体系，初步实现关键栖息地的有效保护，初步实现国内人工群体资源的整合，尝试开展人工增殖放流跟踪和效果评估。尝试开展国外鼋的研究和保护工作。

预计到 2026 年，我国鼋得到切实保护，重要分布区域及栖息地得到有效修复和保护，国内种群数量保持稳定或小幅提升，种群调查和监测评估体系得到进一步完善和提升，增殖放流取得良好效果。国内外鼋种群的研究和保护工作取得一定的实质性进展。

2. 主要任务

（1）开展野外资源调查及栖息地环境监测。

鼋种群数量稀少，加上人类活动的干扰，鼋栖息地和产卵场遭受破坏，鼋生存面临严重威胁，近 10 来年鲜有发现野生个体踪迹的报道。摸清鼋资源及栖息地现状对相应保护措施制定、保护措施调整、研究方向确定、种群变动趋势预测等有着重要意义，并可为今后的栖息地修复提供科学支撑。

（2）加强重要栖息生境建设和管理。

加强鼋重要栖息地能力建设。依据现有重点保护栖息地基础条件，完善基础设施和管护条件建设。进一步加强鼋重要栖息地管理，加强保护监管，开展涉水生生物及重要栖息生境影响评价，完善鼋重要栖息地的机构设置与运行。

健全管护基础设施，完善界碑、标志塔和宣传牌等，增设科普教育基地、标本室、实验室和展示馆等。严控外来龟鳖进入鼋重要栖息地。查明栖息地水域外来龟鳖的种类、数量及分布区域，建立数据库和信息共享平台，建立预测和预警机制，建立阻断和消除技术手段。逐步推进部分鼋重要栖息地升级，提高栖息地管理效率。

（3）开展鼋栖息地修复和有效保护。

加强人工繁育群体的仿生态繁育技术研究，筛选合适的水域生境进行鼋产卵沙滩地、浅水地带、越冬深水潭等栖息地环境修复。通过河床底部环境、饵料生物等生态修复，改良索饵场生态环境，提高鼋幼体阶段成活率。研究鼋栖息地保护策略和技术，制定《鼋栖息地监测技术规范》《鼋栖息地修复技术规范》，结合国家水生生物资源养护行动计划和各级地方政府相关生态修复和物种保护工程，实施栖息地修复，并逐步完善，从而实现鼋栖息地的有效保护。

（4）开展人工繁育与增殖放流行动。

一是建立人工繁育群体。对现有人工繁育群体进行普查和登记，调查繁育群体的来源、体重、年龄、性别、繁殖史等生物学信息，采集遗传基因信息，进一步开展生理、生化等遗传学工作，建立全国性的人工圈养鼋生物学数据库。整合国内野生成体鼋资源，优化种群结构，逐步建立保种场地个体交流机制，降低近亲繁殖和遗传退化风险。利用人工保种群体深入研究繁殖策略，保持群体的遗传多样性，力争在短时间内实现人工养护群体的快速增长，为自然和迁地保护群体的繁殖管理提供技术支撑。建立1~2个国家级鼋保护、繁育研究中心，改善保育和野化等研究条件，满足鼋保种群体的生存和养殖实施的安全运转，支持部分有条件场地进行扩容性建设；建设2~3个能容纳100只10龄以上鼋的现代化人工保育基地，保持基地的正常、高效运行。

二是深入开展人工繁育技术研究。深入开展鼋繁殖生物学、生态生理学、行为学等方面的研究，全面了解鼋生物学特性。加强生态操控、营养需求、疾病防控等方面的技术研究，提高鼋卵受精率、孵化率和苗种培育成活率，不断扩大子一代、子二代繁殖规模。整合科研力量，开展遗传多样性分析与种质资源评价，开发性别分子标记，构建优化的人工繁育种群。

三是开展人工增殖放流。充分利用野外鼋和人工圈养鼋子一代个体进行资源整合和共享利用，开展家系管理，优化人工繁殖。扩大鼋子一代和子二代的苗种生产能力，扩大增殖放流规模。前期以放流幼鼋为主，后期每年放流成体鼋数量 10 组父母本，幼鼋 200 只左右。规范鼋增殖放流相关遗传管理，开展野化训练，提升放流鼋野外生存能力。建立鼋标志放流技术方法，对放流群体的活动轨迹进行跟踪监测，科学评估增殖放流效果，制定《鼋增殖放流技术规范》。

（5）加强遗传资源保护。

在加强鼋资源调查的同时，收集不同种群鼋样本，开展不同水系间鼋遗传多样性分析，建立完备的谱系样本库和遗传基因信息库，分析不同水系间鼋基因交流情况，了解种群分布格局及其历史动态变化，明确鼋遗传保护管理单元。利用人工驯养及繁育的群体，开展遗传亲子鉴定，为鼋遗传多样性保护研究和管理提供技术保障。探索鼋生殖干细胞鉴定、分离、培养及冷冻保存技术体系，尝试建立鼋生殖干细胞库，为鼋种质资源保存提供保障。

执笔人：中国水产科学研究院珠江水产研究所　朱新平　洪孝友

五、中华鲟

中华鲟（*Acipenser sinensis*），又名鲟鱼、腊子、大腊子、黄鲟（四川）。中华鲟是软骨硬鳞鱼类，隶属于鲟形目（Acipenseriformes）、鲟科（Acipenseridae）、鲟属（Acipenser Linnaeus）（图6-5）。1988 年被列入我国首次公布的《国家重点保护野生动物名录》，并被定为国家一级保护动物；1996 年被世界自然保护联盟（IUCN）列为濒危等级保护物种；1997 年被列入 CITES 附录 Ⅱ 保护物种；2010 年被世界自然保护联盟升级为极危级（CR）保护物种（常剑波 等，1999；柯福恩 等，1984；李彦亮，2019；余志堂 等，1986b）。

（一）生物学特征

中华鲟体长形，两端尖细，背部狭，腹部平直。头呈长三角形。吻尖长。鼻孔大，两鼻孔位眼前方。喷水孔裂缝状。眼小，椭圆形，位于头后半部。眼间隔宽。口下位，横裂，凸出，能伸缩。唇不发达，有细小乳突。口吻部中央有 2 对须，呈弓形排列，其长短于须基距口前缘的 1/2，外侧须不达口角。鳃裂大，假鳃发达，鳃耙稀疏，短粗棒状。

中华鲟有背鳍 1 个，后位，后缘凹形，起点在臀鳍之前。臀鳍与背鳍相对，在背鳍中部下方。腹鳍小，长方形，位体中央后下方，近于臀鳍。胸鳍发达，椭圆形，位低。尾鳍歪形，上叶特别发达，尾鳍上缘有 1 纵行棘状鳞。

图 6-5　长江干流监测捕获的中华鲟幼鲟

（照片提供：中国水产科学研究院长江水产研究所）

中华鲟幼鱼体表光滑，成鱼体表粗糙。具 5 纵行骨板、背部正中一行较大，背鳍前有 8~14 块，背鳍后有 1~2 块；体侧骨板 29~43 块；腹侧骨板 13~17 块，臀鳍前后各有 1~2 块。体色在侧骨板以上为青灰、灰褐或灰黄色，侧骨板以下逐步由浅灰过渡到黄白色；腹部为乳白色。各鳍呈灰色而有浅边。

中华鲟分布在我国近海（包括黄海、东海和台湾海峡等）以及相应大型江河中（包括长江、珠江、闽江、钱塘江和黄河），日本、朝鲜等近海海域也有报道。目前，在我国闽江、钱塘江、黄河及珠江，中华鲟已经基本绝迹，仅长江有一定中华鲟现存量。葛洲坝截流前，中华鲟可上溯到长江上游和金沙江下游。1981 年葛洲坝截流后，阻断了上溯洄游通道，目前长江中华鲟自然种群在长江中的分布区域仅限于葛洲坝至长江口江段（常剑波，1999）。

中华鲟是典型的江海洄游性鱼类。中华鲟亲体每年 7—8 月进入长江口，溯江而上，于次年 10—11 月到达自然产卵场进行产卵繁殖。受精卵在产卵场孵化后，鲟苗随江漂流，第二年 4 月中旬至 10 月上旬，长江口出现 7~38 厘米长的中华鲟幼鲟集群，它们以后陆续进入海洋（常剑波，1999）。

葛洲坝截流前，中华鲟产卵场分布在金沙江下游和长江上游约 600 千米的江段，已报道的产卵场有 16 处以上。1981 年葛洲坝截流后，原有产卵场全部丧失。1982 年发现中华鲟在葛洲坝至古老背长约 30 千米的江段形成了新的产卵场，后压缩到葛洲坝至庙咀约 4 千米的江段。1981 年以来，该江段的中华鲟产卵场在长江是唯一的，截至 2013 年，中华鲟在此产卵场的自然繁殖是年际间连续的（Tao, et al., 2009；Wei et al., 1997）。2013 年，中华鲟在此产卵场的自然繁殖出现了第 1 次中断，2015 年出现第 2 次中断，产卵行为变成年际间隔

(Zhuang et al.，2016)，并在 2016 年发生自然繁殖后，2017—2020 年连续 4 年没有自然繁殖。该物种野生种群的自我更新能力已经基本丧失。生殖洄游进入长江的中华鲟亲鲟一般不摄食，中华鲟幼鲟及亚成体食物包括摇蚊幼虫、寡毛类、蟹类及其底栖鱼类等，其次是植物性食物。近年来，随着长江水质的不断恶化，中华鲟幼鱼食性被迫改变，以底栖小型鱼类、多毛类和端足类为主要食物，兼食虾类、蟹类及瓣鳃类等小型底栖动物。中华鲟生长速度较快，野生中华鲟平均年增重可达 8~14.5 千克。人工养殖中华鲟 1 龄全长可达 71.77 厘米、体重可达 1.96 千克。中华鲟最大记录个体达 460 千克。成熟雄鲟平均长达 250 厘米、平均重 100 千克，成熟雌鲟平均长达 310 厘米、平均重 210 千克。

（二）繁殖生物学

长江中华鲟第一次性成熟的年龄，雌性为 13~26 龄（平均 18 龄），雄性为 9~18 龄（平均 12 龄）。调查显示 20 世纪 70—80 年代，中华鲟雌鲟绝对怀卵量为 30.6 万~130.3 万粒（平均 64.5 万粒），卵径平均 4.4~4.6 毫米。葛洲坝截流初期，葛洲坝下中华鲟的成熟系数、怀卵量和卵径与葛洲坝截流前没有明显的变化。21 世纪初期，葛洲坝中华鲟雌鱼绝对怀卵量下降到 20 万~59 万粒，平均 35.8 万粒（危起伟，2003）。

水温是中华鲟产卵的限制条件，水温适宜的情况下，水位、流速和含沙量出现逐渐从高位下降的趋势，而且当各水文要素值均达到其适宜范围时，中华鲟即产卵繁殖。葛洲坝截流以后，坝下形成了中华鲟产卵场。葛洲坝下中华鲟产卵水温范围在 15.8~20.8℃，平均 18.7℃，流量 7 000~14 000 米^3/秒，水位是 42~45 米，含沙量是 0.2~0.3 千克/米^3，底层流速是 1~1.7 米/秒。研究表明，河床地形、河床质、流速场、自然繁殖季节的水文状况和气象状况与中华鲟的自然繁殖活动都有一定的关系（危起伟，2003）。

中华鲟孵出后，即靠尾部摆动向水体的上层游动，随水流向下游洄游迁移，从 3 日龄开始洄游仔鱼的数量逐步减少，到 8 日龄所有的仔鱼全部停止了洄游，推测洄游最远的可到达长江中下游地区，仔鱼栖息在这些地区摄食。直到第二年，开始第二次洄游时，再游向海洋。仔鱼孵出即趋光，从 7 日龄开始，仔鱼趋光的比例下降。8~10 日龄是仔鱼避光的高峰期。11 日龄后又逐渐趋光。大多数仔鱼在 12 日龄开口摄食，18 日龄以后均趋光。繁殖季节，中华鲟雄鲟在葛洲坝下活动频繁，迁移范围较广。产卵结束后，雌鲟即刻离开产卵场，作快速降河洄游；相反，雄鲟在繁殖结束后不急于离开产卵场，直至全部繁殖活动结束（危起伟，2003）。

（三）资源现状

中华鲟繁殖群体数量整体呈现下降趋势，从 1998 年的 680 尾降至 2002 年的 300 余尾；2005—2008 年维持在 200 余尾，2009 年仅 72 尾，2010—2012 年回升至 200 尾左右，2014 年下降至 57 尾；2015 年 45 尾，2016 年 48 尾，2017 年 27 尾，2018 年 25 尾，2019 年 16 尾，2020 年 13 尾。

根据长江口监测数据，1988—1992 年长江中华鲟幼鲟数量较多，1993—2000 年呈下降趋势，2001—2003 年略有回升，2004 年后数量波动较大。根据河口监测数据，2006 年幼鲟误捕数量 2 100 尾，2007 年仅 29 尾，2008 年 205 尾，2011 年 14 尾，2012 年 467 尾，2013 年降至 66 尾；到 2014 年长江口未监测到任何幼鲟。2015 年 4—9 月监测到 3 000 余尾中华鲟出现在长江口；但到 2016 年，未监测到中华鲟幼鲟（赵燕 等，1986；陈锦辉 等，2016）。

（四）保护现状

我国历来十分重视中华鲟的保护工作，先后通过物种及其关键栖息地立法保护，长期大规模人工增殖放流，人工群体保育以及大量科学研究等，开展专门针对中华鲟的保护工作，取得了一定成效。

1. 物种及其关键栖息地获得立法保护

1983 年，我国全面禁止中华鲟的商业捕捞利用；1989 年，中华鲟被列入《国家重点保护野生动物名录》。为保护葛洲坝坝下当时唯一已知的中华鲟产卵场及其繁殖群体，1996 年，设立长江湖北宜昌中华鲟省级自然保护区。为保护长江口中华鲟幼鱼群体及其索饵场，2002 年，设立上海市长江口中华鲟自然保护区。此外，随着 2003 年开始实施长江禁渔制度，以及在长江中下游的其他一些保护区，如长江湖北新螺段国家级自然保护区等，对中华鲟物种及其栖息地的保护也同时得到落实。

2. 人工增殖放流活动持续开展 30 余年，放流数量累计达 700 万尾以上

1982 年，国家有关部门组建了专门的中华鲟研究机构，开展中华鲟人工增殖放流方面的工作，以弥补葛洲坝建设对中华鲟自然繁殖所造成的不利影响。农业农村部所属的长江水产研究所也陆续开展了 30 余年的中华鲟人工增殖放流

工作。此外，宜昌和上海两个中华鲟保护区以及有关企业和科研单位等，也放流了部分中华鲟。截至目前，相关单位在长江中游、长江口、珠江和闽江等水域共放流各种不同规格的中华鲟 700 万尾以上，对补充中华鲟自然资源起到了一定作用。

3. 全人工繁殖成功，突破人工群体建设的技术障碍

在长期的增殖放流实践和误捕误伤个体救护等工作中，有关科研机构和企业蓄养一批不同年龄的中华鲟个体，接近性成熟个体（8 龄）占一定比例。2009 年，中华鲟研究所和水利部中国科学院水工程生态研究所掌握了中华鲟全人工繁殖技术；2011 年，长江水产研究所也在该领域取得了突破。目前，中华鲟种群的建设已经没有技术障碍，为将来中华鲟进行自然种群的重建奠定了物质基础（郭柏福 等，2011；危起伟 等，2013）。

4. 相关科学研究达到一定水平，有利于中华鲟物种保护的实践

自 20 世纪 70 年代以来，通过近 50 年的研究，研究人员已比较详细地掌握了中华鲟的洄游特性和生活史过程，在繁殖群体时空动态及自然繁殖活动监测、产卵场环境需求、人工繁殖和苗种培育、营养与病害防治等方面均具有比较深入的研究。此外，在生殖细胞保存和移植等生物工程技术领域也取得了明显进展。其中"中华鲟物种保护技术研究"成果还获得了 2007 年度国家科技进步奖二等奖，2014—2019 年，科技部 973 项目"可控水体中华鲟养殖关键科学问题研究"在多个单位的协作下完成。这些研究成果为中华鲟的物种保护提供了较好的理论基础和技术支撑。

（五）人工繁殖

早在 1973 年和 1974 年，四川省长江水产资源调查组就通过在金沙江拴养成熟的中华鲟初步实现了人工繁殖。1983 年，中华鲟研究所与长江水产研究所人工催产野生中华鲟亲鱼成功，中华鲟的人工繁殖获得实质性突破。2009 年以来，多家单位掌握了中华鲟全人工繁殖技术。

（六）存在的问题

当前，随着长江流域经济社会的不断发展，筑坝、航道建设及航运、水污染和城市化等各种人类活动影响不断加剧，中华鲟繁殖群体规模急剧下降，物种延续面临严峻挑战。

1. 中华鲟自然繁殖活动连续 4 年中断，野生种群的自我维持能力可能丧失

葛洲坝水利枢纽修建后，中华鲟自然种群就处在不断的衰退中。三峡水利枢纽工程自 2003 年蓄水运行以来，加上长江上游梯级水电开发带来的叠加效应，产卵场水温、水流和泥沙环境逐步改变，造成中华鲟的自然产卵日期发生明显的后移。2013 年、2015 年以及 2017—2020 年，中华鲟的自然繁殖出现中断，如不加以人工干预，未来中华鲟的产卵活动恢复的可能性极低。

2. 基础研究投入不足，人工保种能力建设亟待加强

当前水利工程建设、航运、捕捞、环境污染等各种人类活动的影响不断加剧，中华鲟资源持续下降。长江中华鲟繁殖群体规模已由 20 世纪 70 年代的 1 万余尾下降至目前的不足 100 尾。葛洲坝截流至今 40 年来，中华鲟繁殖群体年均下降速率约达到 16.5%，情况令人担忧。如不采取有效措施，中华鲟自然种群将会走向灭绝。此外，目前对于我国近海中华鲟的资源和分布状态尚不清楚，严重影响相关保护对策和措施的制定。

尽管目前人工保种群体已具有一定的数量，但目前性成熟个体数量有限，后备亲体来源单一，全人工繁育仍不成规模，且子二代个体的种质质量呈严重下降趋势。因此，如果自然种群衰退，通过人工群体来实现对自然群体的补充，或实现人工群体的自维持，仍存在较大困难。

（七）保护规划及目标

2015 年 9 月 28 日，农业部印发关于《中华鲟拯救行动计划（2015—2030 年）》的通知，分阶段提出了中华鲟的物种保护目标。

1. 第一阶段（2015—2020 年）

主要内容包括：

（1）查明中华鲟可能存在的新产卵场范围，产卵规模，繁殖群体现存量，以及繁殖后备亲体在海区分布范围等，形成较完善的中华鲟监测、评估与预警体系，关键栖息地得到有效保护，初步实现人工群体资源的整合，探索人工完成中华鲟"陆—海—陆"生活史的养殖模式。

（2）查明现有产卵场和新产卵场的有效性，开展产卵场环境修复和改良。

建设 2 处共能容纳 1 万尾 8 龄以上个体的现代化淡水保种基地和 2 处共能容纳 10 万尾 1~7 龄个体的河口、海水养殖保种基地，探索"陆—海—陆"接力的

养殖模式。

（3）持续实现中华鲟规模化全人工繁育，为建立健康可持续种群奠定基础。

（4）建立 1~2 个中华鲟半自然野化驯养基地。

（5）扩大增殖放流规模，确保每年放流数量不少于 5 万尾，且放流个体来自不少于 10 组父母本。

（6）开展家系管理，形成不同年龄梯度的中华鲟人工群体 10 万尾，其中 8 龄以上中华鲟个体的数量不少于 1 万尾。

（7）初步建立 1 个小规模的中华鲟遗传资源库。

目前已经基本按计划完成。

2. 第二阶段（2020—2030 年）

（1）到 2030 年，中华鲟自然种群得到有效恢复，生境条件得到有效改善，关键栖息地得到有效保护，人工群体资源得到扩增和优化，实现人工群体的自维持和对自然群体的有效补充。

（2）维持原有规模的中华鲟人工保种群体数量，增加高龄个体的数量。其中 15 龄以上中华鲟个体数不少于 5 000 尾，8 龄以上中华鲟子二代个体数不少于 2 万尾。

（3）维持养殖平台和半自然野化驯养基地的正常、高效运行。

（4）继续扩大增殖放流规模，确保中华鲟每年放流数量不少于 10 万尾，且放流个体来自不少于 30 组父母本。

（5）自然或人工产卵场环境得到改善，野生群体数量逐步上升。

（6）建立具有一定规模的中华鲟遗传资源库，有效保存中华鲟生殖干细胞和精子。

3. 远景展望

经过长期不懈的努力，到 21 世纪中期，中华鲟自然种群得到明显恢复，栖息地环境得到明显改善，人工群体保育体系完备，群体稳定健康。

执笔人：武汉大学 常剑波；水利部中国科学院水工程生态研究所 乔晔

六、长江鲟

长江鲟（*Acipenser dabryanus*），又名达氏鲟、鲟鱼、沙腊子（长江）、小腊子（四川），属鲟形目（Acipenseriformes）、鲟科（Acipenseridae）、鲟属（Acipenser Linnaeus）（图 6-6）。长江鲟为我国特有物种，属于国家一级保护野生动物，仅在长江流域有发现，主要分布于金沙江下游和长江中上游干流及各大支流，其中长江干流四川宜宾至合江江段资源量最多。

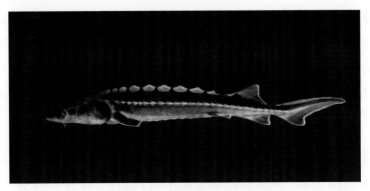

图 6-6　长江干流捕获的长江鲟幼鲟

（照片提供：中国水产科学研究院长江水产研究所）

（一）生物学特征

长江鲟体长梭形，胸鳍前部平扁，后部侧扁。头呈楔头形。吻端尖细，稍向上翘。鼻孔大，位眼前方。眼小，均位头侧中央部。口下位，横裂，能伸缩，上下唇具有许多细小突起。吻的腹面具 2 对长触须，其长约等于须基距口前缘的 1/2。鳃裂大，鳃耙多且排列紧密，薄片状。

背鳍 1 个，后位，起点在腹鳍之后，近于尾鳍。臀鳍起点稍后于背鳍。胸鳍位低，位鳃孔后下方。腹鳍后缘凹形、尾鳍歪形，上叶特别发达。

幼鱼皮肤粗糙，成体皮肤出现不同程度的光滑面。体具 5 纵行骨板。背鳍前面有 9~14 块，第一块骨板不特别大，背鳍后有 12 块；体侧骨板 31~40 块，腹侧骨板 10~12 块；臀鳍前后各有 1~2 块大骨板。体背部和侧板以上为灰黑色或灰褐色，侧骨板至腹骨板之间为乳白色，腹部黄白色或乳白色（四川省长江水产资源调查组，1988）。

长江鲟喜群集于水流缓慢、泥沙底质且富有腐殖质及底栖动物的近岸浅水河段活动，为纯淡水定居性鱼类。通常进行几百千米的短距离洄游，除产卵季节，一般不远离栖息地，这些场所一般离河岸 10~20 米，水深 8~10 米，流速为 1 米/秒左右，有较多的腐殖质和底栖生物。每年 6—8 月涨水季节，幼鱼进入长江上游各大支流索饵洄游，8—9 月回到深水处越冬（四川省长江水产资源调查组，1988）。

长江鲟的食物种类属完全淡水类型，为杂食性鱼类，主要食物有蜻蜓目、蜉蝣目、摇蚊科、寡毛类等昆虫幼虫及底栖无脊椎动物；也食某些高等植物的碎屑以及藻类等。在不同生长发育阶段，食物的种类构成有一定的变化。长江鲟属异形生长类型，生长速度最快期为 2~3 龄，4 龄后生长开始缓慢。长江鲟为广温性鱼类，在 16~32℃均可摄食生长。成熟个体一般体长可达 1.5 米，体重可达 20 千克，寿命可达 30 龄以上（四川省长江水产资源调查组，1988）。

（二）繁殖生物学

长江鲟雄鱼最小 4 龄时可性成熟，体长 80~102 厘米；雌鱼最小 6 龄时性成熟，体长 90~110 厘米。绝对怀卵量为 6 万~13 万粒。春季 3—4 月、冬季 11—12 月产卵，以春季产卵为主。一般在流速 1.2~1.5 米/秒、透明度 33 厘米、水深 5~13 米的主河道石砾滩上产卵。卵径 2.2~2.8 毫米。受精卵黏性，在水温 17~18℃时 117 小时即可全部孵出。

长江鲟不具备集群繁殖的习性，产卵场零星分散在重庆以上的长江干流，无较集中的大型产卵场和明显的盛产期。产卵场主要分布于金沙江下游的冒水至长江上游的合江之间的江段，主要产卵场有金沙江下游，长江上游宜宾附近江段的安边、南广、盐坪、黄角沱、白沙湾，南溪区马家黑石包，泸县观音沱，合江县黄河口等处。产卵场的位置一般在主河道的石砾滩上，流速为 1.2~1.5 米/秒，透明度为 33 厘米，水深为 5~13 米，水温春季为 16~19℃，冬季为 12~15℃。距产卵场下游不远处应有较多的沙泥底质的湾沱，便于孵出的仔幼鱼进行索饵肥育。

（三）资源现状

作为长江上游特有鱼类的典型代表，长江鲟曾是长江上游重要的经济捕捞对象。20 世纪后期，由于水工建设、过度捕捞、航道整治、采砂挖石等人类活动的影响，长江鲟自然种群规模急剧缩小。

据统计，1984—1993 年，在长江上游泸州段误捕长江鲟 124 尾；1994—1996 年，在长江上游宜宾江段误捕 27 尾；2006—2010 年，在长江上游仅监测到 39 尾；2010—2012 年，中国水产科学研究院长江水产研究所分别在宜宾、重庆（江津）、泸州江段，监测到长江鲟 29 尾、17 尾、35 尾，后经鉴定均为放流个体。葛洲坝下游江段自 1994 年以后未发现长江鲟野生个体。2010 年以后，在长江上游未监测到野生个体。

2000 年左右，中华鲟自然繁殖活动停止，自然种群已无法自我维持，面临野外绝迹。随着长江鲟自然繁殖活动的停止，目前野生种群基本绝迹，人工保种的野生个体仅存 20 尾，且已进入高龄阶段，物种延续面临严峻挑战，保护形势十分紧迫。

（四）保护现状

1989 年，长江鲟被列为国家一级保护野生动物；1997 年，被列入 CITES 附录 Ⅱ 保护物种；2010 年，被世界自然保护联盟升级为极危级保护物种。

围绕长江鲟的保护，有关主管部门、科研单位及民营企业在自然保护区建设、资源收集与保存、人工群体扩增、全人工繁殖、仿生态繁殖和增殖放流等方面开展了一些工作。然而，由于保护投入不足，长江鲟自然种群恢复工作尚未实质性开展。

1. 物种及其关键栖息地获得立法保护

1983 年，长江鲟商业捕捞被全面禁止；1989 年，长江鲟被列入《国家重点保护野生动物名录》；2000 年，国务院批准建立以长江鲟为主要保护对象之一的长江上游合江—雷波段珍稀鱼类国家级自然保护区，2005 年，该保护区调整为长江上游珍稀特有鱼类国家级自然保护区，保护区覆盖了长江鲟自然种群的主要分布范围、产卵场和索饵场等关键栖息地。

2. 长江鲟资源收集和人工保种取得一定成功

20 世纪六七十年代，国家组织了长江鲟鱼资源的专项调查、人工繁殖和库区移养等工作，80 年代重庆市水产研究所、四川省农业科学院水产研究所等单位实现了人工繁殖（四川重庆长寿湖渔场水产研究所，1976）。同期，宜宾珍稀水生动物研究所、中国水产科学研究院长江水产研究所等单位进行了长江鲟资源收集、繁殖和养殖等研究。目前，宜宾珍稀水生动物研究所等单位保存了一批长江鲟野生群体，人工保种技术实现突破，全人工繁殖和子三代繁育也获得成功。

3. 人工增殖放流初步实施

从 2007 年起，在长江上游及中游江段尝试通过人工增殖放流方式补充长江鲟野外资源。根据保护区规划,向家坝放流站和赤水河放流站每年应放流 30 厘米以上的长江鲟各 0.5 万尾,其他机构共 1 万尾。截至 2017 年年底,已累计增殖放流长江鲟 5 万余尾,均为 1 龄左右的幼鲟,但是放流效果并不明显。误捕到的长江鲟未发现有性腺发育成熟的个体,2000 年后未发现自然繁殖的幼鲟。

4. 相关科学研究进展为长江鲟物种保护提供了支撑

近些年来,围绕长江鲟资源保存、繁育和养护的科研进展为物种保护提供了技术支撑。人工繁殖和苗种培育、营养与病害防治等技术成熟,子一代规模逐渐扩大,全人工繁殖技术日臻完善。有关保护养殖学、遗传管理、亲子鉴定技术、生殖细胞保存和移植等生物工程技术取得一定进展。特别是近三年来,相关科研单位实现了人工群体的仿生态繁殖,开展了大量科学放归技术研究与示范。

（五）人工繁殖

早在 1976 年,重庆市长寿湖渔场开展了长江鲟的人工繁殖,成功催产江中捕捞成熟的长江鲟,进行拴养催产获得 1 300 余尾鱼苗。随后,四川省长江水产资源调查组开展了从受精卵到成鱼再到产卵的全人工繁殖驯化过程。20 世纪 80 年代后期,四川农业科学院水产研究所进行长江鲟的人工繁殖、鱼苗培育,情况良好;2007 年,宜宾珍稀水生动物研究所全人工繁殖长江鲟子二代获得成功。2013 年,四川农业科学院水产研究所进行长江鲟全人工繁殖,取得成功,获得 1 万尾鱼苗。2018 年 3 月,中国水产科学研究院长江水产研究所与宜宾珍稀水生动物研究所联合团队成功完成长江鲟子三代初次繁育,获得 6 万余尾长江鲟子三代仔鱼（杜浩 等,2020）。

（六）存在的问题

1. 长江鲟自然资源极度衰退,超过 20 年没有自然繁殖

过度捕捞和非法捕捞、涉水工程建设、采砂、航运等人类活动是导致长江鲟资源衰退的主要原因。监测表明,在 2000 年以后全江段均未发现自然繁殖的幼鱼,目前零星误捕的个体均来源于人工放流。尽管部分产卵场依然存在可能合适的产卵条件,但因长江鲟繁殖群体资源枯竭,已无法完成自然繁殖。从 20 世纪 90 年代后期,宜宾珍稀水生动物研究所在长江上游陆续收集了 50 多尾野生个体,目前仅存 17 尾。此外,长江水产研究所、中华鲟研究所共保存有野生个

体 3 尾。目前，人工保种的野生个体数量极少，自然种群基本绝迹，物种极易灭绝。

2. 人工群体建设需进一步加强

目前人工保种群体已形成规模，其中子一代成体达 1 500 余尾。但是，由于目前缺乏统一行动和规划，保种群体亲本尚未在长江鲟资源保护中发挥应有的作用；同时，如何有效保持现有群体的遗传多样性，维持人工养殖个体的健康，仍需从遗传管理、科学繁育和保护养殖等方面加强研究，以建设有效的人工群体。

（七）保护规划及目标

2018 年 5 月 15 日，农业农村部印发关于《长江鲟（达氏鲟）拯救行动计划（2018—2035）》的通知，分阶段提出了具体任务。

1. 第一阶段（2018—2020 年）

主要任务包括：

（1）有效补充野外资源量和力争实现自然繁殖。每年规模化放流幼鱼不少于 10 万尾，三年放流长江鲟性成熟亲本总数量不少于 800 尾。

（2）核查和修复现存的长江鲟产卵场与索饵场。对长江鲟历史产卵场和索饵场进行全面核查，评估这些产卵场和索饵场的有效性现状，对部分产卵场和索饵场进行修复。

（3）建立长江鲟监测网络。基于超声波遥测跟踪、误捕信息收集和自然繁殖监测等手段，在长江上游自然江段建立较完善的长江鲟野外群体监测网络，科学评估长江鲟资源恢复和种群重建效果。

（4）改善保种和野化条件。建立 2~4 个国家级保种基地和野化放养基地，满足长江鲟人工保种群体的生存，实现较大规模的长江鲟野化驯养，为提高增殖放流效果提供保障。

（5）建立遗传资源库和遗传谱系。通过建立和完善遗传管理技术和亲子鉴定技术，建立人工群体和放流群体的遗传资源库，实现对放流个体的遗传跟踪管理，同时为人工繁殖提供指导。

（6）开展保护宣传，提高社会关注度和参与度。通过开展各种形式的宣传教育活动，科学普及长江鲟保护知识和保护意义，使公众对长江鲟保护的意识及参与度得到明显提升。

上述任务已经基本完成。

2. 第二阶段（2021—2030 年）

（1）自然种群达到一定的规模并保持稳定。建立长江鲟资源恢复和种群重建的规范和程序，加大增殖放流规模和力度，科学评估长江鲟幼鱼和亲体的放流贡献，建立可自我维持的长江鲟自然种群。

（2）实现关键栖息地改良与修复。在前期开展的关键栖息地适宜性评估的基础上，继续对其进行改良和修复，使放流亲体自然繁殖发生的频次、规模和效果得到加强，野生群体数量逐步上升。

（3）维持和完善长江鲟监测网络。基于前期建立的多形式监测网络，借助新科技手段，使监测网络得到进一步完善，监测效果进一步提高。

（4）完善现有人工群体的保育能力。建设 3~4 个能容纳 2 000 尾 8 龄以上个体的现代化人工保种基地，可持续人工群体基本建立。

（5）建设半自然野化驯养和保种基地。在长江中上游干流和部分支流水域，建立 1~2 个长江鲟半自然野化驯养和保种基地，为长江鲟科学放归提供保障。

（6）完善遗传档案。持续对人工保种群体和放流群体进行遗传管理，追本溯源，完善遗传资源库和遗传谱系，掌握其遗传多样性。

（7）实现子三代以上人工群体的合理利用。坚持以利用促保护，在自然种群恢复稳定、人工保种群体达到较大规模的前提下，制定合理利用规范，实现长江鲟子三代的商业利用。

3. 第三阶段（2031—2035 年）

经过长期不懈的努力，长江鲟资源修复和种群重建获得成功，栖息地环境得到明显改善，资源呈稳定和上升趋势，形成稳定、可自我维持的野外种群；人工保种繁育体系完备，人工繁育子三代得到产业化利用，创造可观的经济效益。

执笔人：武汉大学　常剑波；水利部中国科学院水工程生态研究所　乔晔

七、白鲟

白鲟（*Psephurus gladius*），又名象鱼、象鼻鱼、扬子江白鲟（长江）、琵琶鱼、朝剑鱼（湖南）、箭鱼、象鲟鱼（四川）。白鲟属鲟形目（Acipenseriformes）

匙吻鲟科（Polyodontidae）白鲟属（Psephurus）（图6-7）。1989年国务院发布的《国家重点保护野生动物名录》将其列为国家一级保护野生动物；1998年被列入CITES附录Ⅱ保护物种；2007年被世界自然保护联盟列为极危等级保护物种；2010年，被世界自然保护联盟列为极危等级中可能灭绝的物种（李彦亮，2019）。

图6-7　2003年1月25日宜宾江段捕获的白鲟

（照片提供：中国水产科学研究院长江水产研究所）

（一）生物学特征

白鲟体长梭形，胸鳍前部平扁，后部稍侧扁。头较长，头长为体长一半以上，吻延长呈圆锥状，前端平扁而窄，基部宽大肥厚。吻的两侧为柔软的皮膜。眼极小，圆形，侧位。口下位，口裂大，弧形，两颌有尖细小齿。吻的腹面有1对短须。须长为眼径的1.5~1.9倍，须距眼较距吻端为近，距眼约为距吻端的1/3。鳃孔大，峡部相连，鳃盖膜延长呈三角形，鳃耙较粗壮，排列紧密（四川省长江水产资源调查组，1988）。

背鳍位体后方，近于尾鳍基。背鳍和臀鳍基部肌肉皆发达，臀鳍位于背鳍下方。胸鳍发达，后端不达腹鳍。尾鳍歪形，上叶长于下叶，上侧有一行斜长形硬鳞，数目较少（6~7个）。

体表无鳞，或仅有退化的鳞痕。尾鳍上叶有8个棘状硬鳞。侧线位体侧中位，近直线形，后端至尾鳍上叶。背部和尾鳍深灰或浅灰色，各鳍及腹部白色。

历史分布在海河、黄河、淮河、长江、钱塘江和黄海、渤海、东海等。沿长江上溯可达乌江、嘉陵江、渠江、沱江、岷江和金沙江等。

白鲟为海、淡水洄游的鱼类，但主要栖息于长江流域的中下层，长江上、中、下游及长江口一带均有分布。在四川江段，每年6—8月洪水期有部分鱼群进入岷江、沱江、嘉陵江与乌江等支流的下游索饵，9 月以后又返回干流越冬。在长江中游江段，白鲟也常进入大型湖泊或与大湖相通的支流索饵。幼鱼有集群和近岸游弋的习性，常在岸边浅水区栖息摄食。

葛洲坝枢纽截流前发现的白鲟唯一产卵场位于长江上游的宜宾县柏溪江段。截流后，在坝下江段发现过成熟雌鱼，但没有发现自然繁殖的白鲟。

白鲟为肉食性鱼类，体长 80 毫米以上，以鱼、虾、蟹等动物为食。随着季节、栖息位置的不同，春、秋季摄食铜鱼、吻鮈较多，在下游江苏江段以食鲚为主。白鲟食量大，可达体重的 5% 以上。白鲟生长迅速，个体大，生长速度较快，当年出生的个体体长可达 530~610 毫米，体重 0.83 千克。雌、雄鱼在性成熟前生长无明显差异，性成熟后，雌鱼长度及重量大于相同年龄的雄鱼。对于白鲟生长研究较少，尚待进一步研究。

（二）繁殖生物学

白鲟性成熟迟。雌鱼最小成熟年龄为 7~8 龄、体重 25~30 千克；雄性成熟较雌性稍早，体重也相应小些。体重 30~35 千克的鱼怀卵量约 20 万粒。3—4 月为生殖季节，在卵石底质的河床上产卵。产卵场可能在长江上游一带。卵圆形，黑色，沉性，卵径约 2.7 毫米（余志堂 等，1986a）。

（三）资源现状

根据文献记载，1981—1993 年，在葛洲坝下游江段曾捕获到 114 尾白鲟，平均每年近 9 尾；但 1991—1993 年，每年不超过 3 尾；2002 年，在江苏省南京市下关江段捕获长 3.3 米、重 117 千克的雌性白鲟，经抢救无效后死亡；2003 年，在四川省南溪口江段误捕长 4 米、重 150 多千克的雌性白鲟，采取救护后，加上声学标志放回长江，追踪数月后失踪。此后，尽管加强了调查工作，但再也没有发现白鲟的踪迹，至今可以确认其野外绝迹已经 18 年。

（四）保护现状

1. 物种及其关键栖息地获得立法保护

2000 年，国务院批准建立以白鲟等为主要保护对象之一的长江上游合江至雷波段珍稀鱼类国家级自然保护区，2005 年，该保护区调整为长江上游珍稀特有鱼类国家级自然保护区，保护区覆盖了白鲟自然种群的主要分布区，特别是产卵场等关键栖息地。此后，长江湖北宜昌中华鲟省级自然保护区、上海市长江口中华鲟自然保护区等其他保护区也相继成立，白鲟都是主要保护对象之一。

2. 相关科学调查研究

西南师范学院生物系、四川省水产资源调查组等对白鲟的生物学、形态特征、栖息习性和产卵场等进行调查研究。中国科学院水生生物研究所等相关科研单位对其进行人工养殖和人工繁殖试验（Fan et al.，2006）。

（五）人工繁殖

中国科学院水生生物研究所、水利部中国科学院水库渔业研究所与葛洲坝工程局中华鲟人工繁殖研究所于 1988—1991 年开展了葛洲坝下游白鲟人工繁殖可行性及池塘蓄养白鲟性腺发育研究，陆续饲养了 3 尾白鲟，个体饲养最长达半年，但因饲料及水质问题而死亡。四川省万县水产研究所 1973 年曾饲养 1 尾雄鱼，体重由 2 千克长至 18 千克，精巢呈乳白色，后因水质恶化而死亡，1987—1990 年又开展池塘养殖，也因鱼体受伤，离水时间长而死亡，未获结果。

中华鲟人工繁殖研究所于 20 世纪 80 年代，分别对江边拴养的 1 尾雄鱼和 1 尾雌鱼进行催产，获得少量精液和卵子，但未能受精。由于资源量小，难以在同一时间、地点获得性腺发育成熟的雌雄亲鱼，至今为止，白鲟人工繁殖尚未成功，也未进行白鲟的增殖放流活动（Wei et al.，1997）。

（六）存在的问题

1. 白鲟野生种群有可能已经灭绝

白鲟属大型鱼类，性成熟晚，补充群体较少，剩余群体占比较大，资源一旦遭受破坏，恢复缓慢，如果没有得到及时补救，物种灭绝的概率很大。据文献记载，1983—1986 年，在长江上游捕到白鲟 35 尾；1981—1993 年，在葛洲坝下江段共捕获到 114 尾白鲟，平均每年近 9 尾；在长江口，20 世纪 80 年代末至 90 年代初还能捕捞到较多的白鲟幼鱼。长江上游曾在 90 年代末的几年中较为集中地发现了几尾白鲟的亲鱼，此后就是 2002 年年底和 2003 年年初分别在南京和宜宾江段各发现 1 尾白鲟雌鱼。截至目前，白鲟已经野外绝迹 18 年，又没有人工养殖活体，物种可能已经灭绝（李彦亮，2019）。

2. 基础研究缺乏，物种恢复的手段不足

有关白鲟的研究，在葛洲坝水利枢纽修建早期曾经较为集中立项，但由于活体养殖技术一直没有突破，没有能够有效开展人工繁殖，更谈不上建设人工群体了。如果野外灭绝得到确认，人工恢复白鲟几乎没有可能。

（七）保护规划及目标

在《四川省"十三五"生态保护与建设规划》中，提到生物多样性保护重点工程，实施长江鲟、白鲟等珍贵特有种类的拯救和保护工程，建设人工种群保育基地和种质资源基因库。

执笔人：水利部中国科学院水工程生态研究所　乔晔；武汉大学　常剑波

八、红珊瑚

红珊瑚属于海洋低等无脊椎动物中的刺胞动物门（Cnidaria），珊瑚纲（Actinozoa），软珊瑚目（Alcyonacea），红珊瑚科（Coralliidae）（邹仁林 等，1993）。有学者认为红珊瑚科应分为三个属，分别是：红珊瑚属（*Corallium*）、半红珊瑚属（*Hemicorallium*）、侧红珊瑚属（*Pleurocorallium*）（图6-8）（Figueroa，2014；Tu et al.，2015）。

图6-8　红珊瑚（照片提供：陈宏）

（一）生物学特征

红珊瑚属的碳酸钙骨骼中，镁元素含量较高。由蛋白肕组成的中轴坚固，骨针形状多样，有双茄形、十字形、绞盘形、纺锤形，骨针上通常有6~8个辐射突。骨骼颜色多样，有红色、浅红色、橙黄色和白色。水螅体呈白色，有8个羽状触手。根据红珊瑚群体的形状、尺寸、辐射突个数、颜色和光泽以及水螅体的形状、大小、分布位置等特征，可以区分不同种类的红珊瑚（邹仁林，2001）。

红珊瑚（*Corallium rubrum* Linnaeus）皮层和中轴都呈饱和度较高的红色，颜色均匀、不透明。主干明显，分枝斜生且不在同一个平面上，骨针为辐射对称的突起。表面有网状孔洞，可见纵向的条纹；皮滑红珊瑚呈白色，表皮光滑，有光泽。小枝末端较厚。水螅体成群成丛。瘦长红珊瑚（*C. elatius* Ridley）呈不透明的粉红色，中轴骨主干明显，合轴分枝，枝芽排布密集，小枝末端瘦长。表皮上有乳突。横截面可见白芯，有明显的放射状同心圆纹理。水螅体分布均匀，不成群。日本红珊瑚（*C. japonicum* Kishinouye）呈牛血红色，略微透明，表皮光滑，光泽度高，纹理不明显。形态复杂多样，无双茄形骨针，有六辐射突骨针、七辐射突骨针、八辐射突骨针和十字形骨针。既有合轴分枝，也有单轴分枝。表皮凹孔中有白点。巧红珊瑚（*C. secundum* Dana）为白色，微有粉红。小枝瘦长而茂密，株体较小，表面有细纵纹。水螅体均匀分布。表皮上具密集乳突（Tu et al.，2012）。

据中国科学院南海海洋研究所对南沙红珊瑚的考察研究，南沙红珊瑚生长在 200 米以浅的深度范围，光照较低，且通常固着于底质较硬的沉积岩上。沉积岩中的化学元素有以下三个主要特征：①锶（Sr）与钙（Ca）的含量比值为 0.007；②锆（Zr）的含量大于 180 毫克/升；③碳酸钙（$CaCO_3$）含量占 30% 左右，镁（Mg）的含量为 4%，相当于高镁碳酸钙。而这也与红珊瑚的骨骼成分相一致，为红珊瑚骨骼的形成提供了物质基础（邹仁林 等，1994）。

红珊瑚生长在无陆源性沉积物的清澈水体中，海域水流流速较快，底层水流流速为 15~20 厘米/秒，而红珊瑚生长的最适流速约为 18 厘米/秒。

水温是影响珊瑚生长的一个重要因素。红珊瑚在地中海海域最适温度是 10℃，在太平洋海域的最适温度为 8~20℃（邹仁林 等，1998）。而南沙红珊瑚生长的范围正好在次温跃层的范围。次温跃层的平均温度上界为 23.86℃，平均温度下界为 19.75℃，可见南沙红珊瑚的最适生长温度相对高一些。但与其他种类的珊瑚相比，红珊瑚的生长温度还是很低的，这与其生长在较深海域的环境相关。

红珊瑚的寿命虽较长，但生长周期非常缓慢，红珊瑚通常于夏季产卵，受精卵会发育成覆有纤毛的浮浪幼虫，浮浪幼虫经浮游生活后，附着于硬底基质，发育 10~12 年后才会性成熟，生长率极低。如夏威夷的巧红珊瑚，生长速度为

1 厘米/年；而地中海的红珊瑚，生长速度最多为 2 厘米/年。红珊瑚的自然死亡率为 0.066%，也是极低的。

红珊瑚的共生生物种类繁多。例如，乳突红珊瑚（*C. Laauense* Bayer）与多鳞沙蚕科（Polynoidae）动物就有共生关系，但这些共生机制还有待进一步研究（邹会琳 等，1993）。

(二) 资源状况

目前，国际上已知的红珊瑚约有 26 种。在印度—太平洋区有 20 种，包括：凹红珊瑚（*C. inutile* Kishinouye）、婆罗红珊瑚（*C. borneense* Bayer）、柱星红珊瑚（*C. stylasteroides* Ridley）、弯红珊瑚（*C. tortuosum* Bayer）、二歧红珊瑚（*C. ducale* Bayer）、皮黄红珊瑚（*C. boshuense* Kishinouye）、纵漕红珊瑚（*C. sulcatum* Kishinouye）、全针红珊瑚（*C. imperiale* Bayer）、佳珍红珊瑚（*C. regale* Bayer）、灰环红珊瑚（*C. reginae* Hickson）、深海红珊瑚（*C. abyssale* Bayer）、易变红珊瑚（*C. variabile* Thomson & Henderson）、乳突红珊瑚、哈尔红珊瑚（*C. halmaheirense* Hickson）、日本红珊瑚、巧红珊瑚、雪红珊瑚（*C. niveum* Bayer）、桔红珊瑚（*C. pusillum* Kishinouye）、皮滑红珊瑚（*C. konojoi* Kishinouye）、瘦长红珊瑚；地中海—大西洋区有 6 种，分别是：红珊瑚、奶色红珊瑚（*C. johnsoni* Gray）、白色红珊瑚（*C. medea* Bayer）、百合红珊瑚（*C. niobe* Bayer）、三色红珊瑚（*C. tricolor* Johnson）、马德红珊瑚（*C. maderense* Johnson）。其中，瘦长红珊瑚、日本红珊瑚、皮滑红珊瑚和巧红珊瑚这四种红珊瑚，在我国也有自然分布的记录。

红珊瑚动物普遍生长在较深的海域，主要集中分布在以下四个区域：一是大西洋沿岸，包括爱尔兰南部、法国比斯开湾、西班牙加纳利群岛、葡萄牙的马德拉群岛；二是地中海海域，包括撒丁岛附近的海域、意大利半岛南部海域、红海海域，以及阿尔及利亚、突尼斯、毛里求斯等国家的沿海；三是东南亚海域，主要包括台湾海域、琉球群岛海域、菲律宾海域、日本南部岛沿岸；四是太平洋中心，红珊瑚主要集中于夏威夷群岛到中途岛的区域。另外，在南半球的澳大利亚、新西兰一带海域也产红珊瑚，但分布相对较少（严建国，2009；来英 等，2016）。

从种类分布上来看，红珊瑚主要产于意大利的撒丁岛、西西里岛沿岸，法国的科西嘉岛沿岸，突尼斯的北部沿海，西班牙以及东大西洋的北温带，深度范围是 5~300 米；皮滑红珊瑚和瘦长红珊瑚主要分布于太平洋的日本—北菲律宾群岛（19°—36N°）海域，皮滑红珊瑚分布于 50~150 米水深，而瘦长红珊瑚分布于 150~330 米水深；日本红珊瑚主要生长于太平洋的琉球群岛、小笠原群岛海域（26°—36N°）100~300 米的深度；巧红珊瑚则主要分布在夏威夷群岛海域（20°—36N°）350~475 米的范围（范陆薇，2008）。

我国红珊瑚主要分布在台湾北部及东部沿海、澎湖列岛附近海域、台湾浅滩的南部、南海诸岛。其中，南海为我国三大边缘海中最为辽阔的海域，生物资源相当丰富。但其面积之大，使红珊瑚资源难以被评估；又因红珊瑚生长在海底，了解南海红珊瑚的种类分布及数量更是难上加难。

（三）保护工作

红珊瑚是刺胞动物门中具有极高经济价值的种类。古今中外，红珊瑚一直深受人们喜爱，不仅因其美学价值在珠宝市场上有重要地位，在药用上也受到高度重视。古印度、古罗马、古波斯等国家，都视红珊瑚为珍宝，有吉祥的寓意。中国也是最早开发和使用红珊瑚的国家之一（马艳，2017），历史上红珊瑚被大量开采，其现存量已越来越少，面临濒危的困境。自 1989 年《国家重点保护野生动物名录》发布后，红珊瑚作为国家一级保护野生动物禁止开采。1998 年 9 月 24 日，海南省颁布了《海南省珊瑚礁保护规定》，并分别于 2009 年和 2016 年再次修订，以加强对红珊瑚在内的珊瑚礁的保护。2008 年，农业部渔政局印发了《关于加强红珊瑚保护管理工作的通知》，对红珊瑚的进出口与经营利用管理作出规定。

国际上对红珊瑚的保护主要采取了以下做法（Tsounis et al.，2010；Waller et al.，2007）：一是建立红珊瑚的保护区；二是以国际条款制约当地珊瑚礁渔业对红珊瑚的采集，例如，西太平洋渔业管理委员会于 1983 年修订了《渔业管理计划》，通过管理珊瑚礁渔场以更好地管理珍贵珊瑚资源；三是通过 CITES 管制红珊瑚贸易。

（四）保护建议

适宜红珊瑚生长的条件包括硬底质、急水流、低光照、低温、无沉积物、水质清澈。对红珊瑚的保护和监管，可以从以下几个方面入手。调查符合条件的海域、圈定红珊瑚保护区，以便执行更加有效的管理措施。如果没有人为的破坏和开采，红珊瑚资源一定能得到很好的恢复。因此，政府相关部门应建立关于保护红珊瑚的法规政策，同时做好宣传教育工作，培养公民对红珊瑚的保护意识。另外，对红珊瑚的资源评估虽然难度较大，但这项工作也应列入红珊瑚的保护规划中。如果能对红珊瑚的种类、数量、分布，甚至年补充量等情况做到基本了解，就能够制定出更加科学合理的管理方案。为了完成红珊瑚的资源调查，还应开发轻潜、深潜等技术或相关的仪器，使科学技术与科学理论的发展亦步亦趋。

执笔人：海南大学南海海洋资源利用国家重点实验室/海洋学院　任瑜潇
李秀保

九、斑海豹

斑海豹（*Phoca largha*），隶属于食肉目（Carnivora），海豹科（Phocidae），海豹属（*Phoca*）（图6-9）。主要分布在北太平洋的北部和西部海域及其沿岸和岛屿，在我国主要分布于渤海和黄海。1988年被列为国家二级重点保护野生动物，2021年2月最新调整公布的《国家重点保护野生动物名录》把斑海豹升级为国家一级保护动物。

图6-9　斑海豹
（照片提供：辽宁大连斑海豹自然保护区）

（一）生物学特征

斑海豹头、尾两端尖细，中间肥壮浑圆，头与躯干间无明显的颈部，身体呈纺锤形。斑海豹全身生有细密的短毛，背部灰黑色并布有不规则的棕灰色或棕黑色的斑点，腹面乳白色，斑点稀少。头圆而平滑，眼大，吻短而宽，唇部触须长而硬，呈念珠状，感觉灵敏。斑海豹无外耳郭，四肢短，前后肢都有五趾，趾间有十分发达的蹼，故称鳍脚。斑海豹性成熟的年龄为 3～5 岁，也有 2 岁就达到性成熟的；在人工饲养条件下，斑海豹的性成熟年龄一般在 5 岁左右。斑海豹是一种在冬季生殖（每年的 1—3 月繁殖），冰上产仔的冷水性海洋哺乳动物，孕期约 10 个月，繁殖期多成对，多为 1 仔。辽东湾结冰区是世界上斑海豹 8 个繁殖区之一，也是纬度最低的繁殖区。3—5 月，成群的斑海豹栖息于黄渤海海域的岛礁、岸滩等处，5 月后大部分离开中国海域，部分在朝鲜半岛西海岸度夏，部分穿越朝鲜海峡到达半岛东海岸。

（二）保护工作成效

1. 法律法规体系的建立和保护规划的实施有力地促进了保护工作的开展

为有效地保护斑海豹等濒危水生野生动物，国家和相关行业主管部门相继出台了一系列法律法规，为斑海豹等濒危水生野生动物的保护提供了法律保障。国务院也发布了《中国水生生物资源养护行动纲要》（2006—2020 年）和《中国生物多样性保护战略与行动计划》（2011—2030 年），有力地促进了我国水生生物保护工作的开展。同时，部分省、市地方人民政府也制定了相应的地方法规、规章和规范。

2. 各级斑海豹保护区的建立构建了斑海豹保护工作的基础

为加强对斑海豹的保护工作，我国先后建立了大连斑海豹国家级自然保护区和山东省庙岛群岛斑海豹省级自然保护区，同时，辽宁双台河口国家级自然保护区也承担斑海豹的保护工作，为加强斑海豹的保护奠定了重要基础。目前，我国涉斑海豹保护区的水域总面积已超过 156 万公顷。多年来，渔业主管部门先后组织保护区管理机构救助或治愈病、幼斑海豹 200 余头；组织大规模的斑海豹放生活动 6 次，放生斑海豹 150 多头，产生了良好的社会影响。

3. 斑海豹资源基础调查、科研和救助能力得到提升

国内的科研院所和海洋馆等单位积极开展斑海豹保护科学研究工作，对斑海豹在辽东湾北部双台子河口、大连虎平岛和蚂蚁岛水域、山东庙岛群岛周围岛礁栖息地及渤海斑海豹的繁殖地进行调查，初步掌握了斑海豹的分布情况、数量变化规律及洄游迁移路径等情况。同时，积极参与斑海豹的饲养、救助和种群资源恢复工作，已能成功繁殖斑海豹，并可将人工繁殖的斑海豹经过野外训练后，进行放流标记等科学研究工作。

4. 国际合作与交流取得进步

从事斑海豹保护和研究的机构与人员同韩国、日本等国家开展了广泛的国际合作与交流。如 2008 年中韩联合进行野生斑海豹标记放流研究，初步发现了斑海豹的洄游规律，并得出韩国的白翎岛并非辽东湾斑海豹种群的唯一洄游终点的结论，解释了辽东湾斑海豹数量与白翎岛栖息斑海豹数量不符的原因。

（三）保护现状和面临的问题

自 20 世纪 80 年代起，我国海域的斑海豹数量一直处在比较低的水平，最低时约为 1 200 头，2006 年和 2007 年的调查结果约为 2 000 头。多年来，我国斑海豹保护工作取得了卓越的成效，得到了社会各界的认可。但由于对斑海豹种群生态的了解，斑海豹在重要栖息地的分布状况等资料掌握得还不够系统和全面，影响了斑海豹保护工作的有效性和科学性。另外，尽管近年来沿海各地开展了局部海域海洋生态的恢复建设、渔业资源的增殖放流和斑海豹管理等工作，但随着渤海沿岸和黄海北部海岸开发活动的增加、捕捞强度加大造成渔业资源的减少、渤海湾及辽东湾内航运造成海冰的破碎化和气候变暖给斑海豹繁殖活动带来了不利影响等问题，斑海豹的栖息生境尚面临较多威胁。

（四）保护目标与措施

2017 年 8 月 31 日，农业部制定印发《斑海豹保护行动计划（2017—2026年）》的通知，制定了近期（2017—2020 年）、中长期（2021—2026 年）行动目标和重点工作。

1. 近期目标（2017—2020 年）

（1）构建覆盖斑海豹主要栖息地的动态监控系统；提出栖息地保护的具体管理措施，并完成局部栖息地的生态修复工作。

（2）获得我国斑海豹种群数量、分布和洄游规律等基础信息。

（3）在辽宁、山东和河北沿岸建成 4~6 个配备标准设备和专业人员的斑海豹及海洋哺乳动物救助中心（站），提高斑海豹等海洋哺乳动物救助的成活率。

（4）制定和完成《斑海豹驯养繁殖行业标准》《噪音对海洋哺乳动物影响的行业标准》《斑海豹救助和放归技术规程》等系列标准和技术规程。

2. 中长期目标（2021—2026 年）

（1）通过开展斑海豹栖息地保护和修复、专项调查、救助、科学研究、繁育中心建设、打击非法捕捉和宣传教育等系列保护行动，保持斑海豹数量的稳定和增长态势。

（2）建成3~4个斑海豹繁育中心；完成全国范围内的豢养斑海豹的谱系构建。

（3）建立和完善斑海豹就地保护和迁地保护体系。形成斑海豹野外种群监控、人工繁殖和野化训练及放归技术体系。通过栖息地保护、人工繁殖个体放归野外等手段实现斑海豹种群的逐步恢复。

（4）构建涉自然保护区的开发建设项目对保护区的生态补偿机制，专项用于斑海豹的保护工作。

3. 重点工作

（1）开展斑海豹资源和栖息地保护。一是对斑海豹的资源状况和分布规律进行综合调查。基本掌握我国海域斑海豹种群的资源量；获得斑海豹资源总量和上岸处的斑海豹数量之间的关系；明确斑海豹在渤海和黄海的空间分布规律和洄游路线，并进行针对性的目标保护。二是对斑海豹重要栖息地的现状进行调查和保护。掌握我国海域斑海豹的重要栖息地及其生态环境状况；完成对斑海豹主要栖息地的动态监控系统构建；减少和杜绝对栖息地的各种侵占和破坏行为。三是推进对斑海豹栖息地的有效保护。实现栖息地的海洋生态功能提升，提升保护区的级别。四是科学评估人类活动对斑海豹及栖息地的影响。获得基于渔业资源量的斑海豹种群适宜规模的成果；形成噪声对斑海豹及海洋哺乳动物影响评价的行业标准或规程，减少人类活动对斑海豹和栖息地的不利影响。

（2）推动斑海豹迁地保护。一是构建斑海豹人工繁育群体，探索野生种群恢复。以海洋馆和水生野生动物救助中心为依托，建成3~4个斑海豹繁育中心；人工繁育斑海豹的野化训练和释放取得成功。二是加强对豢养斑海豹的管理。实现对人工饲养环境下斑海豹的科学和全面管理，完成全国范围内豢养斑海豹的谱系构建。三是开展对斑海豹"潜在"栖息地的选划。完成1~2处斑海豹潜在栖息地的选划，完成相应的保护对策和技术探索，以规避大的环境风险。

（3）提升保护和管理能力。一是提升斑海豹保护级别，完善保护机制。提高各级保护区的影响力和管护能力，充分发挥保护区的保护作用。二是强化斑海豹保护的管控工作。减少和杜绝海上偷捕斑海豹等违法行为。三是提升斑海豹的救助能力。在辽宁、山东和河北沿岸建成4~6个斑海豹及海洋哺乳动物救助中心（站），并形成斑海豹救助网络。

（4）加强科学研究和人才培养。一是加强该领域的科研工作。通过科研成果的推广和应用，为斑海豹的保护工作提供科学支持。二是加强该领域的人才培养。建立斑海豹等海洋珍贵动物保护领域的高水平人才队伍。

（5）加强斑海豹保护国际合作。推动建立斑海豹保护的伙伴关系，引进国外先进的管理、保护经验和技术，促进斑海豹保护的国际合作。

（6）建立斑海豹保护宣教和公众参与机制。加强宣传教育，引导公众广泛参与，形成完善的、多种形式的宣传机制；充分发挥公众在斑海豹保护方面的作用。

执笔人：原辽宁省海洋渔业局 焦凤荣

十、海龟

海龟是一种古老而神奇的大型海洋爬行动物。作为和恐龙同一时代并存活至今的物种，海龟在生物进化史上有着不可替代的位置，被称为"海洋活化石"。世界上现存 7 个海龟物种，分别为绿海龟（*Chelonia mydas*）、玳瑁（*Eretmochelys imbricata*）、红海龟（*Caretta caretta*）、太平洋丽龟（*Lepidochelys olivacea*）、棱皮龟（*Dermochelys coriacea*）（图 6-10）、大西洋丽龟（*Lepidochelys kempii*）和平背海龟（*Natator depressus*），其中前 5 个物种在我国有分布，主要分布区位于热带和亚热带海域（Chan et al.，2007；史海涛 等，2011）。

图 6-10 棱皮龟（照片提供：陈添喜）

（一）生物学特征

海龟拥有独特的生活史和习性，是海洋生态系统中重要的旗舰物种和指示物种。海龟的寿命长，食性广，活动范围大，对维持海洋生态系统的物质和能量平衡具有重要作用，对珊瑚礁和海草床的健康不可或缺（黄祝坚 等，1984）。海龟需要数十年才能达到性成熟且成活率低，在人类活动频繁的状况下，1 000枚海龟蛋孵化出的海龟可能只有 2 只能存活到性成熟时期。雌性海龟对出生地高度忠诚，需要迁徙数千千米才能回到繁殖地点上岸产卵，而且对产卵场的环境变化非常敏感，产卵场的破坏或人为干扰将导致雌性海龟繁殖失败。海龟的性别受孵化温度影响，通常情况下，温度较低时孵出的是雄性，较高时孵出的是雌性。海龟位于海洋食物链的顶层，容易通过食物链的富集和放大作用积累环境污染物，但海龟的解毒系统和相应酶活机制不发达，对环境污染的抵御力比恒温动物更差，对环境污染也更为敏感。因此，海洋环境污染物对全球海龟种群的健康威胁日益严重（Ross et al.，2017）。

（二）资源现状

海龟广布于大西洋、太平洋和印度洋，在我国渤海到南海海域均有分布，其中西沙、南沙、中沙群岛及周边海域是我国最重要的海龟分布区域。我国分布的海龟中，以绿海龟数量最多，红海龟和玳瑁次之，太平洋丽龟和棱皮龟记录相对较少（Chan et al.，2007）。历史上，我国海龟资源较丰富，1993 年的调查显示，我国南海海龟数量介于 16 800~46 300 头，但随着社会经济的发展和港口的开发建设，海龟资源呈现急剧减少的趋势（王亚民，1993；Chan et al.，2007）。牟剑锋等（2013）对中国沿海海龟资源的调查发现，近十年，中国海龟资源急剧减少，已经到了濒临灭绝的状况。

近几年陆续开展的小规模海龟调查显示，许多历史上有海龟记录的地点已很难发现海龟。20 世纪 40 年代以前，西沙群岛，海南岛东南沿海的琼海、万宁、陵水、崖县、东方等县和大陆的南澳、惠东、海丰、惠来、万山、台山、阳江、电白等县以及北部湾的海康、遂溪、涠洲岛、北海等市县沿海均有海龟上岸产卵的记载。但目前我国海龟产卵区域主要集中在西沙宣德群岛的七连屿，永乐群岛的晋卿岛、甘泉岛等，其中以七连屿的北岛相对较多，连续 3 年监测绿海龟产卵均在 100 窝以上（王静 等，2019）。此外，我国唯一的海龟保护区——广东惠东海龟国家级自然保护区，也偶有报道一两只绿海龟上岸产卵。

（三）保护地位

海龟所有种均已被列入 CITES 附录 I 和《保护迁徙野生动物物种公约》（CMS）附录 II，并被世界自然保护联盟列为受威胁物种，其中，玳瑁和大西洋丽龟为极危等级，绿海龟为濒危等级，棱皮龟、太平洋丽龟和红海龟为易危等级。现在我国分布的所有海龟均被列为国家一级保护野生动物。海龟的利用、人工繁育等需经省级渔业主管部门审批，任何非法捕捉、杀害、买卖、利用、走私海龟及其制品的行为都属于违法行为。

（四）人工繁殖与增殖

目前所知，只有广东惠东海龟国家级自然保护区能够在人工条件下使野生海龟交配并繁殖。2017 年，该保护区成功诱导 5 只海龟产卵 19 窝、共 1 547 枚，已成功孵化出稚龟 639 只，单窝孵化率最高达 91.9%，平均孵化率 48.1%。

近年来，在沿海地区，海龟放流成为海龟增殖、救护的一种方式。从山东至海南均有将救护的海龟进行放流的报道，其中海南省自 2012 年设三沙市以来，已经在西沙海域放流海龟 1 000 只以上，广东惠东海龟国家级自然保护区近年来也放生救助及人工繁殖海龟数百只。

（五）保护现状

近年来，国家高度重视海龟的保护工作，先后通过建立自然保护区、实施相关管理计划、加大宣传力度、打击非法贸易、建立海龟保护联盟、发布《海龟保护行动计划（2019—2033 年）》等工作，逐步推进海龟物种保护。

1. 加强立法工作，出台相关规划和计划

全国人大和国务院先后修订颁布了《野生动物保护法》《水生野生动物保护实施条例》《自然保护区条例》《渔业法》《濒危野生动植物进出口管理条例》等多部法律法规，为加强海龟保护提供法律依据；国务院、国家环境保护总局先后发布《中国水生生物资源养护行动纲要》《中国生物多样性保护战略与行动计划（2011—2030 年）》，均把海龟保护纳入重点内容。各省（自治区、直辖市）也制定了一系列地方性的保护法规与规章，这些法规与措施为海龟保护提供了法律和政策的保障，促进了我国海龟保护工作的开展。

2. 加大宣传和执法力度，打击非法贸易行为

近年来，各级主管部门借助世界海龟日、水生野生动物科普宣传月等重要

节点开展了一系列有针对性的宣传活动，取得了良好的效果。同时，加强对涉海龟违法犯罪行为的打击力度，组织了多次联合执法，查处了多起涉海龟非法贸易案件。通过加大宣传和加强执法并举，加深了民众对于海龟保护地位和管理要求的了解，营造了良好的社会舆论导向。

3. 广泛开展科研工作，调查监测和基础研究得到加强

近年来，农业农村部和科研单位、高校等针对海龟野外资源和主要栖息地开展了一系列调查研究，在广东、海南和西沙群岛等地开展了海龟基础生态学、繁殖生物学及卫星跟踪等科研活动，初步分析了我国分布海龟的遗传多样性，为海龟保护提供了技术支撑。

4. 不断加强多方合作，协同工作机制初步建立

近年来，主管部门、保护区、科研院所、水族馆、民间组织等加强合作，积极推动海龟保护活动。随着媒体对于海龟的误捕、搁浅、救助及查处案件关注度提高，公众对海龟的关注度和参与海龟保护的热情也在逐渐上升。国内主管部门、保护区、科研院所等还积极与国际组织、科研机构等加强在海龟保护方面的协作，在资金、技术等方面寻求支持。2018年5月，中国海龟保护联盟在海南三亚成立，标志着我国海龟保护工作进入全面协作的发展新阶段。

（六）存在的问题

1. 非法捕获和贸易行为屡禁不止，严重破坏了海龟野外资源

一些水族馆和"海龟救护中心"打着"收容救护"的名义，从野外大量捕捉海龟以谋求经济利益；还有一些企业和个人打着"保护海龟"的旗号，将野外捕获的活体幼海龟作为宠物饲养或用来放生，也给海龟种群带来了巨大压力。近年来，国家加大了对海龟非法捕捉和经营利用行为的执法检查力度，一些违法行为已经转到地下，执法难度进一步加大，相关违法活动仍屡禁不止。缺乏对渔具的规范使用和管理，绝大多数渔具未使用海龟逃生装置，因此渔业误捕仍导致每年大量海龟伤亡。

2. 人类活动干扰严重，产卵场不断萎缩

海龟在岸上的活动区域与人类活动区域高度重叠，其产卵繁殖行为极易受到人类活动干扰。近几十年来，由于围垦、工业、海滨旅游、房地产开发等人类活动增加，海龟产卵场遭到严重破坏。除了在一些人类活动难以到达的地方

仍保有一定产卵群体外，绝大部分历史上的海龟产卵场已经多年没有海龟上岸产卵的报告。

3. 海洋环境污染严重，威胁海龟种群生存

由于人口增长、工农业废弃物排放增加，海洋中重金属、持久性有机污染物、塑料垃圾、废弃渔具等环境污染物与日俱增，这些污染物或通过食物链在海龟体内富集引发疾病，或直接将海龟缠绕致其活动受限甚至死亡，严重威胁海龟个体健康和种群生存；人类活动所产生的噪声污染、光污染也严重干扰海龟的生活行为，并影响其正常的繁殖活动。

4. 繁殖周期较长，幼龟存活率低

由于需要长途洄游，海龟的生存极易受到各种因素影响，特别是高强度海洋捕捞的影响，从而导致无法完成生活史。由于海龟的性别受孵化温度影响，全球气候变暖将使海龟的性别比例严重失衡，最终可能导致海龟种群灭绝。

5. 科研力量薄弱，基础数据缺乏

我国海龟研究、保护和管理工作起步较晚且进展缓慢，许多基础研究尚未系统开展。由于缺乏相关财政和科研专项支持，我国已经二十多年没有开展过海龟种群状况和栖息地的全面调查，海龟野外分布、生活习性、生理特性等基础性研究十分薄弱，难以准确监测海龟重要活动区域和生存状况，给海龟的救护和保护工作带来很大困难。同时，我国海龟真正的人工繁殖技术尚不成熟，也不利于海龟的保护和管理。

（七）保护措施

1. 加强组织领导，完善政策措施

各级渔业主管部门要进一步提高对海龟保护工作的重视程度，按照国家统一部署，明确责任分工，不断加大海龟保护工作力度。要进一步完善海龟保护相关配套政策措施，为海龟保护创造必要的条件。结合本地实际积极参与海龟保护行动计划，对实施情况进行跟踪监测，及时了解并解决实施过程中遇到的困难和问题；对海龟保护行动计划落实不力的地区和单位，要加大督促力度，确保行动计划落实到位。

2. 加强沟通协作，完善合作机制

各级渔业主管部门要加强与其他部门的沟通协作，积极吸纳科研机构、海

洋馆、企业、社会组织等各方力量参与到海龟保护工作中来，扩大海龟保护的社会力量；要针对栖息地保护、打击非法贸易等海龟保护关键环节建立合作机制，充分发挥不同部门和社会各方的力量，共同参与，形成合力，提高保护工作的针对性和有效性。

3. 加强资金保障，完善能力建设

各级渔业主管部门要主动与地方政府和有关部门沟通，积极争取加大对海龟保护工作的支持力度，将相关经费纳入财政预算予以保障；要拓宽资金来源，积极吸引社会资金与力量参与海龟保护，形成多元化投入保障机制；要加强队伍建设和人才培养，提高海龟保护的能力和水平。

4. 加强基础研究，完善基础支撑

要加快我国海龟保护领域专业技术力量的培养，逐步建立配置科学、层次合理的海龟基础研究和保护管理人才梯队，增强海龟、栖息地及生态系统保护的基础支撑，保障我国海龟等水生野生动物保护工作持续健康发展。要积极参与国际交流合作，加强对海龟保护热点、难点、重点问题的合作研究，借鉴国外先进成果和成功经验，提升我国海龟保护的科技水平。

(八) 保护成效

生活在我国海域的 5 种海龟，其活动区域与人类活动区域高度重叠，政府及各级部门采取了各种努力来减少人类生产和生活对于海龟的影响，并取得了一定的保护成效。

1. 海龟栖息地保护

广东惠东海龟国家级自然保护区是我国目前唯一的以海龟为保护目标设立的保护区。成立于 1985 年，1992 年经国务院批准晋升为国家级自然保护区。该保护区位于广东省惠东县的大亚湾与红海湾交界处大星山下的海湾岸滩（114°52′50″—114°54′33″N，22°33′15″—22°33′20″E）。保护区核心面积 18 平方千米，外围保护带 700 多平方千米，保护区海湾呈半月形，沙滩为东西走向，约 1 000 米长、60~140 米宽，沙岸面积仅 0.1 平方千米。

西沙群岛是我国目前最重要的绿海龟产卵场，在当地已试点岛礁生态管理岛长制，帮助渔民转业，设定专人保护海龟巢穴，有效减少了盗挖海龟卵的现象，为海龟创造了安全的产卵场。以七连屿为例，近年来每年记录海龟巢穴超

过 100 窝，同时在北岛建成三沙市海龟保护中心。该中心具备海龟保护、监测、科研、救助、科普等多项功能，可以更有效地开展海龟保护。

2. 海龟救助与保护宣传

随着社会公众（特别是渔民）对海洋环境保护和野生动物保护意识的不断提高，误捕海龟或发现受伤海龟后，主动上缴渔政部门或自发送到救助机构的现象在逐年增加。如广东惠东海龟国家级自然保护区自成立后累计接收救治受伤的海龟达 758 只；海南师范大学海龟救助站在 2013—2018 年，累计救助海龟 81 只，共吸引 800 多名志愿者参与海龟救助与保护宣传；其他民间组织如 911 国际海龟救助组织也积极参与海龟救助与保护宣传工作。

3. 打击非法海龟制品贸易

由于海龟美好的象征寓意和玳瑁的商业价值，一直存在着非法贸易行为。随着近几年执法力度增强，非法贸易得到了遏制。如 2018 年，农业农村部联合海关总署、工商总局、中国海警局、国家濒危物种进出口管理办公室在全国范围内联合开展了为期一个月的海龟专项联合执法行动。各级执法部门累计出动执法人员 5 万余人次，执法车辆/船只近万辆/艘次，发放宣传材料 10 万余张，共查获救护活体海龟 28 只，行政处罚案件 12 起，移交司法机关案件 3 起，销毁了海龟等海洋动物制品 40 吨，对从事非法海龟贸易人员起到了很好的震慑作用。此外，2018 年 3 月，世界自然基金会（WWF）、国际野生物贸易研究组织（TRAFFIC）携手 21 家全球顶级电子商务、科技和社交媒体公司，成立了全球第一个"打击网络野生动植物非法贸易的全球联盟"，利用网络平台和移动端应用，共同打击网络野生动植物的非法交易。各成员单位承诺齐心合力，2020 年将其线上平台出现的非法野生物交易减少 80%。各公司与 TRAFFIC、WWF 及其他非政府组织（NGO）通力合作，研究并执行相应的政策来有效遏制网络野生物非法贸易。截至 2020 年 3 月，联盟成员增加至 34 家，包括阿里巴巴、雅昌、腾讯、百度、快手、Instagram、Etsy、脸书、谷歌等全球知名网络公司，全部联盟成员均遵守该联盟关于野生动植物的政策，470 名联盟公司员工接受当面或在线培训。各联盟成员合计从其平台上删除或屏蔽了 3 335 381 条濒危物种交易信息，超过 4 500 起非法制品被"网络野生动植物犯罪侦查员"举报，1 170 个替代词被加入监测列表，曾经为野生动物犯罪分子提供猎獭交易渠道的网络平台已经转变成为对其有较高限制和较高被捕风险的环境。

（九）保护目标

1. 近期目标（2019—2028 年）

（1）基本获得我国野生海龟种群分布、主要产卵场、洄游路线、索饵场、饲养海龟存量、各类保护、救助、人工繁育机构现状和受威胁因素等基础信息，并建立海龟人工繁育、救护和展示的规范与标准。

（2）建立和完善我国海龟监测、评估、人工繁育、救护、预警等技术体系，构建信息平台，并与世界自然保护联盟、CITES 附录物种管理网络、SWOT（The State of the World's Sea Turtles）国际海龟保护网络、全球生物多样性信息网络生物多样性信息平台等做好衔接，提高海龟保护和监管水平。

（3）合理确定海龟保护管理单元和栖息地保育类型（重要、次要和潜在栖息地），初步形成栖息地保护和修复方案，划定 1~2 个海龟重要栖息地或海洋自然保护地。

（4）形成针对我国主要海岸工程、生产作业、旅游观光和海上人类活动（特别是渔业活动）的海龟保护、救护和管理技术规范或指南。

（5）多渠道开展法律法规和保护知识的培训，宣传正确、先进的保护理念与方法，提高各类人员的法治观念、保护觉悟与行动能力，不合理的海龟制品需求得到遏制。

2. 中长期目标（2029—2033 年）

（1）持续开展海龟种群调查与评估并实施有效监控，深化海龟的保护政策研究，分别明确各物种的管理重点，威胁因素得到全面控制，各海龟物种在我国海域的种群数量稳定上升。

（2）完善栖息地管理体系，重要、次要和潜在栖息地形成保护管理体系并得到有效保护，栖息地范围扩大，更加适宜海龟产卵繁殖。

（3）建成布局合理、功能完善的科研、管理保护机制和监测管理信息平台，定期发布海龟的监测信息；海龟人工繁育技术趋向成熟，海龟救护和放生更加科学合理。

（4）严格执行相关法律法规，针对海龟及其制品的非法捕捉和贸易活动基本杜绝，海龟人工饲养、繁育和展示活动规范有序；社会监督机制形成，保护海龟成为公众的自觉行动。

（十）重点工作

1. 建立健全保护体系与机制

建立与完善我国海龟保护体系和协调机制。在农业农村部、水生野生动物保护分会的领导下，建立涵盖相关地方管理机构的海龟保护管理体系。充实现有海龟保护联盟的内容，加强联盟单位间的沟通协作，完善海龟保护工作协调机制，加强协调配合和信息沟通，协同建立各类事件应急处理机制，形成工作合力。推动我国海龟主要分布区域的地方政府制定海龟保护管理规定。推动将海龟保护纳入地方经济发展规划的重点考虑范围，减少开发建设活动对海龟活动区域的挤占，合理避让和修复海龟生存空间。建立保护行动实施的跟踪监测机制，保障保护行动的有效执行。

2. 加强法律法规的执行和相关国际公约的履约，构建我国海龟监测管理网络体系

针对非法海龟贸易，对进出口、海上转运、运输和市场销售行为加强管控。通过加强执法人员培训，提高执法能力和手段，增强鉴别能力和侦查手段，提高打击海龟走私和非法贸易等违法行为的能力。探索建立海龟可追溯体系和标识管理制度，打击非法养殖利用海龟行为。加强监督与执法检查，对发现的违法行为，依法严肃处理。

依托现有的海龟研究、监测和救助力量，构建海龟监测网络体系，开展系统性和长期性监测。整合海龟自然保护区、海龟保护站、渔业管理部门以及相关科研教学机构，构建海龟监测网络体系，形成整体性的海龟种群及其栖息地监测方法、方案、布局与长期机制。参照国际上成熟的海龟监测数据共享平台，建立监测数据共享机制，实现数据共享。利用信息平台，持续对我国海龟种群的分布格局、变化趋势、保护现状及存在的问题进行评估。

3. 加强海龟栖息与产卵场地的保护

构建海龟物种生态信息库。调查我国各海龟物种的种群数量、野外分布、季节性变化、活动范围、行为学特征和栖息地环境特征等生态学数据。分析并建立海龟各物种关键栖息地以及栖息地的关键环境因子等资料，进一步结合各物种的生活史需求，提出相应的重点保护区域和对策，有针对性地保护我国分布的各海龟物种。梳理我国海龟栖息地，针对保护优先区域，划定海龟重要栖

息地名录，加强海龟栖息地保护制度建设和执法检查，减少人类活动对海龟栖息地的不利影响。

严格保护已知的产卵场，调查潜在产卵场，并对重要潜在产卵场进行封育。在西沙的宣德群岛和永乐群岛，以及南沙群岛等南海诸岛的海龟现有重要产卵场，配备专业管护人员，对自然沙滩上的海龟卵及孵化幼龟加强保护，严厉打击盗挖龟卵行为。制定海龟产卵场管护规范，严格控制挖卵人工孵化等行为，避免对海龟自然繁殖造成不良干预。调查我国海域各海龟物种索饵场和洄游路线等海上主要活动区域，并实施保护措施。

4. 稳步推进海龟收容救护，规范海龟人工繁殖与饲养

利用已有活体救护经验以及国际先进经验，对渔民、渔政等相关人员进行培训，实现我国海龟救护的规范化。同时，依托海龟保护联盟，联合各级政府渔业主管部门、保护区管理机构、研究机构、民间组织以及水族馆等，建立我国海龟救护网络和联动机制，提升我国海龟的救护能力。建立海龟离岸野外放归基地，开展放归前野化训练和相关救护、暂养工作。制定海龟放归技术规范，指导海龟放归活动，提高放归海龟在自然生态系统中的存活率。

规范科研单位、海洋馆、水族馆等单位的海龟人工繁殖和饲养活动，建立人工饲养海龟种群谱系，通过芯片标识等技术手段对所有在养海龟进行识别，保证海龟来源可追溯。严格控制从野外获得海龟用于人工饲养的行为，减少人工饲养行为对野外种群的压力。开展人工条件下海龟的饲养与繁育技术研究，全面掌握海龟的生理、生化、免疫、发育等基础数据，探索野外种群补充新途径。

5. 加强海龟保护相关领域科学研究

加强和夯实我国海龟基础研究，构建我国海龟研究体系。开展海龟与环境关系的生态学研究，评估气候变化、环境因子和海洋污染对海龟生存的影响，从而掌握海龟的生存需求和威胁因素。开展海龟遗传学研究，为科学保护我国海龟的遗传多样性提供依据。

研究噪声、灯光、填海、爆破、渔业活动、旅游等主要人类活动因素对海龟生存和健康的影响，制定针对这些因素的技术规范，逐步实现管理的精准性和高效性。制定海龟生态旅游指南，供管理部门和从业渔民使用，并开展相应的培训和资格认证。

6. 改善渔业作业方式，加强渔业监管

规范渔业作业，减少渔业活动对海龟的伤害。研制具有海龟逃逸装置的渔业网具，通过政策引导或行政强制等措施予以推广应用。在海龟重要活动区域，尤其是在产卵洄游季节，通过休禁渔等措施，打通海龟洄游路线，减少渔业活动对海龟产卵洄游的影响。加强渔具管理，清理取缔"绝户网"等违规渔具，引导规范网具的使用和遗弃，减少"幽灵网"。

充分发挥社区在海龟保护中的作用，改变渔民对海龟的认识和利用方式，减少对海龟的需求，提升海龟的文化和生态服务价值。开展渔民转型技能培训，推广社区共管。设计和推广有关海龟生态、文化价值的宣教方案，开展海龟保护知识、社区管理和转产转业技能的培训，结合海龟科学研究、生态旅游和当地其他服务产业的需求，引导这些渔民进行转产转业，成为海龟保育的支持者和社区管理的参与者。

7. 加强保护宣传教育与公众参与

鼓励公众参与海龟保护，借助海龟联盟成员单位，组织开展多种形式的活动，广泛宣传海龟保护知识，提高公众保护意识，形成海龟保护宣传多方参与机制。依托保护区、科研单位、民间团体建立公众参与监测、救护的渠道，并开通公众举报渠道，加大社会监督力度。加强海龟保护相关知识教育培训，定期组织开展海龟保护交流及宣传培训，调动社会和利益相关者参与保护的积极性。制定海龟放生规范，引导科学合理放生，针对公众不当的保护行为，通过多种形式的宣传教育进行矫正。开展捡拾海洋垃圾等宣传教育活动，引导垃圾减量和不随意丢弃，为海龟及其他海洋动物提供更好的生存环境。

8. 加强国际交流，建立国际合作机制

加强海龟保护对外交流与合作，以履行保护公约为抓手，逐步建立国际海龟研究、保护和管理的交流与合作机制。探索建立与周边国家和地区的海龟保护合作机制，共同监管、保护海龟种群和栖息地。开展有关保护及相关政策的国际合作研究，积极引进国际先进保护理念、管理经验及技术手段。加强海龟保护技术和成果的国际交流，提升我国在海龟等水生野生动物保护方面的负责任国家形象和国际影响力。

执笔人：海南师范大学　史海涛　林柳

十一、胭脂鱼

胭脂鱼（*Myxocyprinus asiaticus*）（图 6-11）主要分布在亚洲，为中国的特有种。在我国仅自然分布于长江和闽江水系。现广东和广西等一些南方省（自治区）亦有所见。在长江流域，胭脂鱼成鱼和亲鱼多分布于中上游水域（甘小平 等，2011），在长江下游地区所见者大多为幼鱼，在长江口区较少见。

图 6-11　胭脂鱼（照片提供：庄平）

（一）生物学特征

胭脂鱼主要生活于长江水系，有溯江生殖洄游习性。孵出的幼鱼随水流漂流至中下游及其附属水体索饵生长。秋季成鱼回到长江干流深水区越冬。胭脂鱼性温和，不善跳跃，由于行动缓慢，成鱼活动不敏捷，生命力强，起捕率高，适于池塘、水库和湖泊等水体养殖。

胭脂鱼体形和体色在不同生长阶段变异很大。稚鱼体细长；幼鱼体较高而侧扁，呈三角形，形似鳊，体侧具 3 条宽黑横带，各鳍黑色；成鱼体延长，背部隆起减缓，全身呈胭脂红色或黄褐色，体侧具 1 条鲜红色纵带，故名胭脂鱼（胡隐昌，2001）。

胭脂鱼是我国特有的大型经济鱼类，生长快。据报道，最大雌鱼体重 23.75 千克，最大雄鱼体重 19.5 千克。初孵仔鱼平均体长为 0.95 厘米，孵出后 3 个月幼鱼平均体长达 5 厘米，体重 1 克。至翌年 3 月，当年幼鱼（无年轮）体长 23.5 厘米，体重 94 克。2 龄鱼体长为 34~41 厘米，体重 1~1.25 千克。3 龄雌鱼体长 70 厘米，体重 3.45 千克；3 龄雄鱼体长 72.8 厘米，体重 3.4 千克。11 龄雄鱼体长 118 厘米，体重 16.1 千克。14 龄雌鱼体长 123 厘米，体重 17.05 千克。从胭脂鱼的生长指标可以看出，未成熟（雌鱼7龄，雄鱼5龄）前生长迅速，其后成熟阶段生长速度显著减慢，全长随年龄增加呈抛物线增加。5龄前雄鱼体长增幅大于雌鱼，其后雄鱼体长增幅逐渐平缓，渐小于雌鱼；而雌鱼自9龄开始体长增幅也渐趋平缓。随年龄增加，雌鱼体重增速大于雄鱼。在相同长度时，雌鱼体重大于雄鱼。

胭脂鱼主要以底栖无脊椎动物为食，有时也摄食植物碎片、硅藻和丝状藻等。食物组成随栖息地而异，在江河中主要摄食水生昆虫，以摇蚊幼虫为主；在湖泊中则以软体动物为主，以蚬和淡水壳菜占优势；在池塘养殖中，常食水蚯蚓或陆生蚯蚓，也食蚌、螺蛳肉和虾类（李年文，1999）。胭脂鱼全年摄食，繁殖后摄食频度高，饱满度达3级。

胭脂鱼性成熟较迟。雌鱼和雄鱼的初始性成熟年龄分别为7龄和5龄。长江雌鱼卵巢在秋末冬初为Ⅳ期（并以Ⅳ期越冬），翌年3月至4月中下旬，卵巢达Ⅴ期，进行产卵。8~10龄个体（体长87~110厘米，体重12.25~19.8千克）的绝对繁殖力为19.46万~42.25万粒（平均28.27万粒），相对繁殖力为10.9~21.66粒/克（平均为16.58粒/克）。在繁殖季节，副性征明显，雌、雄鱼体色皆鲜艳，呈胭脂色。雄鱼珠星明显，在臀鳍、尾鳍下叶珠星粗大，吻部、颊部和体侧的珠星细小。雌鱼珠星通常仅见于臀鳍，在头部和体侧稀少。

胭脂鱼的产卵场曾主要分布于长江上游干支流，如金沙江下游段、岷江犍为至宜宾段、嘉陵江等；葛洲坝兴建后，主要在坝下至孝子岩、胭脂坝至虎牙滩、红花套至后江沱、白洋至楼子河等江段。产卵场底质为砾石或板礁石。产卵期为3月至4月。由于水温差异，在坝下宜昌江段的繁殖期要迟于上游江段。产卵活动主要集中在晴天清晨，繁殖时雄鱼多于雌鱼，系一次性产卵。受精卵微具黏性，在江底砾石缝隙内发育孵化。初产卵径2毫米，吸水后卵径3.3~4.2毫米。最适繁殖水温为16.5~21℃。受精卵在水温16.5~18.0℃（平均17.0℃）时，经7~8天孵化；在水温19.5~21℃（平均20.4℃）时，经6天多孵化。初孵仔鱼全长10.5毫米，平卧水底，6~7天后可平游，食道已通，开始摄食（郑凯迪，2003）。余志堂等（1988）报道，孵化出13~15天，多数仔鱼仍残存卵黄囊，即开始摄食外源性物质。

（二）资源现状

胭脂鱼为我国大型名贵鱼类，在长江上游天然产量较高，曾经是当地主要捕捞对象之一。20 世纪 60 年代，四川省宜宾市渔业合作社在岷江的渔获中，胭脂鱼占总产量的 13%。但到 70 年代葛洲坝水利枢纽建成前，胭脂鱼资源量就已明显减少，70 年代中期已降至只占 2%，现今只有零星捕获报道。

1981 年，葛洲坝水利枢纽截流后，阻隔了亲鱼产卵的通道，致使长江上游胭脂鱼几近绝迹。从那时记录的误捕量、出现频度和分布情况来看，胭脂鱼在长江处于非常濒危的程度，特别是上游误捕的胭脂鱼主要为较大的性成熟个体，几乎全部捕获于繁殖季节。据泸州、宜宾两市渔政部门的统计和中国科学院水生生物研究所 1998 年监测报告：1984—1993 年在泸州江段共误捕胭脂鱼 90 尾，1994—1997 年在宜宾江段误捕胭脂鱼 36 尾，1995—1996 年误捕胭脂鱼 21 尾。在长江水系，1997—1998 年度，区域内各观测点共记录误捕胭脂鱼 16 尾，其中葛洲坝以上江段 9 尾，葛洲坝以下江段 7 尾。在葛洲坝以上江段误捕的 9 尾中，有宜宾江段 3 尾、泸州江段 2 尾、重庆市区江段 2 尾、重庆市木洞江段 2 尾。胭脂鱼在长江上游主要在重庆木洞至宜宾江段活动，而木洞至葛洲坝以上江段未见胭脂鱼误捕记录。

由于葛洲坝水利工程的兴建，阻断亲鱼至上游产卵场产卵，影响了上游繁殖群体的补充，同时使上游幼鱼不能漂流至坝下；而坝下宜昌江段的一些产卵场环境也遭到破坏，虽仍有繁殖群体，但由于产卵群体规模小及捕捞过度等原因，目前自然野生群体数量仍在继续下降，被《中国濒危动物红皮书·鱼类》列为"易危"种类。

（三）综合价值

胭脂鱼是我国特有的珍贵物种，在鱼类学和动物地理学上占有特殊的位置，具有重要的科学研究价值，已被国家列为二级野生保护动物。其体型奇特，色泽鲜明，尤其是由于体型别致，游动文静，色彩绚丽，背鳍高大似帆，被人们誉为"一帆风顺"，是观赏鱼的珍品之一，1989 年在新加坡国际野生观赏鱼博览会上曾获银奖。而且，胭脂鱼个体大，食性广，性温和，生长快和抗病力强，是一种食用和观赏兼备的优良养殖品种，具有较高的经济价值。

（四）濒危原因

1. 过度捕捞

20 世纪五六十年代，长江流域内胭脂鱼数量较大，是产地渔获物的重要组成部分。随着近几十年来渔业生产的不断发展，对包括胭脂鱼在内的野生鱼类资源的捕捞强度越来越大。另外，由于胭脂鱼的捕捞季节大多集中在 3—4 月，而这一时段又正是胭脂鱼的繁殖期，被捕获的大多为性成熟亲鱼。因此，连年不断地大量过度捕捞繁殖期性成熟亲鱼，严重破坏了胭脂鱼亲鱼资源。

2. 环境污染

20 世纪 60 年代以来，随着长江两岸工业的发展和人口的快速增长，水体污染日趋严重。以胭脂鱼主要分布区域的岷江为例，其主要污染物为含磷物，此外还有汞、硝酸盐、铅和锡等，仅在岷江中游就有 50 多个重点工业污染源，年排放工业污水上千万吨，加上生活污水、垃圾以及农田化肥的污染，致使岷江的水质状况日益恶化，大面积死鱼事件时有发生。而从实地调查来看，胭脂鱼对生活水体水质的要求较高。曾有研究人员就胭脂鱼的耗氧量进行了测定，胭脂鱼适宜的溶解氧含量为 6.0 毫克/升以上，明显高于四大家鱼所适宜的 4.0~4.5 毫克/升的溶解氧含量，当水中溶解氧含量低于 2.2 毫克/升时，50% 的实验鱼会出现浮头。幼鱼期对水质的要求更为严格，水质恶化往往会造成鱼苗的大批死亡。1997 年四川省水产研究所胭脂鱼亲鱼池曾被电厂排出的污水灌入，造成大量亲鱼死亡，个别活下来的亲鱼当年也失去了繁殖能力。

3. 生物学特性

一是胭脂鱼性成熟晚，发育速度慢。胭脂鱼一般要 5~7 龄才进入生殖年龄，性成熟较迟，繁殖周期长，一旦资源受到破坏，数量就会明显下降，而且很难在短期内得到自然恢复。和与其亲缘关系相近的已知绝大部分鲤科鱼类相比，胭脂鱼胚胎发育速度也非常缓慢，过长的胚胎发育时间使后代的死亡机会明显提高。

二是胭脂鱼卵和幼体易被摄食。在目前推测的可能为胭脂鱼产卵场的河段，有大量属于鲤科（Cyprinidae）、鳅科（Gobitidae）、鲇形目（Siluriformes）等以肉食为主或单纯肉食性的鱼类与之同域分布，其中很多种类都以鱼卵和幼鱼为食。如以葛洲坝下段 15.2~15.6℃ 的水温记录，胭脂鱼从卵受精到初次开口摄食的发育时间会更长，为 20 天以上。自然状态下如此长的早期发育过程，大大增加了卵和幼鱼被捕食的机会。

三是胭脂鱼的繁殖成活率不高。以 1997 年万州水产研究所胭脂鱼人工繁殖结果为例，对当年 5 尾雌性亲鱼进行人工繁殖，共获得受精卵 5.69 万余粒。其中 2 尾亲鱼的受精卵发育至开口期全部死亡；另外两尾的成活率为 0.18%；只有 1 尾成活率稍高，但也只有 8.25%。因此，补充群体的数量极为有限，致使本已日渐稀少的剩余群体得不到进一步的补充，种群数量状况日趋恶化。

（五）人工繁殖

从 20 世纪 70 年代起，我国科技人员在胭脂鱼的生物学特性、人工繁殖、增殖与保护和人工配合饲料等方面的研究取得了很大的进展，已培育出子二代苗，为胭脂鱼这一名贵鱼类的种质资源保存与保护、增殖和开发奠定了坚实的基础。

1972 年，水产养殖研究人员多方寻求养殖新品种。胭脂鱼由于其个体大、生长快，被广大科技人员看好，被列为选择对象。在四川省农业厅水产处、省科委及宜宾地区农业局的支持下，中国水产科学研究院长江水产研究所、浙江省淡水水产研究所、四川省合川水产学校、四川省水产研究所、重庆市长寿湖水产科学研究所、四川省万县地区鱼种站（重庆市万州区水产研究所前身）以及河北、黑龙江、广西等水产研究部门纷纷开展胭脂鱼人工繁殖技术的研究。其主要工作是繁殖季节从长江中收集成熟亲鱼进行人工催产。同时，部分单位在池塘、水库中进行试养，随后由四川省合川水产学校、四川省水产研究所、四川省万县地区鱼种站等单位组成胭脂鱼协作组共同攻关。四川省万县地区鱼种站由于地理位置的限制，无法大量收捕性成熟个体，便着眼于长远，确定了池塘移养驯化亲鱼、人工繁殖品种的技术路线，从 1973 年开始对胭脂鱼进行了移养驯化的研究，攻克了移养驯化中的伤病、饲料、池塘生态环境等诸多问题。之后于 1979 年对性腺发育成熟的胭脂鱼人工催产并获成功，其成果位居国内领先水平，获四川省科技成果奖。胭脂鱼内塘人工繁殖成功表明，胭脂鱼不但能在天然水域中发育成熟，经人工催产可以繁殖出子一代，而且在池塘饲养条件下，经人工培育，也可以性成熟，对性成熟的个体进行人工催产，也能产卵出苗，培育出子一代。这一成果结束了胭脂鱼仅仅依靠天然成熟个体进行人工繁殖的历史。

对胭脂鱼研究的又一轮热潮始于 20 世纪 80 年代后期。在新加坡国际野生观赏鱼展览评比中，胭脂鱼崭露头角，之后价格一路上涨。受经济利益的驱动，各地纷纷加强开发研究。除四川省的四家研究机构（1993 年增加了宜宾珍稀水生动物研究所）外，湖北省相继有中华鲟研究所、长江水产研究所、水库渔业研究所、中国科学院水生生物研究所以及一些场、站都开展了这一工作，在长江中（葛洲坝下段）大量收捕胭脂鱼。长江水产研究所的胭脂鱼子二代人工繁殖研究课题被列入农牧渔业部"九五"科技攻关项目。

1994 年，四川省万县市（今万州区）水产研究所又利用池塘繁殖的子代苗种，培育成亲鱼，进行催产，获得了子二代鱼苗，完成了胭脂鱼的全人工繁殖，通过了万州科委组织的专家鉴定，属于国内领先水平，获区科技进步奖。这一成果表明，胭脂鱼子一代，亦能在池塘发育成熟，经催产能获得子二代。用数量分析的方法对子二代与子一代外形进行比较表明，在鱼种阶段无显著差异。子二代繁育成功为胭脂鱼的繁殖、保护和开发利用提供了可靠的技术保证。胭脂鱼自池塘催产繁殖成功后，基本是作为观赏鱼上市。由于受亲鱼数量及一些关键技术的制约，全国年产量不足 30 万尾。1997 年，观赏鱼市场受国际金融危机的影响，年销售量估计为 20 万尾，价格大幅度下滑。

从 1998 年起，广东等沿海地区逐渐把胭脂鱼作为食用鱼养殖，生长较好，市场前景看好，成鱼销售价格高，表现了良好的养殖前景。因此，从 1999 年开始，胭脂鱼已开始从单一的观赏型向观赏、食用型转变，食用胭脂鱼的养殖具有一定规模（李年文，1999）。

2007 年，李红敬等（2008）采用人工繁育的子一代进行了胭脂鱼全人工繁育，取得了不错的效果。目前，在宜宾至宜昌江段的一些沿江渔业生产部门，胭脂鱼人工养殖已较为普遍，已经实现全人工繁育，内陆江西永丰的胭脂鱼繁殖技术也不断成熟（曾凡美，2011）。每年繁殖的人工苗种为养殖和增殖放流奠定了扎实的基础。

（六）增殖放流

人工增殖放流可有效补充苗种资源，优化种群结构，是恢复长江水生生物资源最直接的有效手段，对于促进长江流域的生态修复和渔业的可持续发展具有重要意义。2009 年 12 月，泸州市水务局和江阳区水务局在长江泸州段澄溪口举行 2009 年珍稀水生生物——胭脂鱼增殖放流活动，6 万尾胭脂鱼放流长江。

2014 年，在长江芜湖高沟段和无为县长江胭脂鱼保护区水域，开展胭脂鱼增殖放流活动，共增殖放流胭脂鱼 32.42 万尾，并在该县首次开展大规格胭脂鱼标记放流。

2015 年 12 月 1 日，江西省永丰县农业部门开展 2015 年增殖放流活动，5.6 万尾胭脂鱼被投入赣江流域孤江龙冈河段，有利于胭脂鱼种群在赣江流域逐渐得到恢复。2017 年，又在赣江增殖放流了 2.5 万尾胭脂鱼。永丰县 2009 年 3 月在古县镇上堡村成立胭脂鱼繁殖基地，填补了江西省珍稀特种鱼繁养的空白。江西省、吉安市、永丰县水产部门，南昌大学和该县一帆水产公司组建成立了江西省胭脂鱼人工繁养技术研究课题组，最终攻克了胭脂鱼规模化繁殖问题。2013 年，该县成功繁殖胭脂鱼 2 126 万尾，成为全国规模较大的胭脂鱼繁育基地之一。

2019 年 6 月 6 日，主题为"同筑生态文明之基、共享乡村振兴之美"的长江口珍稀水生生物增殖放流活动，在上海长江口水域举行。共放流国家一级保护动物中华鲟 178 尾和国家二级保护动物胭脂鱼 7 万尾，放流胭脂鱼为历年单次放流数量之最。为加大对放流胭脂鱼的跟踪监测力度，对 1.5 万尾胭脂鱼采用"T"型标记，这是历年胭脂鱼单次放流标记量最多的一次。

在进行人工放流的过程中，还有很多问题需要进一步研究解决，特别要加强种质资源的管理，保证放流鱼苗的质量，提高种苗在野生环境下的成活率。

（七）保护区

长江上游珍稀特有鱼类国家级自然保护区是国家级湿地自然保护区，位于长江上游地区，跨四川、重庆、贵州、云南 4 省（直辖市），自西向东包括宜宾、翠屏、南溪、江安、纳溪、龙马潭、江阳、合江等县（区）。1997 年，由原泸州市长江珍稀特有鱼类自然保护区和宜宾地区珍稀鱼类自然保护区合并成立长江合江—雷波段省级自然保护区，2000 年晋升为国家级保护区，2005 年改为今名。保护对象为白鲟、长江鲟、胭脂鱼等珍贵、特有鱼类及其产卵场。保护区总面积 317.14 平方千米，其中核心区面积 108.04 平方千米，缓冲区面积 105.61 平方千米，实验区 103.49 平方千米。这里属亚热带湿润气候区，月均气温 7℃以上，比同纬度的长江中、下游高 2~4℃。

误捕救治是物种保护的重要工作内容之一。蒋文华等（2002）对 1995 年长江下游长约 70 千米的安徽铜陵江段胭脂鱼的误捕与救护做了一定的数据积累与分析工作。1995—2000 年，铜陵江段共误捕胭脂鱼 153 尾，其中幼鱼小于 0.1 千克的 63 尾，占 40.5%；4 千克以上的个体为 40 尾，占 26.1%。春、夏两季胭脂鱼的误捕数量占绝大多数，约为 90%，误捕死亡率为 25.5%；而秋、冬两季误捕率为 10%，死亡率则高达 50%。所误捕的胭脂鱼总体死亡率为 28.1%。对胭脂鱼的误捕渔具主要有定置网、流网、钓具和电网等。定置网主要插在回水区缓坡处，对胭脂鱼的幼鱼误捕率较大；流网集中在沙滩边，而钓具类和板缯以及电网则多作业于倒坎和矶石等江道复杂水域。定置网误捕胭脂鱼对其伤害较小，一般皆存活；电网误捕死亡率高达92.5%；钓具类误捕死亡率为15%。从误捕季节来看，胭脂鱼被误捕主要是在春、夏两季；从渔具来看，电网对其危害最大。因此渔政管理部门需依法严厉打击电网这一非法渔具的使用，同时在长江全面禁渔的推进下，加大增殖放流，这些措施可更有效地保护胭脂鱼的自然资源量。

执笔人：中国水产科学研究院东海水产研究所　冯广朋　刘鉴毅

十二、秦岭细鳞鲑

秦岭细鳞鲑（*Brachymystax lenok tsinlingensis*）俗称花鱼、梅花鱼、五色鱼（陕西、甘肃），隶属鲑形目（Salmoniformes）、鲑科（Salmonidae）、细鳞鲑属（*Brachymystax*）（图6-12）。李思忠（1966）在秦岭太白山的东麓和南麓，采到四十余尾标本，定为细鳞鲑亚种——秦岭细鳞鲑。目前，通过形态学特征、分子生物学技术及生活习性研究等综合分析，认定为有效物种，重新定种名为秦岭细鳞鲑（Ying-Chun Xing et al.，2015；蒙彦晓 等，2018；Shao et al.，2019）。

图6-12　秦岭细鳞鲑

（2013年拍摄于陕西陇县秦岭细鳞鲑国家级自然保护区，中国水产科学研究院长江水产研究所提供）

（一）生物学特征

秦岭细鳞鲑体呈纺锤形，稍侧扁，体高为体宽的1.48~2.08倍。背鳍分枝鳍条11~12个，有脂鳍，侧线完全平直，体被圆鳞，头部无鳞，头钝，头背部宽坦，中央微凸。口端位，口裂大，下颌较上颌略短，上颌骨后端达眼中央下方。齿锥形，最后一椎骨上翘，鳃盖膜分离且不分喉峡。吻不突出或微突。舌厚、游离，舌齿约10枚，排列呈"∧"形。眼大，鳃孔大，鳃膜和峡部不相连。背鳍短，外缘微凹；脂鳍与臀鳍相对；腹鳍后伸不达肛门，鳍基部具一长腋鳞；尾鳍叉状。幽门盲囊 65~75 个。体背部深紫色，体两侧绛红色或浅紫色，体侧至腹部渐呈白色，体背及两侧散布有长椭圆形黑斑，斑缘为暗黄色环纹，沿背鳍基及脂鳍上各具 4~5 个圆黑斑。

秦岭细鳞鲑为肉食性鱼类，摄食虾、水生昆虫、鱼卵、小型鱼类等。较大个体亦可捕食林蛙、落浮在水面的陆生昆虫，有时会跃出水面捕食飞虫。幼鱼通常以小鱼、水生昆虫、水边生活的小动物以及植物为食。秦岭细鳞鲑具有性急躁、喜跳善游、体表黏液少、应激性强等特性。最小性成熟年龄 3~5 龄，成熟雄鱼精巢为淡红色，雌鱼卵巢为橘黄色，绝对怀卵量为 2 670~4 510 粒/尾。繁殖期为 3—6 月，产卵水温一般低于 10℃。自主河道下游游至含有沙砾底质的上游主河道或支流进行繁殖，卵沉性，一次排完。9—11 月自上游洄游到主河道的下游（含深潭或石缝）进行越冬。水质清新、低温、高氧及沙砾质的产卵场是其必要的环境生态条件。秦岭细鳞鲑野生群体呈等速生长，且低龄鱼生长速度大于高龄鱼，具有明显的生长拐点，拐点龄为 13 龄，其对应的体长和体重分别为 484 毫米和 1 875.9 克；而养殖群体呈异速生长，雌雄个体间差异不显著。

（二）资源状况

秦岭细鳞鲑为我国特有种、局部分布的陆封型冷水性鱼类，仅见于秦岭太白山东麓的黑河、北麓的石头河、南麓的湑水河和太白河；陇县的千河支流及甘肃渭河上游及支流。秦岭细鳞鲑生境条件苛刻，通常栖息于海拔 900~2 300 米的秦岭山涧溪流，水底多为大型砾石。由于自然和人为因素的双重影响，秦岭细鳞鲑栖息地生境日趋恶化，加之长期缺乏科学管理和酷渔滥捕，使秦岭细鳞鲑资源量急剧减少，个体小型化严重，海拔 1 200 米以下的秦岭地区山涧溪流中已很难见到，1989 年被列为国家二级野生保护动物。

杨德国等（1999）采用单位面积尾数法，在陕西太白县境内湑水河段调查时发现，该地区秦岭细鳞鲑资源量锐减，估算该水域现存量约 5.4 万尾（不包括幼鱼），资源状况不容乐观。任剑等（2004）在陕西陇县境内千河流域实地调查发现，该地区秦岭细鳞鲑的种群发生了明显的变化：①分布最低高度由原来海拔 1 000 米上移至 1 200 米，分布范围缩小；②个体小型化。侯峰（2009）对分布于甘肃东部的秦岭细鳞鲑资源现状、栖息地状况、受保护程度及致危因素展开研究，通过野外调查与走访询问等方式，发现由于栖息地面积的不断减少与退化以及不计后果的滥捕行为，该地区秦岭细鳞鲑种群严重衰退，种质资源严重退化。

陕西省陇县秦岭细鳞鲑国家级自然保护区调查结果显示，该县 2000 年秦岭细鳞鲑的资源量约为 4 万尾；而 2006 年调查数据显示，种群存量减少为 31 221 尾。在此期间，2005 年和 2010 年陇县均发生过强降雨，山洪暴发，对秦岭细鳞鲑的资源量造成重大损失。2009—2013 年，陇县开展保护区内的秦岭细鳞鲑资源量调查，共采集到秦岭细鳞鲑标本 397 尾。研究显示，秦岭细鳞鲑共有 5 个年龄组，为 1~5 龄（主要为 1~3 龄），约占 85.64%，其中 2 龄鱼所占比例最大，约占 32.90%；其次是 1 龄鱼和 3 龄鱼，分别约占 30.03% 和 22.72%；5 龄鱼个体所占比例最小，约占 2.87%。可见陇县地区的秦岭细鳞鲑现有种群出现了低龄化的现象。对 397 尾秦岭细鳞鲑体长和体重数据的分析结果显示，其体长范围为 60~373 毫米，平均为 157 毫米，200 毫米以下个体约占 74.06%。样本体重范围为 2.7~701.1 克，平均为 90.2 克，210 克以下的个体占 85.14%，渔获物中小型化趋势明显。薛超等（2013）采用"标记重捕""河段长度法"以及"体长股分析法"对陕西陇县境内的秦岭细鳞鲑资源量进行了估算，标记重捕法估算资源量为 16 774 尾（不包括幼鱼），河段长度法估算出资源量为 29 661 尾，采用体长股分析法估算出资源量为 18 257 尾。结果与 2000 年的调查数量相比，秦岭细鳞鲑数量明显减少。

（三）人工繁殖与增殖

秦岭细鳞鲑资源量锐减，保护工作已刻不容缓。随着人工繁殖、苗种培育及各种养殖方式的日趋成熟，采用人工繁殖和增殖放流技术保护秦岭细鳞鲑资源成为最行之有效的手段。自 2008 年起，中国水产科学研究院长江水产研究所濒危鱼类保护组先后与陕西陇县秦岭细鳞鲑国家级自然保护区、陕西省水产研究所联合开展了秦岭细鳞鲑人工繁育及增殖放流等相关保护研究工作，并于 2010 年 5 月首次取得人工繁养殖的成功。秦岭细鳞鲑精子生殖细胞生理生化特征的揭示为其高效人工繁殖提供了科学依据。截至 2017 年，在陕西陇县、太白县、眉县等地连续 9 年成功地实现了秦岭细鳞鲑的人工繁殖。此外，我国甘肃等地区也相继多年成功开展了秦岭细鳞鲑人工繁殖。通过多年实践探索，邵俭等（2014；2016；2018）研究出成熟、高效的秦岭细鳞鲑亲鱼培育和人工催产技术，提高了受精率、孵化率和苗种成活率，并建立了秦岭细鳞鲑人工繁育技术体系和规范。另外，中国水产科学研究院长江水产研究所濒危鱼类保护组危起伟团队，针对秦岭细鳞鲑人工增殖放流标记方法，先后创新研究了茜素络合物溶液浸泡、分子标记和无线电生物遥测等标记技术，并联合陕西水产研究所、陇县秦岭细鳞鲑国家级自然保护区和太白县湑水河水生野生动物自然保护区应用茜素络合物溶液浸泡、无线电生物遥测、PIT 射频标志等标记技术多次成功开展秦岭细鳞鲑增殖放流标记。同时，利用微卫星标记技术建立了秦岭细鳞鲑亲缘关系识别和家系管理方案，使秦岭细鳞鲑可长期、有序地开展人工繁殖，有效降低近亲繁殖风险。SSR 荧光标记亲子鉴定技术也成功用于人工繁殖效果评估和增殖放流后评价，这为秦岭细鳞鲑人工繁殖策略和遗传多样性保护提供了技术支撑。

2012—2017 年，以陕西省陇县、太白县为例，通过人工繁殖累计获得受精卵 20 余万粒、子一代鱼 15 余万尾，增殖放流子一代苗种 5 万尾（10 厘米以上），为我国秦岭细鳞鲑资源恢复奠定了坚实基础。

（四）保护现状

在科学研究方面，对秦岭细鳞鲑的分布、栖息地特征等进行了比较深入的研究。秦岭细鳞鲑的种群形成于第四纪冰川期，从西伯利亚通过黑龙江水系和嫩江水系向南扩张，当冰川消融后，部分群体因为受到多种因素影响没有洄游至北方而留在原地，秦岭细鳞鲑就是留在秦岭北麓（黄河水系）的残留种。目前，关于秦岭南麓（长江水系）秦岭细鳞鲑的来源存在一定争议，可能是受到河流侵袭的影响，也有可能是通过人工引种而形成的。原居林等（2009）通过 RAPD 技术对黑河（黄河水系）和湑水河（长江水系）的各 5 尾样本进行了研究，结果表明，两个种群的遗传距离为 0.015 2，遗传多样性较低。孙庆亮（2014）和吴金明等（2017）先后分别对陇县和太白县秦岭细鳞鲑栖息地环境及产卵场等特征进行了调查，研究表明，秦岭细鳞鲑具有很强的环境选择性和偏好性。这些研究为进一步保护秦岭细鳞鲑生境提供了科学依据。此外，由中国水产科学院长江水产研究所长期合作开展的秦岭细鳞鲑仿生态生境模拟技术和人工繁养标准化技术研究推进，进一步加强了秦岭细鳞鲑物种的保护力度。针对秦岭细鳞鲑栖息地保护，国家先后在陕西陇县、太白县，甘肃漳县、秦州建立了四个国家级自然保护区。

1. 陕西陇县秦岭细鳞鲑自然保护区

该保护区是我国西北地区第一个水生野生动物自然保护区，也是我国唯一一个以秦岭细鳞鲑及其生境为保护对象的自然保护区。保护区始建于 2001 年，2009 年升级为国家级自然保护区。保护区地处陇县境内渭河水系的千河上游流域和长沟河流域，位于秦岭北麓陕西省西端的关山山区（34°35′17″—35°08′16″N，106°26′32″—107°06′10″E）。保护区东至八渡河高楼，西连长沟河陕甘交界的马鹿河，南到长沟河一级支流苏家河支流仓房沟发源地，北接千河上游陕甘交界。以千河和长沟河主河道及其支流两岸岸坡最高历史水位线划定保护区范围，保护区总面积 6 559 公顷。境内最高海拔 2 466 米，最低海拔 1 067米，相对高差 1 400 米。保护区总面积 6 559 公顷，其中核心区面积 1 376 公顷，缓冲区面积 3 197 公顷，实验区面积 1 986 公顷。

2. 陕西太白湑水河水生野生动物自然保护区

该保护区始建于 2001 年，2010 年升级为国家级自然保护区，是以川陕哲罗鲑、秦岭细鳞鲑、大鲵等为主要保护对象的综合性自然保护区。保护区地处太白县境内湑水河流域，位于秦岭南麓（33°38′—33°54′N，107°16′—107°42′E），东至西安市周至县，西至汉中市留坝县，北邻太白山国家级自然保护区，南至汉中市的洋县。以湑水河韭菜园以上主河道、红水河、太白河、大箭沟、小箭沟、猫耳沟、石塔河、积鱼河、观音峡、黑峡子、桐麻沟等河道两岸岸坡的历史最高洪水位以下划定为保护区范围。保护区面积为 5 343 公顷，其中核心区面积为 1 638.6 公顷，缓冲区面积 2 485.9 公顷，实验区面积 1 218.5 公顷。入境海拔 1 510 米，出境海拔 906 米，相对高差 604 米。

3. 甘肃漳县珍稀水生动物自然保护区

该保护区始建于 2005 年，是甘肃省第一个以鱼类为保护对象的自然保护区，2013 年升级为国家级自然保护区。保护区位于甘肃漳县西南部（34°27′42″—34°57′18″N，104°6′20″—104°43′59″E），于漳县的漳河、龙川河、榜沙河流域，分布在殪虎桥、大草滩、东泉、四族 4 个乡镇。保护区流域总面积 3 775 公顷，其中核心区面积 1 485 公顷，缓冲区面积 1 240 公顷，实验区面积 1 050 公顷。

4. 甘肃秦州珍稀水生动物自然保护区

该保护区前身为建于 2010 年的甘肃秦州大鲵省级自然保护区，2013 年升级为国家级自然保护区，并将有秦岭细鳞鲑分布的耤河划入保护区范围。保护区位于天水市秦州区娘娘坝镇境内的白家河流域和耤口镇、关子镇及杨家寺乡境内的耤河流域之间（34°07′58″—34°29′09″N，105°12′17″—105°56′44″E）。其中，白家河流域属于长江水系，主要以大鲵为保护对象；耤河流域属于黄河水系，主要以秦岭细鳞鲑为保护对象。保护区面积 12 223 公顷，包括白家河流域的望天河、庙川河、北峪河、花园河、响潭河、螃蟹河和耤河流域的金家河、潘家河 8 条河流。

陕西陇县秦岭细鳞鲑自然保护区成立至今依法查处案件 12 起，缴获、放生秦岭细鳞鲑 671 尾；陕西太白湑水河水生野生动物自然保护区成立至今依法查处案件 3 起，缴获、放生秦岭细鳞鲑 580 尾；甘肃漳县珍稀水生动物自然保护区成立至今依法查处案件 8 起，缴获、放生秦岭细鳞鲑 486 尾。各保护区在辖区内建立多个保护站，并相继开展了秦岭细鳞鲑科普宣传活动，大力宣传水生野生动物保护等方面的政策和知识，起到了保护秦岭细鳞鲑物种的作用。

（五）存在的问题

秦岭细鳞鲑保护及研究工作日益加强，然而仍存在很多不足，主要体现为秦岭细鳞鲑的生境保护措施、种群资源恢复手段以及外来物种入侵等。在当前条件下，要使保护区内秦岭细鳞鲑有自己独立的封闭空间，不受人为因素的干扰已经不可能，秦岭细鳞鲑致危因素除了本身生长缓慢、性成熟较晚、怀卵量较少、扩散能力不足以及非法捕捞外，还有以下三方面因素。

1. 生境退化或丧失

一是种植型农业生产的发展扩大导致大片林地、草地被开垦，畜牧业的发展使得草场载畜量过大，蓄水能力减弱；二是采矿业对栖息地的破坏；三是居民因住房建设而在河道采石，破坏栖息地；四是拦河筑坝阻碍洄游通道；五是水质污染，如千河流域主河道污染尤其严重，部分主河道内水质污浊，透明度很低，发出恶臭味；六是小型水电工程开发建设。

2. 外来物种入侵

秦岭细鳞鲑分布的河流冷水资源丰富，很多河道都建有冷水性鱼类的养殖场，主要以鲑科鱼类为主，逃逸个体会进入自然河道，从而加剧外来入侵鱼类对秦岭细鳞鲑预备群体和补充群体的威胁。同时，某些地区将引进的我国东北地区细鳞鲑不加区分地与秦岭细鳞鲑套养、混养，甚至以增殖放流方式放入天然河道，这些将造成秦岭细鳞鲑的种质资源严重破坏。

3. 气候变化与自然灾害

秦岭细鳞鲑对环境变化极为敏感。气候的变化将给鱼类尤其是依靠特定栖息地生存的冷水性鱼类带来新的压力。焦彩强等（2010）、占车生等（2012）研究结果表明，渭河流域是秦岭细鳞鲑分布最多最集中的区域，而渭河流域的年平均气温今后将持续升高、气候趋向暖干化发展，这将对秦岭细鳞鲑的生存产生巨大的潜在威胁。根据历史资料记载，秦岭细鳞鲑在千河主河道分布广泛，在海拔900米以上的河段皆有分布，2017年调查发现千河主河道的种群已经基本绝迹，千河各支流的种群也基本集中分布在海拔1 200米以上的上游河段，海拔1 200米以下的河段中只有零星分布。气候变化不仅导致秦岭细鳞鲑分布范围的缩减，而且也直接影响了自然种群数量。

自然灾害主要为旱灾和洪水。以陕西省陇县保护区咸宜关保护站和太白保护区白云峡管护站为例，因其地处中纬度北温带，受中亚季风的影响，具有明显的干旱半干旱大陆性气候特征，曾多次出现过降水量稀少，河道干涸的现象，这使得秦岭细鳞鲑的分布水域极大减少。如陇县地区2010年，太白县2012年都发生过特大洪水，一方面，大量秦岭细鳞鲑被洪水冲走甚至死亡；另一方面，由于秦岭细鳞鲑的生境已被破坏，植被覆盖率较低，每当洪水来临势必造成水土流失，夹杂泥土的河流变得浑浊，不适合秦岭细鳞鲑生存。

（六）保护建议及措施

决定鱼类资源的主要因素有三点：第一，鱼类本身生物学特性的支配；第二，鱼类水域生存环境及自然气候条件的制约；第三，人类活动及捕捞强度的影响。任何一点的变化或失调都会引起鱼类资源的波动，并以种类数量增减的直观形式表现出来。其中，食物条件、捕捞强度和繁殖条件的保障程度影响并决定着鱼类资源波动。

秦岭细鳞鲑具有非常重要的研究意义和保护意义，目前及今后一段时间内最重要最迫切的任务是制定良好的保护策略，以恢复秦岭细鳞鲑资源种群数量。为了更好地保护这一濒危物种，现提出建议如下。

1. 加强保护区管理

秦岭细鳞鲑是一种山溪冷水性鱼类，对生境要求较高。我国先后建立了多个自然保护区，但保护区内仍存在采矿等破坏活动。此外，当地居民的采药、伐木、采石等也对栖息地造成了一定程度的破坏，而且随着旅游业的发展，存在对秦岭细鳞鲑栖息地人为破坏的风险。因此，保护区工作人员要强化责任意识，及时研究解决保护区违规建设、采矿等活动及保护区内巡护难、应急慢的问题；及时制止偷捕、乱丢垃圾、河道内采石等破坏行为，做到违法必究、执法必严。加强教育培训，开展多种形式的培训活动，提高保护人员的工作素质，增加对秦岭细鳞鲑养殖、繁殖等内容培训活动，丰富保护区工作人员参与秦岭细鳞鲑科学研究的形式，提高保护区人员自身的专业技能，形成有效保护机制。此外，要进一步提高当地居民保护意识，加强宣传力度，营造良好的保护氛围。适当增加关于秦岭细鳞鲑的报道，普及秦岭细鳞鲑各方面知识，倡导保护理念，营造全民保护的氛围，自觉遵守我国关于秦岭细鳞鲑保护的法律和法规，做到不偷捕野生鱼、不污染和破坏河流生态，发现偷捕及破坏保护区环境的行为加以制止并及时与保护区管理人员取得联系。

2. 加强保护研究工作

充足的科学资料是秦岭细鳞鲑保护的重要理论支撑，建议加强相关的基础研究工作，主要包括以下几项。

（1）加强秦岭细鳞鲑栖息地保护研究。栖息地是鱼类赖以生存和繁衍的场所，保护好栖息地是鱼类保护的重要任务。目前，关于秦岭细鳞鲑栖息地仅存在定性描述，而秦岭细鳞鲑对于环境因子的偏好性及选择性规律的定量研究薄弱。

（2）加强秦岭细鳞鲑生物学研究。目前，秦岭细鳞鲑生物学研究涉及生理学、遗传学、行为学等方面，其中遗传学资料相对较多，而针对增养殖过程中的营养需求和疾病防控，以及生理行为规律等方面的研究仍缺乏，建议加强此方面的研究工作。

3. 扩大人工增殖放流规模并开展迁地保护

（1）扩大人工增殖放流规模。秦岭细鳞鲑自然种群数量长期处于下降趋势，小型化明显，人工增殖放流是恢复鱼类种群资源的有效手段。建议加强亲鱼驯养、人工催产、人工孵化、鱼种培育等工作；扩大每年增殖放流的苗种数量、提供放流苗种规格；对增殖放流水域以及增殖放流效果进行科学评估；杜绝引进外地细鳞鲑与秦岭细鳞鲑混养，并严查以外地细鳞鲑充当秦岭细鳞鲑放入天然水域的违规操作。

（2）适当开展秦岭细鳞鲑迁地保护。秦岭细鳞鲑栖息地受气候影响不断缩小，开展秦岭细鳞鲑迁地保护和异地种群重建可以为其保护提供新的思路和方法。陕西太白、甘肃秦州等地有许多山溪资源无秦岭细鳞鲑分布，建议首先进行本底调查及种群重建的可行性研究，再选择合适的水域开展迁地保护，这对秦岭细鳞鲑长期保护及避免种质资源衰退具有积极意义。

4. 加强管护区域合作

秦岭细鳞鲑集中分布于我国陕西、甘肃两地秦岭周边地区水系。但可能因两地地区文化的差异，管护区域交流合作较少、联合保护行动缺乏，在当前现有保护手段下两地间的种群资源不能互通，并存有不法分子跨区域偷捕偷渔无法界定监管等问题，使得秦岭细鳞鲑物种的保护效果不能实现最大化、有效性不强。建议增加区域间合作，建立区域性保护网络，统一规划，联合管理保护物种资源；加上近年来，个体养殖户参与秦岭细鳞鲑养殖活动增加，然而多数不具备专业知识和保护常识，单一追求养殖效益和利益。因此，建议两地在发展全民参与保护，开展人工繁养殖工作的同时，将渔业资源保护、渔业法规与制度的考核作为从业资格审查的内容。

执笔人：贵州大学　邵俭

中国水产科学研究院长江水产研究所　吴金明　危起伟

十三、松江鲈

松江鲈（*Trachidermus fasciatus*）是一种凶猛肉食性底栖降海洄游的小型鱼类（图6-13）。因其生活在吴淞江，故名松江鲈。隶属于鲉形目（Scorpaeniformes），杜父鱼科（Cottidae），单属单种，无亚种分化记录（王金秋 等，2008）。历史记载分布于中国、朝鲜、韩国、菲律宾等亚洲国家，现状不明；文献记载在我国主要分布于辽宁、河北、天津、山东、浙江、江苏、上海、福建及台湾地区的浅海海域及与其相通的江河湖泊中（馆藏标本无福建和台湾两省的记录）。现有种群分布在辽宁、天津、山东、上海和浙江三省两直辖市（王金秋 等，2010）。

（一）生物学特征

松江鲈繁殖个体雌雄异体，配对穴居繁殖，一雄一雌或一雄多雌，雌体交配产卵后即离开洞穴，雄体留下护卵至鱼苗孵出。松江鲈属变态发育物种，其仔稚鱼和成体的形态特征有明显的差异。3月出膜，体侧扁，4—5月完成变态过程，头部及体前部变得平扁，体后部侧扁。其整个生命周期分为卵及胚胎期、

图 6-13　松江鲈（摄影：庄平）

仔鱼期、稚鱼期、幼鱼期、成鱼期和衰老期。其卵为橘红色、粉红色不规则卵块，受精后吸水具黏性；单个卵为圆形，直径为 1.50~1.78 毫米。

　　松江鲈初孵仔鱼体型粗短，侧扁，体长 5.3~6.3 毫米，卵黄囊甚大，体色白且透明，内脏器官明显可见；14 天后，卵黄囊吸收殆尽，此时体长 9~9.6 毫米，出现牙齿及鳍条；由于破膜时间不同，仔鱼卵黄囊大小不同，但都有一个较大的油球。仔鱼后期，体色渐深，逐渐出现五条较深色带，发育至稚鱼期。其幼体形态除大小外与成鱼无异。松江鲈成体通体前部平扁状，中部接近圆筒形，向后部逐渐变细，侧扁。头大，宽而平扁；口宽大，端位；吻宽而圆钝，上颌稍长，上颌骨伸达眼睛后缘下方；眼小，上侧位；鳃孔宽大，鳃膜连接于峡部；前鳃盖骨具 4 棘，上棘最大，棘端勾状上弯，第二及第三棘斜向下方，第四棘向前。松江鲈通体灰黑色，成年期渐变为黄褐色，特别是繁殖期体色格外鲜艳，其鳃盖、鳍基布满橘红色色彩。体侧具有 5~6 条灰黑色横纹，鳃膜和臀鳍基底具有橘红色条纹。尾鳍、臀鳍、背鳍和胸鳍均具有褐色斑点，背鳍鳍棘前部具一黑色大斑，腹鳍白色。吻侧、眼下均有暗色条纹。体型不大，一般体长 15~20 厘米，通常体重 50 克左右，自然种群中最大个体体重亦不超过 100 克，一年即长成。其衰老期体态笨拙，头部或者体个别部位通常会出现溃烂，身体逐渐变黑，行动呆滞，慢慢死去。绝大多数寿命 1 年，少数 2 年；人工养殖有活到 2~3 年的个体。

　　松江鲈栖息于浅海、河口和淡水的江河湖泊等多种类型的水域生态系统，是降海洄游性鱼类。冬季成鱼从江河湖泊等淡水水域聚集，10—11 月，开始降海，河口和浅海中的数量增多，河流中的数量逐渐减少；12 月至翌年 3 月，绝大多数分布在浅海繁殖场。经河口游至浅海牡蛎礁水域交配产卵；春季4—5月仔稚鱼开始聚集，由浅海上溯至河流中，河口及河流的下游数量较多；再经河口游至前述淡水水域中，6—9月大量在江河的中游以及相通的湖泊中定居生活。胚后发育早期营浮游生活，后逐渐转入中层至底层。喜欢栖息在水底掩蔽物下，昼伏夜出，伏击猎物。苗种阶段有相互蚕食现象，繁殖期雄性间有相互角斗行为。为凶猛的肉食性鱼类。浮游生活期，喜食海洋桡足类、卤虫幼体、枝角类、虾类幼体等，底栖生活期转为摄食虾类、寡毛类、环节动物等，到了幼鱼和成鱼期，基本以虾类为食，偶尔摄食小鱼。

（二）资源现状

现有种群自北至南分布在辽宁省、天津市、山东省、浙江省和上海市三省两直辖市的部分水域内。辽宁省的自然种群较多地分布于渤海湾及其相通的河流湖泊水域；天津市的自然种群分布在天津港附近的海区及其相通水域；山东省的自然种群主要分布在威海和潍坊两个地区，其他地区也有零星采到样本的记录；浙江省一直有一个自然种群存在，活动区域在杭州湾至钱塘江、富春江一线；上海市内河水系已无分布记录，只在长江口水域有采到零星个体的记录，这应该是活动在杭州湾的同一自然种群。

（三）保护工作

1999年，复旦大学的松江鲈研究项目再一次启动，在松江鲈濒临灭绝的历史时期，开始了该物种保育生物学研究和切实的保护行动。2000年，王金秋博士领衔的复旦大学松江鲈课题组发起了在中国境内寻找松江鲈踪迹的行动，并一直持续到现在，为松江鲈的保护工作作出了重要贡献。

2002年，复旦大学松江鲈课题组还建立了专门的网站，义务宣传松江鲈相关的科普知识和保护重要性，先后升级改版三次，以满足服务社会松江鲈保护工作的需求。

2004年，根据多年的考察和分析，王金秋等确定鸭绿江松江鲈自然种群是我国最大的现有种群，必须加以保护，便向种群所属地丹东市人民政府提交了建议，得到了当地政府的重视。十多年来，当地主管部门对松江鲈的保护工作从零开始，已逐渐进入有效管理的轨道。

2004年以来，世界自然基金会先后两次立专项，支持松江鲈保护的宣传工作，收到了良好的效果。通过复旦大学松江鲈课题组对该项目的实施，在松江鲈种群分布地区，居民对该物种的濒危现状、保护的重要性有了明确的认识，扩大了该物种保护的社会知晓度。

2007 年，复旦大学松江鲈项目组山东文登埠口救护站在文登挂牌成立。该救护站以救护、养护松江鲈为主线，以保护松江鲈为宗旨，以宣传松江鲈的保护为手段，以科学指导为保障，积极配合当地各级管理部门，对保护、修复和增殖当地松江鲈的资源起到了重要作用。此后，被误捕受伤的松江鲈再也不会被丢弃，而是由专人精心护养至恢复健康，然后放生。经过复旦大学科研人员数年来的宣传教育，养殖户的保护意识有了显著提高，并且能够积极配合救护站人员的工作。2007 年，国内首次松江鲈放生活动在山东文登埠口举行。活动以"关爱松江鲈，保护水域环境"为主题，这在国内外尚属首次，为今后松江鲈的保护事业树立了榜样。放生的松江鲈全部来自复旦大学松江鲈救护站，救护站工作人员将误入参塘、虾塘受伤的松江鲈救护起来、精心看护、驯养、人工培育直至发育成熟。此次活动共放流成鱼约 1 000 尾，规格 50～100 克。在工作人员的精心培育下，其中 95% 性腺发育已成熟，马上进入产卵繁殖时期。所以说，放生的不仅仅是 1 000 尾亲本，而是放生了两代松江鲈，这将对松江鲈自然种群的恢复、增殖方面起到非常重大的作用。此后，每年一月，救护站的工作人员都会在当地动物保护主管部门的指导下开展放生活动。同时，在山东省文登区，松江鲈自然保护区正式挂牌成立，此后，又相继成立了松江鲈种质资源保护区、海洋特别保护区等。

目前，在农业农村部及各自然种群所在地政府和主管部门的积极努力下，松江鲈物种的保护工作正健康开展，各个种群也得到了有效的保护，当地居民也对该物种的保护有了了解、认识并积极加入保护队伍之中，形成了全国范围的保护态势。

(四) 人工繁殖

2003 年，复旦大学松江鲈课题组联合上海水产大学，攻克了松江鲈人工繁殖难关，首次批量生产松江鲈水花鱼苗 16 万尾，创历史纪录。

2006 年，专门为松江鲈产业化搭建平台的大学生创业企业上海四鳃鲈水产科技发展有限公司正式注册。经过三年的科技成果转化工作，2009 年全人工繁殖与养殖松江鲈的技术攻关获得成功，取得了农业部授权、上海渔政管理部门颁发的首张松江鲈经营利用许可证。2010 年，该公司孵化水花鱼苗 100 万尾，培育淡化鱼种几十万尾，养成商品成鱼数万尾，同年人工繁殖与养殖的第三代松江鲈（F2）正式上市销售。这标志着松江鲈全人工繁殖与养殖技术获得成功。

（五）增殖放流

复旦大学松江鲈课题组和上海四鳃鲈水产科技发展有限公司紧密配合，在政府主管部门的指导下，联合启动了松江鲈向自然水域增殖放流工程。

2008年6月6日，人工繁殖的松江鲈子一代（F1）鱼种首次向自然水域放流。本次活动是由山东省海洋与渔业厅主办，复旦大学松江鲈项目组山东文登埠口救护站、上海四鳃鲈水产科技发展有限公司山东文登分公司、文登市（现文登区）海洋与渔业局承办的国内首次松江鲈鱼种放流活动。此次在黄海海域靖海湾青龙河河口放流1万尾人工繁育的松江鲈子代鱼种（3~4厘米）。

2009年11月8日，又首次向长江口水域增殖放流人工养殖的10厘米以上的成鱼1 000尾。

2010年，先后两次向长江口水域增殖放流3厘米以上鱼种2万尾。

这些行动，有效地带动了全国范围松江鲈自然种群的生态修复工程，使得这项工作走向了健康发展的轨道。

（六）问题与建议

通过20年的不懈努力，虽然已经基本掌握了现有松江鲈种群的分布及其相关信息，但是对松江鲈现有种群资源量和种群变动的真实情况了解不足，缺乏系统的研究和考察。20世纪五六十年代曾经对江苏的一个产卵场进行过调查，现在这个产卵场消失，而现有种群的产卵场情况尚全然不知，这对从源头保护松江鲈工作是不利的。对此，笔者提以下几项建议。

（1）加强野生种群本底调查和监测，建立研究保护网络。

（2）在全国范围内成立一个专门的组织，以协助和协调国家和各地方主管部门的管理工作。

（3）对各个地方种群采取有针对性的保护策略。

辽宁鸭绿江黄海区种群以养护为主。资料显示，鸭绿江是目前中国境内最大的松江鲈野生种群栖息地，这里有良好的自然条件，完全可以满足松江鲈的繁衍生息。对于这个种群，保护策略是以种群监测、养护为主。禁止以任何形式的网具捕获松江鲈，同时，严禁无证者倒卖松江鲈。

山东靖海湾黄海种群以救护为主。该种群面临着渔民池塘养殖误捕的问题。

在成片的池塘中，每年都有一些松江鲈被养殖者捉获，或为了防止影响养殖品种而杀死松江鲈鱼种。建议将误捕到的个体集中养护后放生。

杭州湾种群以生态修复和种群重建为主。从长江口进入上海地区，尤其是进入松江的松江鲈曾经享誉国内外。这个地方种群的消失，可称得上是一个重要的历史事件。借助现有环境治理的成果，采集杭州湾种群，对长江口种群进行重建工作，将显现出巨大的生态效益。

执笔人：复旦大学　王金秋

十四、鲨类

在最新的鱼类分类系统中，鲨类被归于软骨鱼纲（Chondrichthyes）（图6-14）（Nelson，et al.，2016）。鲨类广泛分布于80°N—55°S范围内的水域，但多数种类集中栖息在赤道及其两侧的热带及亚热带海域，仅少数种类生活在淡水。

图6-14　鲸鲨（照片提供：Cada　唐文乔）

鲨类身体一般呈纺锤形，内骨骼全为软骨，但常以石灰质沉淀的方式来加固。体被细小盾鳞，角质鳍条，尾鳍为歪形尾。鳃裂5~7对，分别开口于体侧；具喷水孔；口和鼻孔腹位。无鳔，肠短，肠内具螺旋瓣。雄鱼的腹鳍内侧具一交配器——鳍脚（朱元鼎 等，2001；Nelson，et al.，2016）。

（一）种类多样性

鲨类包括星鲨总目和角鲨总目，前者有4目23科76属352种，后者有5目

11 科 30 属 161 种，合计 34 科 106 属 513 种。由于骨骼难以形成化石，依据牙齿和鳞片的化石记录，鲨类的起源最早可以追溯到 4.55 亿年前的奥陶纪晚期（Nelson et al.，2016）。

我国记录有鲨类 8 目 21 科 146 种，占世界鲨类总种类数的 28.5%。但各海区分布的种类数差异很大，表现出明显的随着海区纬度的升高，种类数量渐少的趋势。渤海和黄海仅有 5 种和 25 种，东海有 77 种，南海则有 98 种之多。我国的鲨类绝大多数为热带和亚热带种类，寒带性种类极少（朱元鼎 等，2001）。

（二）生物学特征

鲨类的体型差别较大，最大的鲸鲨（*Rhincodon typus*）体长可达 20 米，最小的宽尾拟角鲨（*Squaliolus aliae*）体长仅有 20 厘米。鲨鱼的寿命因物种而异，多数为 20~30 年。鲸鲨的寿命可能超过 100 年。格陵兰 1 尾 5.02 米长的小头睡鲨（*Somniosus microcephalus*）标本，经鉴定有（392±120）龄（即至少 272 岁），是已知最长寿的脊椎动物（Nelson et al.，2016）。

鲨类有发达的视觉、嗅觉和听觉，体表的侧线可感受细微的水流变化，罗伦瓮可感受微弱的电磁。鲨类大多具有快速游泳的能力，一般活动于 2 000 米以浅的水层，少数种类可以到达水下 3 000 米。鲨鱼的牙齿发达，为肉食性鱼类，处于海洋食物链的顶端，是海洋中的天然霸主。有些种类特别凶猛，约有 30 种鲨鱼有攻击人类的记录，其中如大白鲨（*Carcharodon carcharias*）、居氏鼬鲨（*Galeocerdo cuvier*）和公牛白眼鲨（*Carcharhinus leucas*）等 12 种特别危险（Nelson et al.，2016）。

鲨鱼是体内受精的动物，交配行为复杂。卵子在体内完成受精之后，受精卵就会以卵生、卵胎生或胎生等方式继续发育。卵生鲨鱼产下带有厚厚的卵鞘的卵，附着在岩石或者海藻上，几天或几个星期后孵出，仔鲨出膜后独立生存。卵胎生鲨鱼的受精卵在体内发育，产出活的幼仔，但母鲨不向胚胎提供任何营养。胎生（胎盘型胎生）鲨鱼的受精卵在子宫中发育，由卵黄囊胎盘或子宫液提供胎儿所需的营养，幼鲨成形后产出。鲨鱼性成熟较迟，每个繁殖周期一般仅产 2~100 个幼体（朱元鼎 等，2001；Nelson et al.，2016）。

鲨鱼一般不集群生活，但有些鲨鱼具有长距离洄游的复杂习性。鲨类处于食物链的顶端，在维持海洋生态平衡中起着非常重要的作用，是生态系统健康的重要指标。

（三）经济价值、资源动态和致危因素

鲨鱼的肉、鳍、皮肤、软骨和肝脏均具有经济价值，是商品率很高的水产品，世界鲨鱼商品贸易额每年接近 10 亿美元。在一些国家，鲨鱼肉是重要的蛋白质来源。冰岛人将格陵兰鲨（*Somniosus microcephalus*）发酵加工成一种美味佳肴，仅在 1996—2000 年间，估计每年有 2 600 万~7 300 万条鲨鱼被捕杀。鲨鱼鳍制成的鱼翅是鲨鱼产品中最有价值的一种，被用来做成传统的鱼翅羹。从 1996 年到 2000 年，世界鱼翅年产量平均为 144 万吨，估计每年有 3 800 万条鲨鱼因此而被捕杀。鲨鱼皮去除鳞片后可食用，也可制成皮革。鲨鱼软骨也用于食品或制药。鲨鱼肝富含油脂和维生素 A、维生素 D，可制鱼油。

联合国粮食及农业组织研究发现，捕捞会诱发鲨鱼早产和流产（统称为"捕获诱发的分娩"），至少有 12% 的鲨鱼和鳐鱼种类（迄今为止有 88 种）发生过捕获诱发的分娩。另外，栖息地的改变、海岸线的开发造成的栖息地破坏和损失，水体的污染以及渔业对海床的破坏、饵料物种的衰竭等，都是造成鲨鱼种群下降的致危因素（Adams，2018）。

据联合国粮食及农业组织估计，每年约有 1 亿条鲨鱼因渔业捕捞和休闲渔业而被捕杀。与硬骨鱼类相比，大多数鲨鱼的生长速度较慢，性成熟期长而繁殖能力较低。因此，鲨鱼种类承受捕捞压力的能力较差，其资源需要精心的管理。世界自然保护联盟的一项研究表明，在过去的 20~30 年里，有些鲨鱼的种群数量已减少 90% 以上，有 1/4 的鲨鱼物种受到灭绝的威胁（FAO，2020）。

据估计，我国近海的鲨鱼年资源量为 10 万~15 万吨，其中黄（渤）海区为 1 万~1.5 万吨，东海区为 4 万~6 万吨，南海区为 5 万~7.5 万吨。由于我国海域的大部分鲨鱼为沿海或近岸种类，种群数量小，仅为兼捕渔业，产量相对稳定，资源量也没有明显的衰退现象。

（四）鲨类的保护

鲨类处在海洋生态系统食物链的最顶层，对调节位于它们下层的物种种群规模起着重要作用。一旦鲨鱼灭绝或者数量锐减，将对整个海洋生态系统产生巨大的影响。

20 世纪 90 年代，国际上逐渐开始关注鲨鱼资源的养护和管理问题。联合国粮食及农业组织于 1999 年在《负责任渔业行为守则》框架下，制订了《鲨鱼国际行动计划》（IPOA-Sharks），其目标是确保鲨鱼的养护和管理及其长期可持续

利用（FAO，2020）。鼓励所有国家执行该行动计划，但该计划的执行是自愿的而非强制性的。在该鲨鱼国际行动计划下，部分区域性渔业管理组织也制订了相应的鲨鱼行动计划，如《地中海软骨鱼类养护行动计划》（2003 年）、《太平洋岛屿区域鲨鱼行动计划》（2009 年）、《欧盟行动计划（欧洲鲨鱼计划）》（2009 年）、《东南太平洋区域鲨鱼、鳐鱼和银鲛养护行动计划》（2010 年）、《中美洲渔业和水产养殖组织鲨鱼养护区域行动计划》（2011 年）、《中美洲一体化体系关于禁止割取鲨鱼鳍的禁令》（2012 年）等。

此外，自 2009 年起，世界自然保护联盟已将部分鲨鱼列入《世界自然保护联盟濒危物种红色名录》，目前已有 73 种鲨鱼被列为濒危物种，其中易危 48 种、濒危 15 种、极度濒危 10 种（IUCN，2020）。CITES 中，也有 10 种软骨鱼类被纳入附录Ⅱ，7 个物种被纳入附录Ⅰ（CITES，2020）。

中国积极加入 CITES，关注鲨鱼资源的养护，对公约附录Ⅱ中的包含鲨鱼在内的物种及其产品按国家二级重点保护野生动物进行管理。中国政府渔业主管部门对有兼捕鲨鱼的远洋渔船实施管理，主要措施有：①强制性规定兼捕鲨鱼的远洋渔船，必须安装船位报告仪器；②渔船必须在捕捞日志中如实记录捕捞情况；③中国渔业主管部门向渔船上派驻的观察员索要如实反映观察到的情况报告；④捕捞产品转运必须按照有关区域渔业管理组织规定的程序进行；⑤不得将鲨鱼割鳍后抛体，严格遵守渔船上保存的鱼鳍重量不超过保存鱼体总重 5% 的要求。

21 世纪初，我国政府对中国境内分布的 82 种鲨鱼的物种现状作了评估，发现 43 种处于濒危状态、35 种处于易危状态（汪松 等，2004）。但我国专门针对鲨鱼的保护法规尚未出台，鲨鱼渔业的操作也存在不规范、滥捞滥捕、随意宰杀的现象，必须尽快出台有效的法律法规。严格按照有关国际公约的要求，设立专门机构对鲨鱼捕捞、资源养护进行监督管理。通过采取发放捕捞许可证、建立渔业资源保护区、控制捕捞强度等措施，逐步规范鲨鱼渔业的操作制度。同时，严格执行 CITES 规定，加强监管鲨鱼渔业的贸易活动，对列入公约附录的鲸鲨、姥鲨、大白鲨等鲨鱼按照重点保护动物进行管理、重点保护，养护和合理利用鲨鱼等渔业资源。

列入《世界自然保护联盟濒危物种红色名录》的鲨类物种如下。

易危 48 种（略）。

濒危 15 种：加里曼丹无鳍鳐（*Anacanthobatis borneensis*）、哈氏刺鲨（*Cen-*

trophorus harrissoni）、少齿叉牙鰕虎鱼（*Glyphis glyphis*）、白鳍半皱唇鲨（*Hemi-triakis leucoperiptera*）、网纹刺鳅（*Mastacembelus favus*）、黑斑新平鲉（*Holohalaelurus punctatus*）、特氏紫鲈（*Aulacocephalus temminckii*）、施氏烟管鳎（*Mustelus schmitti*）、路氏双髻鲨（*Sphyrna lewini*）、无沟双髻鲨（*Sphyrna mokarran*）、阿根廷扁鲨（*Squatina argentina*）、台湾扁鲨（*Squatina formosa*）、南美扁鲨（*Squatina guggenheim*）、斑扁鲨（*Squatina punctata*）、尖鳍鲔（*Triakis acutipinna*）。

极度濒危 10 种：半齿真鲨（*Carcharhinus hemiodon*）、恒河露齿鲨（*Glyphis gangeticus*）、加氏露齿鲨（*Glyphis garricki*）、暹罗露齿鲨（*Glyphis siamensis*）、南非宽瓣鲨（*Haploblepharus kistnasamyi*）、剑吻鲨（*Mitsukurina owstoni*）、横带小齿蛇鳗（*Microdonophis fasciatus*）、灰褐二须鲃（*Capoeta aculeata*）、白斑扁鲨（*Squatina oculata*）、假睛扁鲨（*Squatina squatina*）。

中国的鲨类共有 8 目 21 科 146 种，列入 CITES 附录 II 的种类有：鲸鲨（*Rhincodon typus*）、镰状真鲨（*Carcharhinus falciformis*）、长鳍真鲨（*Carcharhinus longimanus*）、路氏双髻鲨（*Sphyrna lewini*）、无沟双髻鲨（*Sphyrna mokarran*）、锤头双髻鲨（*Sphyrna zygaena*）、长尾鲨属所有种（*Alopias* spp.）、姥鲨（*Cetorhinus maximus*）、噬人鲨（*Carcharodon carcharias*）、尖吻鲭鲨（*Isurus oxyrinchus*）、长鳍鲭鲨（*Isurus paucus*）。

执笔人：上海海洋大学　唐文乔

十五、青海湖裸鲤

青海湖裸鲤（*Gymnocypris przewalskii*）是青海湖中唯一的水生经济动物，处于青海湖整个"鱼鸟共生"生态系统核心地位（图 6-15），1964 年被水产部列为我国重要或名贵水生动物；1994 年，被列入《中国生物多样性保护行动计划》鱼类优先保护种二级名录；2003 年被列入青海省人民政府《关于公布青海省重点保护水生野生动物名录（第一批）的通告》；2004 年被中国环境与发展国际合作委员会列入《中国物种红色名录》，属于濒危物种。

（一）生物学特征

青海湖裸鲤俗称"湟鱼"，属鲤形目（Cypriniformes）、鲤科（Cyprinidae）、

图 6-15　青海湖裸鲤（摄影：王国强）

裂腹鱼亚科（Schizothoracinae）、裸鲤属（*Gymnocypris*）。青海湖裸鲤在咸水和淡水中均能生长，每年 4—7 月行溯河产卵，通常在砾石河滩处产沉性卵，繁殖力低、耐高寒、高盐碱。雄鱼 3 龄、雌鱼 4 龄左右性成熟，分次产卵。一般栖息于水体中下层，杂食性。生长缓慢，每 10 年大约增重 0.5 千克。相对怀卵量为每克体重 24～38 粒。青海湖裸鲤肉质多脂、味美鲜嫩、富有营养，无鳞，易于加工。

在生殖季节，雄鱼体表粗糙，具大量"追星"，臀鳍短宽而圆形，鳍缘有不明显的缺刻、倒钩，轻压腹部，鱼体弯曲、颤抖，生殖孔有大量乳白色精液流出，遇水即散；雌鱼体表具少量"追星"，臀鳍边缘圆滑无缺刻、稍长、顶尖，腹部膨大，腹沟内凹，卵巢轮廓明显，生殖孔红润，轻提头部，卵巢滑动，有卵粒流出（史建全 等，2010）。

（二）资源状况

青海湖渔业 1958 年开始大规模开发，其原始资源蕴藏量约 32 万吨。1960年最高年产达 2.8 万吨。整个 20 世纪 60 年代年均产量 1 万吨，渔获物平均体长为 28.8 厘米，平均捕捞年龄为 10 龄，每 50 千克渔获物尾数为 108 尾；70 年代年均产量为 4 400 吨，渔获物平均体长为 26.9 厘米，平均年龄为 8 龄，每 50 千克渔获物尾数为 136 尾；80 年代年均产量 3 200 吨，每 50 千克渔获物尾数为167 尾；90 年代年均产量仅为 2 263 吨，渔获物平均体长为 24 厘米，平均年龄为5 龄，每 50 千克渔获物尾数为 286 尾（史建全 等，2016）。

自 20 世纪后期以来，由于全球气候干旱变暖，原来注入青海湖的一百余条河流至目前仅余不足十条，河流干枯、断流，致使裸鲤产卵场及种群结构遭到破坏，至 2000 年时资源处于严重衰退之中，青海湖裸鲤失去捕捞价值。

从 2002 年起，青海湖裸鲤救护中心利用水下声呐探测系统开展青海湖裸鲤资源量监测工作，资源蕴藏量由 2002 年的 0.26 万吨恢复到 2020 年的 10.04 万吨。

（三）保护工作

一是依法治渔，依法行政。为抢救濒危的青海湖裸鲤，青海省人民政府在青海湖渔业开发历史上先后进行了六次封湖育鱼，第一次 1982 年 11 月至 1984 年 11 月，限产 4 000 吨；第二次 1986 年 11 月至 1989 年 11 月，限产 2 000 吨；第三次 1994 年 12 月至 2000 年 12 月，限产 700 吨；第四次 2001 年 1 月至 2010 年 12 月，零捕捞；第五次 2011 年 1 月至 2020 年 12 月，零捕捞；第六次 2021 年 1 月至 2030 年 12 月，零捕捞。

1980 年，青海省人民政府颁布《青海省〈水产资源繁殖保护条例〉实施细则》，1982 年，制定《青海湖渔业资源增殖保护实施办法》，1992 年颁布《青海省实施〈中华人民共和国渔业法〉办法》。

青海省人民政府根据渔业资源管理和保护的要求，于 1985—1989 年先后批准成立青海省渔政管理总站及下属的青海湖哈尔盖、江西沟和布哈河派出所，并批准成立了共和、天峻、刚察和海晏 4 县的渔政管理站，1998 年成立了青海湖自然保护区水上公安局。

二是宣传教育，提高干部群众的保护意识。全省各级人民政府结合渔政部门，大力发动群众散发宣传材料，张贴通告，与重点餐馆、饭店经营主签订《不加工销售湟鱼责任书》。各级政府部门对青海湖裸鲤资源的保护工作越来越重视，经过长年深入细致、扎实深入的宣传、教育工作，社会各界越来越关注，广大群众越来越支持，形成了保护青海湖，保护青海湖裸鲤的良好氛围。

三是建立青海湖裸鲤产卵期河道水情信息预报机制，时刻掌握溯河亲鱼洄游动态。为防止青海湖裸鲤在产卵季节搁浅死亡现象的发生，每年 6 月 1 日至 8 月 31 日，以短信方式向决策部门和相关工作人员预报当日和近期水情，及时做好上溯亲鱼的救护工作。

四是依亲鱼溯河特性，设计制作产卵亲鱼过鱼通道，疏浚环湖产卵河道，解决青海湖裸鲤洄游产卵障碍。在青海湖裸鲤洄游河道沙柳河、泉吉河和哈尔盖河设计建设了全国独有的"敞开式阶梯型过鱼通道"7 座，湟鱼家园 2 座，用于放流鱼种暂养，为裸鲤适应河口环境提供条件，实现了"鱼农双赢"，直接拓展裸鲤产卵场面积 1 400 平方千米。

（四）人工繁殖和增殖放流

每年从 5 月下旬开始采卵孵化。在青海湖沙柳河、泉吉河、布哈河、黑马河采捕青海湖裸鲤亲鱼约 12 000 组，采卵 4 000 万粒，在孵化车间分批孵化后，运到西宁裸鲤原种场内进行池塘培育和恒温车间培育，至翌年 6 月下旬鱼种再运回原采卵河道放流入湖。

1. 人工繁殖

青海湖裸鲤孵化水温范围为 6~18℃，最适温度范围 12~16℃。室内孵化，采取日光灯照明，光照 50 勒克斯。水温 16~19℃时，经 136 小时左右鱼苗出膜、平卧、行垂直游泳，出膜 120 小时后卵囊吸收完毕，鳔充气、开口摄食、平游，此时鱼苗体长 1.3 厘米左右（史建全 等，2000）。

依据国家标准《青海湖裸鲤繁育技术规程》，青海湖裸鲤 1 龄左右鱼种池塘培育"水花"鱼苗放养密度为 20 万尾/亩（1 亩约为 666 平方米），出塘规格平均体长 7.5 厘米，平均体重达 5.47 克，出塘尾数 14 万尾，亩产 765.8 千克，培育成活率达 70% 以上。恒温车间培育的 1 龄左右鱼种体长达 10 厘米、体重达 10 克以上。

2. 增殖放流

依据农业农村部《水生生物增殖放流管理规定》，放流鱼种依法进行检疫、药残检验合格后，公示、公证，接受社会各界监督，并经专家委员会见证，将体色鲜艳、鳍鳞完整、游泳敏捷、健康无病害的鱼种放流入湖。

因青海湖特殊的生境状况，经多年来的跟踪调查，为保证放流苗种成活率，放流时间宜选在每年的 6—8 月。放流地点选择离河口 10 千米以上河段，水面宽阔、河底平坦、水流较缓的区域。根据多年的调查和经验，在青海湖沙柳河流域选定青海湖农场大坝下游 500 米处为放流点，在青海湖泉吉河选定泉吉大桥下游 300 米处放流。两个放流点均距离河口 10~15 千米，是宜于苗种对环境的适应和盐碱过渡的距离，并依实际制定了地方标准《青海湖裸鲤增殖放流技术规范》。

自 2002 年以来，已向青海湖增殖放流青海湖裸鲤 1 龄左右鱼种 1.76 亿尾。

（五）保护现状

青海湖裸鲤作为其中唯一的经济鱼类，其消亡关系到水生生态系统的调控、周边草原和湖泊生态系统的结构，可导致青海湖的沉寂，从而使青海湖失去它的生态、经济和景观价值。

1997年，由农业部和国家计划委员会立项，在海北州刚察县建立了青海湖裸鲤人工放流站。

1997年8月，由农业部和全国水产原（良）种审定委员会对青海省鱼类原种良种场进行全面验收，综合考评合格，晋升为国家级水产原种场。主要任务是搜集、整理、保存青海湖裸鲤的原种，为增殖放流、增加青海湖裸鲤资源量提供原种。

2003年7月，由青海省机构编制委员会批复，成立青海湖裸鲤救护中心，肩负青海湖裸鲤的原种保存、种质检测、资源救护、增殖放流、生态环境及渔业资源普查监测任务。为青海湖渔业资源增殖保护和恢复发挥积极作用。

2015—2018年，青海省财政先后投资1.2亿元，建设了1.72万平方米的青海湖裸鲤工厂化恒温培育车间1座，新建和扩建增殖试验站各1座，人工过鱼通道7座、湟鱼保护家园2座，青海湖裸鲤增殖放流规模由年1 000万尾增加到2 000万尾。

（六）存在的问题

1. 河道侵蚀水土流失严重

由于植被的破坏，尤其是20世纪五六十年代的开荒及对河道两侧灌丛植被的砍挖，使河道侵蚀及湖区水土流失现象十分严重。据水文站资料，布哈河河流泥沙含量平均达7.57千克/米³，洪水期含量更高。每年有35.77万吨泥沙随河入湖，使河口三角洲的泥沙堆积以每年200米的速度向湖中推进，致使鸟岛与陆地连成一片。由于河口泥沙的堆积，抬高入口，水流呈扇形分流，造成来水量减小时，达不到青海湖裸鲤产卵条件，影响产卵亲鱼的上溯洄游。

2. 湖区来水量增加，水体局部呈富营养化

由于近年来降水逐年增加，导致湖水水位上涨，淹没周边湿地及草地，湿地里的浮游动物、藻类、昆虫残体、粪便和植物碎屑等可随河水汇入青海湖，这些营养物质一方面为青海湖裸鲤生长和发育提供必需的饵料，另一方面使水体中的刚毛藻大面积繁殖，如何抑制和治理刚毛藻的增长是面临的新问题。

3. 鸟类数量剧增对鱼类捕食形成压力

青海湖候鸟在20世纪90年代只有10万余只，据相关部门统计，2019年已

达到了 30 余万只，2020 年达到了 40 余万只，每年捕鱼鸟类的捕食量达到了 4 700 吨甚至更多，这对正处于资源恢复期的青海湖裸鲤是一个巨大的威胁。

4. 来青海游客人数剧增

近年来，"大美青海"在全国的知名度显著提升，来青海观光旅游的人数也剧增，仅 2018 年来青海的游客就达 4 100 万人次，收入 460 亿元。青海湖是很多游客来青海旅游的重点观光目的地，大批游客在青海湖区逗留会产生很多的营养盐类，从而对环湖生态和湖泊水体产生不可预期的影响。

（七）保护成效

1. 青海湖裸鲤增殖放流和资源保护卓有成效

长期以来，青海湖拦河筑坝、产卵场被破坏、来水量锐减等因素严重影响了裸鲤资源量的增加。20 年来，通过多种保护措施，青海湖裸鲤资源量由 2002 年的 0.26 万吨恢复至 2020 年的 10.04 万吨，资源蕴藏量增长了约 38 倍，增殖放流对资源恢复的贡献率为 22.3%。目前，青海湖渔业生态和裸鲤资源呈良性恢复态势。

2. 渔业生态环境逐年改善

自 2004 年以来，青海湖水位停止了逐年下降的趋势，至 2020 年，湖泊水位升高 3.27 米，高程为 3 196.24 米；湖泊面积增大 340 平方千米，面积达 4 588 平方千米；入湖水量增加 140 亿立方米，容积达 875 亿立方米。生境恢复到了 20 世纪 70 年代初的水平。

（八）保护规划

1. 开展流域内人为因素对青海湖环境生态和资源的影响评估

随着青海湖流域内人为活动的频繁加剧，应对流域内人为因素对环境生态的影响进行评估，正确认识青海湖流域生态环境资源的价值，合理规划资源的保护和开发利用，保障环湖生态的可持续发展。

2. 增加增殖放流效果评估设备投入

目前，对青海湖裸鲤增殖放流效果的评价存在局限性，对放流后资源增殖作用的技术评价手段与装备落后。还需持续深入开展放流效果的评价研究，调整放流对策、设定合理的放流规模。

3. 加强青海湖裸鲤放流苗种的种质安全检测

专项开展裸鲤遗传多样性检测，建立放流苗种的质量评价技术体系，包括大群体亲本、生物学性状和苗种品质、疫病检疫等。

4. 制定青海湖裸鲤种质资源的保护利用政策

青海湖是高原冷水性贫营养湖泊，青海湖裸鲤生长缓慢，其资源一旦受损很难恢复。为保护高原明珠、国家种质资源的战略保存以及动物蛋白的应急储备，建议青海湖长期封湖。青海湖裸鲤作为青海省土著种，利用其优质的生物学特性，开展淡水全人工养殖工作，对青海省水产业开发、青海湖裸鲤种质生存空间的拓展具有重要意义。

执笔人：青海湖裸鲤救护中心　史建全　祁洪芳

栖息地保护篇

第七章 栖息地保护概述

保护水生野生动物重在保护其生境，也就是保护水生野生动物赖以生存的栖息地，特别是要重点保护围绕"三场一通道"功能而划定的水生生物自然保护区、水产种质资源保护区、水生生物湿地保护示范区以及其他重要栖息地。

一、水生生物自然保护区

水生生物自然保护区是指为保护水生动植物物种，特别是具有科学、经济和文化价值的珍贵濒危物种、重要经济物种及其自然栖息繁衍生境而依法划出一定面积的土地和水域，予以特殊保护和管理的区域。建立水生生物自然保护区就是为有效保护水生动植物物种，为人类提供研究水域自然生态系统的场所，便于进行连续、系统的长期观测以及珍稀物种的繁殖、驯化的研究等，并在保护生物多样性，保护水域生态安全、改善环境和保持生态平衡等方面发挥重要作用，具有重要的生态、经济和社会意义。水生生物自然保护区重点保护对象是国家、地方重点保护物种及其栖息地。

（一）我国水生生物自然保护区发展历程

我国自然保护区建设经历了 1956—1965 年的初步探索阶段、1966—1978 年的停滞阶段、1979—1990 年的起步阶段、1991—1997 年的法制建设阶段和从1998 年至今的发展阶段五个阶段。1982 年，我国建立了第一个水生生物自然保护区。1992 年，广东惠东海龟国家级自然保护区、湖北长江新螺段白鳘豚国家级自然保护区和湖北长江天鹅洲白鳘豚国家级自然保护区成立，这三个保护区是农业部门最早设立的国家级自然保护区。1994 年，《自然保护区条例》颁布实施，自然保护区建设和管理成为我国水生野生动物保护工作的一项重要抓手。1997 年，农业部出台了《中华人民共和国水生动植物自然保护区管理办法》，进一步细化水生生物自然保护区的管理。为了提升保护区的管理效果，2013 年，农业部发布了《水生生物自然保护区管理工作考核暂行办法》，每年对保护区的管理状况进行考核和评估，促进保护区管理工作水平的提升。

自 20 世纪 90 年代以来，农业部先后成立了农业部濒危水生野生动植物种科学委员会、农业部水生野生动物自然保护区评审委员会，负责对水生野生动植物保护工作、自然保护区建设提供技术支持。目前，国家级和省级水生生物自然保护区也大多成立了专门的保护区管理机构，各省均有从事水生野生动物研究的科研教学机构，保护区相关工作具有一定的科研力量支撑。

（二）我国水生生物自然保护区分类体系

根据国家标准《自然保护区类型与级别划分原则》（GB/T14529—93），我国的自然保护区可分为三大类别九个类型，与水生野生动植物保护有关的自然保护区主要涉及自然生态系统类别中的内陆湿地和水域生态系统类型及海洋和海岸生态系统类型，以及野生生物类别中的野生动物类型、野生植物类型共两大类别四种类型。

野生生物类自然保护区是指以野生生物物种，尤其是珍贵濒危物种种群及其自然生境为主要保护对象的一类自然保护区。就水域环境而言，较重要的有：以保护水生哺乳类为主的自然保护区，如广西壮族自治区合浦儒艮国家级自然保护区、湖北长江新螺段白鱀豚国家级自然保护区、湖北长江天鹅洲白鱀豚国家级自然保护区和辽宁大连斑海豹国家级自然保护区等；以保护爬行动物、两栖类为主的自然保护区，如广东惠东海龟国家级自然保护区和湖南张家界大鲵国家级自然保护区等；以保护鱼类及其他珍贵水产资源为主的保护区，如长江上游珍稀特有鱼类国家级自然保护区、黑龙江呼玛河自然保护区、厦门珍稀海洋物种国家级自然保护区、广东徐闻珊瑚礁国家级自然保护区和海南白蝶贝省级自然保护区等。

按照其生态系统类型和地理特征，可以分为河口海洋型、湖泊水库型、河流溪涧型。其中，河流溪涧型有 160 处（包括国家级 16 处，省级 38 处），占到总数的一半以上，是保护区三种类型中最多的一种。因此，河流溪涧类型的保护区是水生生物保护区的管理重点。

（三）水生野生动物国家级自然保护区建设现状

我国根据职能分工，2018 年以前由农业部负责管理水生生物自然保护区。据统计，截至 2018 年年底，我国已经建立各级水生生物自然保护区 220 余处，其中国家级 25 处，省级 50 处，保护了超过 500 万公顷的水生野生动物重要栖息地和超过 70% 的国家重点保护水生野生动物物种。重点保护对象包括中华白海豚、斑海豹、长江江豚、中华鲟等国家重点保护物种。保护区的建立，对拯救珍贵濒危水生野生动植物，保护生物多样性，维护水域生态平衡，优化生态环境，促进人与自然和谐发展起到了重要作用。

为增强保护能力，农业农村部每年拨出资金，用于一些国家级和省级自然保护区设施建设。从 1998 年起，农业部制定并组织实施了《全国渔业水生动植物保护工程规划》；利用国债资金，加强自然保护区设施建设。从 2006 年开始，在延续保护区基本建设项目投资的同时，每年安排财政专项资金，支持国家级和重点省级自然保护区日常管理工作，使保护区管理能力得到提高。另外，近年来，水利水电、航道疏浚等涉及保护区的工程建设项目大量增加，各级渔业行政主管部门根据法律法规赋予的职责，切实加强保护区内工程建设管理，严格执行各类保护区内工程项目对水生生物及生态环境影响专题评价工作，先后落实补偿资金近 5 亿元，最大限度地保护濒危物种及其生态环境。随着保护区各项工作的加强，保护区功能得到有效发挥。长江天鹅洲白鱀豚国家级自然保护区营建天鹅洲故道豚类驯养基地，成功实现了世界首例江豚迁地保护。广东惠东海龟国家级自然保护区积极研究改进繁殖方法，使稚龟成活率从 40% 提高到 90%，1993 年 7 月，该保护区被接纳为生物圈保护网络成员，并受到世界自然保护联盟的表彰。目前，水生生物自然保护区已成为我国生态保护体系的重要组成部分。

(四) 水生野生动物国家级自然保护区管理现状

进入 21 世纪，随着国家生态文明建设的不断推进，全社会保护意识不断提高，水生野生动物保护管理工作也取得了长足发展。现在国家已经开始更多地关注规范管理和提升质量的问题，标志着我国水生生物保护区建设已经从单纯的"数量型"转变到"质量型"发展阶段。因此，如何完善水生生物保护区的建设并进行有效管理已成为我国水生生物保护区研究和实践的核心问题。经过近 40 年的努力，水生野生动物自然保护区在管理上取得了以下成效。

1. 依据职责实施有效监管

大部分水生生物国家级自然保护区在地方政府的支持下，建立了专门的保护区管理机构，配备了执法巡护与监测船艇、码头，能有效地开展保护区监督管理工作。同时，有些保护区为了增强执法监督力量，主动与多个执法部门合作，形成合力，部分水生生物国家级自然保护区实现了海监、渔政和保护区管理机构的联合执法，长江流域水生生物自然保护区联合长江航运公安部门、长江海事和水利部门共同开展联合执法，强化了执法能力，保障了监管成效。

2. 开展监测研究提高保护成效

水生生物国家级自然保护区目前已普遍配备办公、管护设施，并通过保护区建设项目，建立实验室，购买相关仪器设备；建立标本室等科研和科普设施。同时开展水环境监测等日常监测任务，并通过与国内专业研究机构合作开展水生生物资源调查监测及相关研究工作，积累了大量与保护区水生生物相关的基础技术资料，为保护工作的开展提供了强有力的技术支持。

3. 科学开展人工繁殖和救护

人工繁殖作为拯救水生野生动物的重要手段得到各级政府的鼓励和政策支持，各级渔业主管部门以及水生生物自然保护区积极组织力量开展人工繁殖技术攻关，取得了良好成效，成为水生生物自然保护区的一大工作特色。目前，胭脂鱼、松江鲈、新疆大头鱼、秦岭细鳞鲑、青海湖裸鲤、大鲵等珍贵濒危物种已实现了全人工繁殖，特别是大鲵人工繁殖在湖南、陕西、浙江和广东等地蓬勃开展，目前全国养殖数量已达 200 多万尾。中华鲟、绿海龟、江豚和斑海豹等也已成功实现人工驯养繁殖。

4. 宣传教育工作产生了很好的社会效果

为了提高公众对水生生物保护的意识，提升公众参与度，自 2010 年以来，农业部（现为农业农村部）渔业渔政管理局连续 11 年牵头组织全国水生野生动物保护科普宣传月活动，全国水生生物自然保护区积极参与，开展科普宣传。同时，保护区开展形式多样的科普教育活动，包括建立科普教育基地、制作宣传片、开发网站、运用新媒体技术，全方位多角度地向公众宣传江豚、鱼类等物种保护知识，深入基层学校、田间街头，起到了很好的效果。

5. 重视社区共管疏导保护与发展的矛盾

保护区周边社区是影响水生生物自然保护区发展的主要力量，与社区建立良好关系，形成利益共同体，是缓解保护与发展矛盾的重要途径，社区参与保护管理工作是实现保护区有效管理的关键。保护区通过与社区共建等形式，与社区达成共识，并建立专业管理和社区群众管理相结合的管理模式、渔民志愿者定点巡护制度、社区共管制度等多种形式的合作机制，聘请社区居民共同巡护监督，解决矛盾的同时扩大了保护区的监管力度。

6. 开展管理效果评估提高管理水平

为了提升水生生物自然保护区的管理效果，2010 年，以环境保护部为牵头单位，针对投入与产出情况对各保护区进行成效评估，但是很多指标不适用于水生生物自然保护区；2013 年，农业部建立了水生生物自然保护区管理考核体系，这一体系主要通过对保护区工作计划的完成情况来评估保护区。通过对保护区管理效果的评估，可以发现保护区存在的问题，跟踪保护区发展建设，激励保护区更好地开展保护工作。

（五）存在的问题

从总体上来看，水生生物自然保护区工作尚停留在抢救性保护阶段，国家级自然保护区数量少、规模较小，仍有较多水生生物处于濒危状态，保护形势依然严峻。从水生生物保护区目前的建设现状和管理能力水平来看，总体管理和基础条件参差不齐，明显表现出东部沿海强于内陆、省市级严重落后于国家级的现象。产生这种不平衡的原因，一是源于资源内在禀赋差异，二是源于主管部门的投入支持力度，最重要的原因还是来自保护意识和管理理念上的差距。水生生物自然保护区在管理上面临的主要问题有以下几个。

1. 自然保护区立法进展缓慢

我国水生生物自然保护区只有上海市长江口中华鲟自然保护区和广东惠东海龟国家级自然保护区出台了由省级人民政府会议通过的管理办法，其他保护区只有内部管理制度，水生生物自然保护区的立法工作困难很大，进展缓慢。

2. 自然保护区规划工作滞后

农业农村部虽然对水生生物自然保护区总体规划的制定出台了相关要求，但是由于资金、人员等条件的限制，目前只有大部分国家级自然保护区完成了该项工作，总体上相对于林业、环保等部门，保护区的规划工作比较滞后，不利于保护区持续和稳定的发展。

3. 支撑自然保护区管理的科研基础较弱

农业系统对支撑保护区管理的基础科研工作滞后，制约了科研人员参与保护区相关基础研究工作的积极性。在基础科研的支撑力度方面，海洋类水生生物保护区明显强于内陆水生生物保护区，鉴于内陆珍稀水生生物资源的濒危现状，后者的科技支持更应得到主管部门的重视。

4. 保护区所面临的经济发展与生态保护的矛盾突出

水生生物保护区所在地的经济一般比较落后，地方经济开发压力大，保护与发展的矛盾突出，保护区的建设和管理难度大。

（六）建议与展望

经过多年的努力，目前我国水生野生动物保护管理工作已经取得了很多成就，初步形成保护优先、规范利用、严格监管的管理格局和全社会共同参与的良好氛围。基于当前国家生态环境保护形势，为加强保护区建设，更有效地保护水生生物多样性，提出主要建议如下。

1. 完善水生野生动植物自然保护区法律体系，推进保护区的规范化管理

加强水生生物多样性保护管理的顶层设计，制定涉水生生物保护的自然保护区总体建设规划，努力将自然保护区总体建设规划纳入国家财政支持内容，加快落实水生生物保护区的建设布局。

管理的先决条件就是立法。制定保护区的法规，既是保护管理工作的基本任务之一，也是管理的依据。目前，我国保护区法律法规已不适合市场经济条件下保护区生存发展的要求，有关保护区的管理条例大多是依据孤岛式管理的模式制定，急需按生物区域规划、保护与发展相结合的可持续发展的指导思想来制定新的法律法规，以适应新形势的要求，合理地调整保护区内部及其与其他各利益主体之间的关系。现有法律体系存在一些违反生态原则和自然规律的地方，如强调人工饲养繁殖野生动物，没有强调控制外来入侵种和维护野生动物正常生态习性等前提，造成保护区人工繁殖当地或外来的野生动物的现象严重。我国现行的《自然保护区条例》主要是针对陆生生态系统的，没有考虑到水生态系统的开放性和流动性，例如海洋、江河、湖泊上的自然保护区很难禁止行船，其功能区划与陆生自然保护区也有较大差异等，因此亟待制定适合水生野生动植物和水域生态的自然保护区管理法律法规。

根据水生野生动植物自然保护区建设和管理的实际需要，还应加快保护区管理规范、标准和制度建设，组织制定自然保护区建设标准、管理规范和相关技术标准，使自然保护区建设和管理有法可依、有章可循。对于有条件的省（自治区、直辖市）也应尽快启动省级法规的立法程序，各级自然保护区特别是国家级自然保护区要加强法制建设，制定专门的管理办法。继续推进自然保护区"一区一法"的立法工作，使保护区的管理计划能够在法律的保障下得到有效实施。

2. 统筹兼顾，合理规划保护区的建设与发展

自然保护区建设要统筹规划，合理布局，稳步推进。按照农业部组织制定的《中国水生生物资源养护行动计划纲要》《全国渔业资源与生态环境保护工程规划》要求，对已批准的国家和地方各级珍稀濒危水生野生动植物及水域生态系统类型自然保护区进行配套完善，使保护区依法得到有效的管理，使保护区内的珍稀濒危水生野生动植物及水域生态系统得到有效保护。对于列入规划的保护区建设项目都应依法纳入国家、地方和部门的财政预算计划中。

各地要根据规划确定的指导思想和建设目标，建设重点、内容和布局，配合计划部门做好项目的前期准备工作，抓住有利时机，落实项目资金，争取再利用若干年时间，把水生野生动植物及自然保护区的基础设施建设得更加完善。同时，各地还应结合实际，总结经验，理顺工作思路，加强自然保护区的发展和规划工作，通过规划，逐步建立布局合理、类型齐全、层次清晰、重点突出、面积适宜的自然保护区网络体系。

3. 建立健全管理机构，加大保护区建设力度

针对保护区管理工作中存在的"批而不建、建而不管、管而不力"的现象，应采取切实有效的措施，基于现有的国家公园管理体系，加强保护区管理机构的建设，尽快建立健全高效精干的管理机构并配备相应的管理人员。同时，组织开展多种形式的业务培训，强化自然保护区的科学研究，不断完善管理和科研条件，努力提高自然保护区的管护能力和水平。充分调动全社会力量支持和参与保护区的建设与管理，加强与各级政府及其综合职能部门的联系，争取其对自然保护区发展在政策和资金上的支持。建设稳定的保护区管理体制，保证保护区管理和保护工作的有效开展。此外，还应切实承担起法律法规赋予的职责，搞好当地本底资源和环境状况的摸底调查，在水生野生动植物集中分布区建设水生野生动植物类型自然保护区，在海洋、江河、湖泊、滩涂等不同水域建立水域生态系统类型和湿地等自然保护区，切实推动自然保护区的建设工作，使本地保护区的数量和质量都上一个新台阶。对全国已经批准的水生野生动植物自然保护区进行彻底调查，尚未建立保护区管理机构的保护区，要根据其级

别和管理现状建立适当的管理机构，明确保护区的界限和范围；积极地开展水生野生动植物的繁育、增殖、放流、科研等活动，逐步完善保护区的管理。

4. 加大投入力度，为保护区发展提供资金保障

保护区经费的持续、有效供给是保护区正常运行的财力保证，是保护区开展各项工作的基础。作为公益项目，保护区的经费主要靠各级政府提供，将保护区的经费纳入各级财政预算是保障保护区经费可持续性的有效途径。目前，国家财政已设立了水生野生动植物自然区建设专项资金，对一些国家级或重要的自然保护区给予直接的财力支持。地方政府在积极落实项目配套资金的同时，也应设立地方自然保护区专项资金，用来支持同级保护区建设。

针对保护区缺乏运转经费的实际情况，还应积极与财政部门协调，争取设立国家级自然保护区管理专项经费，积极争取国家在财政、税收等方面给予优惠政策和支持，进一步加大保护区投入力度，增加中央财政预算内专项资金，并引导地方和企事业单位资金的配套投入。同时，积极改革和探索建立以政府投入为主，以银行贷款、企业资金、个人捐助、国外投资、国际援助等为辅的多元化投入机制，为水生野生动植物自然保护区建设提供资金保障。

5. 加强监督管理，确保保护区内资源开发活动依法有序进行

按照《自然保护区条例》的规定，要切实加强保护区内资源开发活动的监督管理。在向国家公园管理体系过渡的过程中，严格禁止在自然保护区核心区和缓冲区内开展任何旅游和生产经营活动。因科学研究需要，必须进入保护区核心区、缓冲区从事科学研究观测、调查等活动的，应当事先向保护区管理机构提交申请和活动计划，按照审批权限和审批程序依法进行审批。同时，要进一步规范在保护区实验区从事的资源开发活动。

6. 坚持改革创新，探索保护区管理新模式

自然保护区的经营管理模式分为纯自然保护型、自然保护与区域经济协调发展型、自然保护区可持续发展型三种类型。目前，我国的水生野生动植物自然保护区多属于纯自然保护型，基本上以保护、救治、宣传为工作的重心，有的还开展了人工繁育研究。随着社会的发展和保护区的不断完善，保护区需要更多既懂技术又懂管理的人才参与管理，这样才能提高管理水平，带动保护区健康向前发展。

在管理模式上，水生野生动植物自然保护区也应逐步向自然保护与区域经

济协调发展型和自然保护区可持续发展型转变。有条件的保护区可以开展一系列遵循自然保护原则的产业建设，比如养殖业、种植业、旅游业和加工业等，一方面可以解决保护区资金不足的问题，另一方面也可以缓解保护区与地方群众的矛盾，使保护区和区域经济协调发展。

7. 加强理论研究，扩大国际交流与合作

要进一步加强保护区分类、特征、功能、价值、动态变化等方面的研究，为建立保护区管理理论奠定科学基础。通过多种途径，努力培养保护区高级管理人才，加强保护区执法队伍建设。同时，结合行业特点，开展保护区示范项目建设，推广成功经验，努力探索建立保护与合理利用相结合的自然保护区可持续发展模式。此外，还要扩大保护区的国际交流与合作，与相关国际组织、各国政府、非政府组织和民间团体等在人员、技术、资金、管理等方面建立广泛的联系和沟通。加强人才培养与交流，学习借鉴国外先进的保护管理经验，拓宽视野，创新理念，把握趋势，不断提高我国水生野生动植物自然保护区的国际化水平。

二、水产种质资源保护区

水产种质资源保护区是指为保护水产种质资源及其生存环境，在具有较高经济价值和遗传育种价值的水产种质资源的主要生长繁育区域，依法划定并予以特殊保护和管理的水域、滩涂及其毗邻的岛礁、陆域（图7-1）。根据《渔业法》等法律法规规定和国务院《中国水生生物资源养护行动纲要》要求，自2007年起农业部积极推进建立水产种质资源保护区，截至2018年，农业部办公厅公布国家级水产种质资源保护区共11批535个。这些保护区可保护上百种国家重点保护经济水生动植物资源及其产卵场、索饵场、越冬场、洄游通道等关键栖息场所10万余平方千米，初步构建了覆盖各海区和内陆主要江河湖泊的水产种质资源保护区网络。划定水产种质资源保护区是协调经济开发与资源环境保护的有效手段，对于减少人类活动的不利影响、缓解渔业资源衰退和水域生态恶化趋势具有重要作用，取得了良好的生态效益和社会效益。

中国内陆水域国家级水产种质资源保护区主要分布在长江、黄河、黑龙江、淮河、珠江等30余个水系，海洋保护区则在黄海、渤海、南海与东海4个海区分布。内陆国家级水产种质资源保护区在长江流域分布数量最多，达到226处，

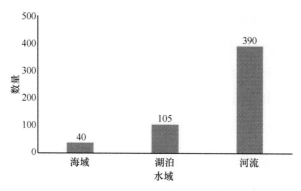

图 7-1 国家级水产种质资源保护区类型

占比 42.24%。国家级水产种质资源保护区在各大海区的分布数量由多到少依次为黄海（28 个）、渤海（12 个）、南海（7 个）、东海（5 个），总面积由大到小依次为渤海、东海、黄海、南海，单个保护区平均面积由大到小依次为东海、渤海、南海、黄海。已公布的 535 个国家级水产种质资源保护区中，主要保护对象共 400 余种，包含鱼类 320 余种、哺乳动物 1 种、爬行动物 6 种、两栖动物 11 种、软体动物 32 种、甲壳动物 11 种、棘皮动物 2 类、环节动物 1 种、刺胞动物 3 种、蠕虫动物 1 种和水生植物 14 种。其中，部分种类出现频次超过 30 次，包括黄颡鱼（*Pelteobagrus fulvidraco*）、鳜（*Siniperca chuatsi*）、翘嘴鲌（*Culter alburnus*）、鲤（*Cyprinus carpio*）、中华鳖（*Trionyx sinensis*）等。

水产种质资源保护不是简单的划地保护，它是一项综合的、需具备一定技术手段的水生生物物种保护工作。从渔业生态系统的角度分析，水生生物资源不是独立存在的，其自身受到社会–经济–自然复合生态系统中各组分间相互联系和相互作用的影响。因而，水产种质资源保护区管理较为复杂。在水产种质资源保护区建设方面，也开展了一些比较好的工作。一是加强保护区基础设施建设。2017 年，山东省新选划 5 家单位承担种质资源保护区建设项目，每家单位拨款 200 万元，主要用于建设界碑界牌、科普展厅、渔业文化长廊、管护艇、远程监控系统等，集中打造高标准、能挖掘、弘扬渔文化的保护区。二是开展保护区种质资源相关研究。安徽省阜阳市水产管理局与中国水产科学研究院淡水渔业研究中心联合开展了淮河阜阳段橄榄蛏蚌国家级水产种质资源保护区橄榄蛏蚌的生物学调查和人工繁殖研究。

2011 年 1 月 5 日，农业部公布了《水产种质资源保护区管理暂行办法》（农业部令〔2011〕第 1 号）。各地方政府根据管理规定，也出台了属地内保护区的管理细则，例如，江苏省 2017 年出台了《水产种质资源保护区管理暂行办法实施细则（试行）》，这对于强化和规范水产种质资源保护区管理、保护重要水产种质资源及其生存环境、促进渔业可持续发展和国家生态文明建设将发挥重要作用。

为加强国家级水产种质资源保护区的建设和管理，有效保护水产种质资源及其生存环境，根据《渔业法》《中国水生生物资源养护行动纲要》《水产种质资源保护区管理暂行办法》等有关规定，2018 年 4 月 28 日，农业农村部编制印发了《国家级水产种质资源保护区调整申报材料编制指南》，从严格保护区调整条件、调整管理、调整审查和进一步加强保护区能力建设和执法监管等方面，进一步加强了种质资源保护区的科学管理。

三、水生生物湿地保护示范区

水生生物湿地包括水生生物栖息或活动的河流、湖泊、淡水沼泽、河滩、海岸滩涂等，具有重要的保护价值。当前我国水生生物湿地保护形势严峻，受气候变化、人为活动等多重因素影响，水域污染、渔业资源衰退、水生野生动物的生存面临着前所未有的危机。按照《国务院办公厅关于加强湿地保护管理的通知》（以下简称《通知》）（国办发〔2004〕50 号）的要求，"对不具备条件划建自然保护区的，也要因地制宜，采取建立湿地保护小区、各种类型湿地公园、湿地多用途管理区或划定野生动植物栖息地等多种形式加强保护管理。"国家有关部门共同编制的《全国湿地保护工程规划》（2004—2030 年）中明确指出，要在全国范围内建设国家级湿地保护与合理利用示范区。因此，为加强水生生物湿地的保护，2013 年，农业部在湖北、江苏、四川试点建设了 8 个水生生物湿地示范区，将未受到保护的水生生物湿地划为湿地保护示范区，合理规划管理，结合渔业生产的转型升级，发展生态渔业，开展生态修复等相关工作，协调开发与保护矛盾，维持渔业可持续发展和水域生态安全，为水生野生动物保留有效生存空间，保证国家生态文明建设，促进人与自然和谐发展。

目前，水生生物湿地保护示范区缺乏后续资金的支持，《关于特别是作为水禽栖息地的国际重要湿地公约》规定的湿地包括沼泽、泥炭地、湿草甸、湖泊、河流及洪泛平原、河口三角洲、滩涂、珊瑚礁、红树林、水库、池塘、水稻田以及低潮时水深浅于 6 米的海岸带等所有季节性或常年积水地段。上述不同形式的湿地是渔业资源和水生野生动植物栖息繁衍的场所，均包含在《渔业法》

《野生动物保护法》等法律法规的范围内。

为加强渔业湿地的建设，从抢救性保护的要求出发，按照有关法律法规，采取积极措施，在适宜地区抓紧建立一批湿地示范区，特别是对那些生态地位重要或受到严重破坏的自然湿地，更要果断地划定自然保护区域和禁渔区、禁渔期，实行严格有效的保护。

执笔人：中国水产科学研究院长岛增殖实验站　王晓梅

中国水产科学研究院长江水产研究所　张辉

第八章　代表性水生生物自然保护区

一、长江上游珍稀、特有鱼类国家级自然保护区

长江上游珍稀、特有鱼类资源丰富，为了有效保护长江上游鱼类资源，2000 年 4 月，国务院办公厅以国办发〔2000〕30 号文件批准建立"长江合江—雷波段珍稀鱼类国家级自然保护区"，2005 年 4 月调整为"长江上游珍稀特有鱼类国家级自然保护区"（国办函〔2005〕29 号），2011 年 12 月再次进行优化调整（国办函〔2011〕156 号）。保护区跨越云南、四川、贵州、重庆 4 个省（直辖市），包括长江干流和赤水河干支流以及岷江、越溪河、长宁河、南广河、永宁河、沱江 6 条长江支流的河口区。保护区范围为金沙江向家坝水电站坝中轴线下 1.8 千米处至地维大桥，长度 362.76 千米；岷江月波至岷江河口，长度 73.32 千米；赤水河河源至赤水河河口，长度 628.23 千米；越溪河下游码头至新房子，长度 16.78 千米；长宁河下游古河镇至江安县，长度 13.40 千米；南广河下游落角星至南广镇，长度 6.18 千米；永宁河下游渠坝至永宁河口，长度 20.63 千米；沱江下游胡市镇至沱江河口，长度 17.01 千米。保护区河流总长度 1 138.31 千米，总面积 31 713.8 公顷。

据统计，在保护区水域栖息的 197 种鱼类中，共有 38 种鱼类已被列入各级保护动物名录。其中，被列入《国家重点保护野生动物名录》的鱼类有 3 种；被列入《世界自然保护联盟濒危物种红色名录》（2003）的鱼类有 3 种，被列入 CITES（1997）附录Ⅱ的鱼类有 2 种；被列入《中国物种红色名录》（2004）的鱼类有 25 种，被列入《中国濒危动物红皮书》（1998）的鱼类有 10 种；被列入上述 4 省（直辖市）地方保护水生野生动物名录的鱼类有 26 种。这些物种中，有 28 种属于长江上游特有鱼类，如长江鲟、岩原鲤、长薄鳅等。保护区内被保护的物种所具备的物种遗传价值，为渔业的可持续发展提供物种基础，在驯化养殖、观赏价值方面为社会提供服务；同时，作为生物地理学、遗传学和系统进化等的研究材料，有着重要的科学服务价值。

四川省、贵州省、云南省、重庆市及有关市、县都已设立了保护区管理局（处、站），在农业农村部统一领导协调下开展了大量的保护管理工作。法律法规制定、管护设施建设、渔民转产专业、珍稀特有鱼类增殖放流、保护区资源环境监测、社会经济调查、科学研究等工作正全面有效开展。

保护区四川江段目前已建四川省珍稀鱼类国家级自然保护区管理局及宜宾市管理处、泸州市管理处和 13 个县级管理站，有渔政检查人员 96 人。拥有中国渔政执法快艇 21 艘、50 吨级渔政执法船 2 艘，渔政执法车 18 辆以及其他通信和办案设备，各管理机构已建成办公用房 8 566 平方米，保护区标志塔、界碑、界桩已基本建成。重庆段保护区机构设"一局、三处、两站"。重庆保护区管理局依托重庆市渔政渔港监督管理处建立。在长江巴南区渔洞江段设置"巴南管理处"，在长江江津市几江江段设置"江津管理处"，并分别在朱扬镇、白沙镇设置保护站，在长江永川市松既镇江段设置"永川管理处"。管理机构人员编制共计 32 人。采用和当地渔政部门合署管理方式，实行"一套人马，两块牌子"。

2006—2010 年，由农业部水生野生动植物保护办公室统一组织领导，原长江渔业资源管理委员会办公室和四川、贵州、云南、重庆三省一市保护区管理机构协助组织实施，中国水产科学研究院长江水产研究所、中国科学院水生生物研究所等有关科研院所具体实施，对保护区及其周边的社会环境等进行了全面深入的调查，调查成果《长江上游珍稀特有鱼类国家级自然保护区科学考察报告》于 2012 年由科学出版社正式出版。

二、广东惠东海龟国家级自然保护区

广东惠东海龟国家级自然保护区位于惠东县港口镇大亚湾与红海湾交界处的大星山下九莲澳海滩，地理位置为 114°52′50″—114°54′33″N、22°33′15″—22°33′20″E，保护区总面积 1 400 公顷。1985 年 6 月，广东省渔业行政主管部门批准成立海龟自然保护区，1986 年 12 月晋升为省级自然保护区，1992 年晋升为国家级自然保护区。1993 年 2 月，保护区加入中国人与生物圈保护区网络，成为我国首批人与生物圈保护区网络成员单位。保护区的主要保护对象为海龟繁殖地，保护区的 4 种主要海龟种类为玳瑁、太平洋丽龟、棱皮龟和红海龟。广东惠东海龟国家级自然保护区海水、沙滩环境质量良好，是幼龟和雌龟栖息地，也是我国大陆唯一的绿海龟按期成批洄游产卵的场所，是我国唯一的海龟自然保护区。

广东惠东海龟国家级自然保护区致力于海洋资源环境保护，坚持以海龟资源保护为中心，同时大力开展环保教育与科研工作，取得了丰硕成果。保护区成为广东海洋与水产"样板式"自然保护区，投入700多万元"高起点、高标准"建成水生救护中心、标本馆、多功能展示厅、专家楼、办公室等保护管理设施，完善建设了相关交通、通信、供电网络。1988年，人工养殖小海龟实验获得成功；发表《海龟产卵孵化与人工养殖小海龟》一文，获得广东省科技成果奖二等奖、农业部科技进步奖三等奖，承担农牧渔业部"南海海龟资源调查"，对西沙群岛七连屿和惠东海龟湾进行调查。1990年，进行了中国南海幸存海龟的调查研究。1992年，开展广东惠东海龟国家级自然保护区的产卵场地的分析以及海龟的洄游和生态情况的分析。2001年，广东惠东海龟国家级自然保护区联合广东省海洋与渔业局环境监测中心、华南濒危动物研究所、中国科学院南海海洋研究所和香港自然护理署，合作开展了卫星追踪实验。2002年，利用有益微生物法培育稚海龟获得成功，养殖成活率达94.5%。2004年，完成世界自然基金会"惠州海龟产卵繁殖栖息地保护与社区共管"及"稚绿海龟高密度养殖"项目。2005年，启动"世界濒危物种——绿海龟的遗传结构研究"及"绿海龟（中国）种质资源保存及遗传多样性研究"科研项目。

保护区积极开展青少年环保科普教育工作，短短两年内先后被授予"惠州市环保科普教育基地""广东省青少年科普教育基地"及"中国少年儿童手拉手地球村海龟湾活动营地"，成为广东乃至全国海洋环保科普教育的重要基地。2004年7月，成功举办"中国少年儿童手拉手地球村"——"走进海龟湾、认识生命"及"中美学生跨太平洋绿色行动"夏令营活动。由于取得了显著的生态效益和社会效益，保护区多次获得世界自然保护联盟和国家有关部门的嘉奖。

三、大连斑海豹国家级自然保护区

大连斑海豹国家级自然保护区，位于渤海辽东湾，行政区域属辽宁省大连市管辖，面积90.9平方千米，1992年经大连市人民政府批准建立，1997年晋升为国家级自然保护区，主要保护对象为斑海豹及其生态环境。

斑海豹是一种冬季生殖、冰上产仔的冷水性海洋哺乳动物，被我国列为国家二级保护野生动物。斑海豹的分布范围较小，辽东湾是斑海豹在西太平洋最南端的一个繁殖区，也是我国海域唯一的繁殖区。由于斑海豹具有较高的经济价值，长期以来，遭到过量猎杀，其种群数量急剧减少。另一方面，随着城市建设和辽东湾沿海地区都市化，使原斑海豹栖息地逐步缩小；滩涂养殖业的发展、油田的开采、航运事业的发展以及近海排污等，对斑海豹繁殖的生态环境也造成较大的破坏。据调查，辽东湾地区每年来此栖息和繁殖的斑海豹种群数量仅1 000只左右。大连斑海豹国家级自然保护区的建立，对于保护斑海豹种群及其繁殖栖息地以及保护辽东湾内其他海洋生物及水产资源具有非常重要的作用。

大连斑海豹国家级自然保护区建有1座260平方米办公楼、1个内径12米的暂养池、4个临时野外监测站，配备3艘摩托艇、1台摄像机、2台照相机。在斑海豹繁育期内，长兴岛设有斑海豹观察站和治疗站。1993年和1996年分别在旅顺的双岛和瓦房店的长兴岛建立起2个斑海豹监测站。每年监测站的工作人员从正月初十左右开始，将滞留在海面浮冰上以及被风吹到海边的小斑海豹打捞上来，留在监测站进行人工喂养，待4月前后再将这些斑海豹放生到大海中。2001年4月，长兴岛一次放生救治幼斑海豹20余只，还派出专人专船在海上和陆地上监护看管。从1992年起，共放生斑海豹103只，提供给大连动物园和水族馆的有40多只。

四、广东徐闻珊瑚礁国家级自然保护区

广东徐闻珊瑚礁国家级自然保护区位于广东省雷州半岛的西南部，地处徐闻县境内，分布在角尾乡、迈陈镇、西连镇的西部海区，20°10′36″—20°27′00″N、109°50′12″—109°56′24″E之间。保护区总面积14 378.5公顷。1999年8月，徐闻县人民政府批准建立县级珊瑚礁自然保护区；2002年7月，湛江市人民政府批准升级为市级珊瑚礁自然保护区；2003年6月，广东省人民政府批准升级为省级珊瑚礁自然保护区；2007年4月，国务院批准升级为国家级自然保护区。

徐闻珊瑚礁是我国大陆沿岸唯一发育和保存的现代珊瑚岸礁。珊瑚礁区渔业资源丰富，品种多，拥有丰富的经济生物资源。珊瑚礁区面积达10 867公顷，其中密集区约6 000公顷。目前已发现刺胞动物门珊瑚纲共3目19科82种，其中，软珊瑚目7科27种；群体海葵目1科1属1种；石珊瑚目11科54种，这54种石珊瑚全部为国家二级重点保护动物，并被列入CITES目录。据2001年广东海洋大学和2004年中国科学院南海海洋研究所进行的两次综合科学考察表明，广东徐闻珊瑚礁国家级自然保护区已发现刺胞动物门珊瑚纲共3目18科65种。

为加大对破坏珊瑚礁资源违法行为的打击力度，徐闻县人民政府成立了开发和保护珊瑚礁国家级自然保护区领导小组，由县长担任组长，副县长、保护区管理局局长等担任副组长，成员由县海洋与渔业局、县环保局、县公安局、县财政局、县国土资源局、县旅游局等单位的主要领导组成。并从徐闻县政府办、角尾乡公安派出所、边防派出所、角尾渔政中队、放坡村村委会等单位抽调干部组成珊瑚礁保护区联合执法小组。为加强执法管理，广东省渔政总队还成立了广东省渔政总队徐闻珊瑚礁国家级自然保护区支队，支队执法工作由省总队直接领导。保护区执法管理的任务是执行国家有关保护区的法律法规，建立保护区日常巡护制度，监测保护区内海洋工程及养殖作业，重点打击在保护区内偷、挖珊瑚，缯、围网捕鱼作业，毒、电、炸鱼等破坏珊瑚礁资源行为，维护保护区内的海洋生态环境。

科学研究方面，协助中国科学院南海海洋研究所、广东省海洋与渔业环境监测中心、中国海洋大学、广东海洋大学等科研院所和高校开展珊瑚礁的生态调查与科学研究；与广东海洋大学合作开展珊瑚礁分子生物学研究，建立珊瑚礁生态基因库。在宣传教育方面，通过徐闻县电视台播放珊瑚礁自然保护区专题片进行宣传；在湛江市海博会、农博会、工博会、徐闻县农博会上布置珊瑚水族箱进行展览宣传；在珊瑚礁自然保护区沿岸附近的村镇播放专题片，向群众宣传保护珊瑚资源的重要性；制作珊瑚礁保护宣传展板，到各乡镇、村庄宣传珊瑚礁保护知识；深入徐闻县各中小学开展珊瑚礁多媒体知识讲座，普及珊瑚礁知识和珊瑚礁保护的法律法规常识。

五、珠江口中华白海豚国家级自然保护区

1999 年 10 月，广东省人民政府批准成立了珠江口中华白海豚省级自然保护区；2003 年 6 月，经国务院批准晋升为国家级自然保护区。2007 年 11 月，保护区加入中国生物圈保护区网络，成为中国人与生物圈大家族中的一员。

保护区位于珠江口北端，总面积为 460 平方千米，东界线为粤港水域分界线，西界线为 113°40′00″E，南界线为 22°11′00″N，北界线为 22°24′00″N。珠江口中华白海豚国家级自然保护区的主要保护对象是国家一级保护动物中华白海豚，包括中华白海豚栖息活动区域即保护区的自然环境、水质环境、海底环境、渔业资源和生物多样性。目前，在珠江口的中华白海豚数量为 1 000～1 200 头，是我国资源数量最大的中华白海豚群体，种群世代完整，且具有一定的繁殖

规模。

保护区管理局的管护基地设在珠海市淇澳岛，集保护、研究、救护、科普、宣教等功能于一体。保护区管理局的宗旨是贯彻执行国家有关自然保护区的法律法规和方针政策，拟定自然保护区的总体规划和各项管理制度，统一管理自然保护区；调查自然资源并建立档案，组织环境监测保护自然保护区内的自然环境和自然资源；组织或协助有关部门开展自然保护区的科学研究工作；进行自然保护的宣传教育。

自 2003 年以来，管理局处理各类珍贵濒危海洋动物搁浅案例 230 多起，其中，涉及中华白海豚 191 起，其他动物包括江豚、灰海豚、小须鲸和海龟等。经过多年的积累，管理局建立了一套完善的鲸豚搁浅档案，收集了 100 多头中华白海豚的样品，拥有 50 余个剥制、骨骼和浸泡标本，300 多个海豚的组织器官样品，建立了我国最大的中华白海豚样品组织库。多年来，管理局一直坚持对搁浅的鲸豚进行测量记录并对已死亡的鲸豚进行解剖分析，编制其死因分析报告。

保护区还搭建粤港澳三地科研交流合作平台，组织科研项目申报工作，申请资金用于鲸豚救护与科普宣传、栖息地管护及搁浅鲸豚样品库建设等。保护区协调和中山大学、香港大学、香港海洋公园等单位，组建研究团队，联合承担合作研究课题 13 项，其中联合国开发计划署全球环境基金（GEF）1 项、国家自然科学基金项目 2 项、农业部项目 1 项、国家海洋局项目 2 项、广东省海洋与渔业局项目 1 项、香港海洋公园保育基金 6 项。通过科研交流平台，保护区还将研究成果与香港渔护署、澳门民政总署、中山大学、香港大学、香港海洋公园基金会、汕头大学、中国水产科学院南海水产研究所、港珠澳大桥管理局等单位交流共享，使保护区的科研工作逐步走向正轨。科研项目成果包括：2013—2014 年、2014—2015 年香港海洋公园保育基金项目；2012—2015 年国家海洋局公益项目；"保护区生物多样性专项调查""保护区威胁因素专项调查""珠江口中华白海豚资源监测""珠海中华白海豚饵料鱼重金属污染的风险评估""保护区渔业资源调查与评估"等。

保护区管理局通过活动宣传、专题宣传、科普宣传、媒体宣传等形式，向社会各界和国内外民众宣传中华白海豚及其保护工作，使全社会对中华白海豚保护工作有了更加科学全面的认识。制作发放了《鲸豚救护手册》《中华白海豚》等宣传册、宣传画板、宣传书签 4 万份以上；作为中华白海豚科普大使，保护区管理局每位成员每年向近 2 000 名参观中华白海豚科普厅的来访者传播保育知识。配合中央电视台（今中央广播电视总台）和地方电视台等媒体对中华白海豚保护进行宣传，其中中央电视台的《探索发现》《新闻30分》、北京电视台的《魅力科学》、南方电视台的《今日一线》、佛山电视台的《经历》等专题节目播出后都取得了良好的宣传效果。保护区管理局还组织首届"中华白海豚保护宣传日"系列宣传活动、广东珠海"2018年水生野生动物保护科普宣传月"活动等。以白海豚科普展示厅作为宣传窗口，开通微信公众号进行新媒体科普宣传，开辟了"趣说白海豚""鲸豚大数据""巡航监管"等栏目。

珠江口海域是国际上重要的航运区域，也是渔业资源比较丰富，渔业生产活跃的海域，处理好环境保护和经济发展的关系十分关键。多年来，保护区管理局平均每年出海巡航70~80航次，总航时超过300小时，航程超过3 000海里，对保护区范围进行了有效监管。近年来通过联合执法办案的形式查处了海监案件5起，渔政案件4起，其中包括：无证采砂案、未经批准在保护区内进行抛石作业案、未经批准进入保护区案件以及违法进入保护区作业的渔船案件，开创了多个全省第一。

六、湖南张家界大鲵国家级自然保护区

湖南张家界大鲵国家级自然保护区位于湖南省西北部的张家界市境内，地理坐标为：28°52′—29°48′N、109°40′—110°20′E，整个保护区水域面积约14 285公顷。1996年，国务院以国函〔1996〕113号文件确定建立湖南张家界大鲵国家级自然保护区；1998年，农业部以农计发〔1998〕27号文件批准建设湖南省大鲵救护中心；2008年1月2日，湖南省机构编制委员会批准成立湖南张家界大鲵国家级自然保护区管理处，与湖南省大鲵救护中心合署办公，履行保护区的各项职能。

保护区自成立以来，管理处已完成所有大鲵救护生产及配套设施建设，在保护区缓冲区征用土地175.2亩，新建全框架大鲵室内养殖池2 683平方米，大鲵亲本培育池268口，幼鲵培育池50口，饵料鱼流水养殖池5 940.7平方米，人工模拟生态区域28 090平方米，综合办公楼2 100平方米，以及道路、桥梁、围墙、停车坪、专用供电、供水，通信和专用养殖用水管道等建设内容，共投资1 600万元。

为了抓紧大鲵资源救护，管理处坚持边建设边生产，在大鲵的救护驯养、繁殖孵化、病害防治等方面都取得了许多科研成果。2000年，管理处开始进行

大鲵人工繁殖研究，在不断总结经验的基础上先后人工繁殖大鲵幼苗近 8 000 尾，脱鳃期成活率达到了 95%，已攻克了大鲵"繁殖率、孵化率、成活率"三率低的技术性难题。在大鲵亲本培育、催产繁殖、受精卵孵化、幼鲵的开口培育等方面都研究总结了一整套科学的管理模式和技术。在疾病防治方面，保护区成功地研究出能有效治疗大鲵腹水病、水肿病及大鲵颤抖病的药物和方法，在大鲵的相关科研和技术方面都处于领先水平。

为加强国家级自然保护区的管理，管理处组织和协调保护区内各相关区县的渔政管理部门，联合执行保护区内的日常执法宣传等工作，已在大鲵核心保护区设立了相关的观测点 80 多个，设立界碑界牌 300 多处，并在重点保护溶洞设立了四个专门的大鲵观测救护保护站。几年来，管理处累计救护野生大鲵 560 余尾，先后 5 次组织各养殖单位及个人累计向自然界放流增殖大鲵 6 000 余尾，有效地缓解了大鲵资源锐减的趋势。

七、湖北长江新螺段白鱀豚国家级自然保护区

湖北长江新螺段白鱀豚国家级自然保护区位于湖北省洪湖市、赤壁市、嘉鱼县和湖南省临湘市四市县的交界处。地理位置为 29°38′39″—30°05′12″N、113°07′19″—114°05′12″E。1987 年，湖北省人民政府批准筹建保护区，1992 年 10 月 27 日，保护区晋升为国家级自然保护区。保护区属野生动物类型自然保护区，主要保护对象是国家一级保护野生水生动物白鱀豚。新螺段指长江中游新滩口至螺山江段，江段北岸属洪湖市，南岸属湖南省临湘市、湖北省赤壁市和嘉鱼县。保护区江段全长 135.5 千米，宽 1 000~2 500 米，总面积 41 607 公顷。核心区总面积是 21 010 公顷，占保护区总面积的 50.49%；缓冲区总面积约为 8 550 公顷，占保护区总面积的 20.55%；实验区总面积约 12 050 公顷，占保护区总面积的 28.96%。

白鱀豚是国家一级保护野生动物，也是中国特产、珍贵稀有水生哺乳动物，被称为"水中大熊猫"，是世界上仅存的四种淡水鲸豚类演化系统发育的珍贵物种，而且由于其大脑很发达，声呐系统极其灵敏，对仿生学、生理学、动物学、军事科学等都有重要的科学研究价值。白鱀豚仅产于中国长江中下游，至 2011 年，数量不足 200 头，是世界上最濒危的淡水鲸类。保护区地处新滩口至螺山的长江江段，全长 135.5 千米，生境良好，是白鱀豚集中分布区之一。保护区的建立对保护和恢复白鱀豚种群具有重要作用。保护区管理处通过开展形式多样的

宣传活动，使渔民的保护意识不断提高，对该处的工作也给予了高度支持。大批文化程度相对较高的渔民成为保护区的义务监测员，渔民误捕到中华鲟、胭脂鱼也都第一时间通知保护区，渔民们已成为保护工作重要的组成部分，发挥着不可磨灭的作用。

新螺段保护区管理处自 2001 年建立豚类监测站以来，详细地记录了有关豚类的监测数据。随着长江环境的不断变化，监测站的监测内容随之扩展，由单一的豚类监测逐步向豚类、鱼类及环境等多元化的资源环境监测转型。2014 年 7 月 29—30 日，"长江新螺保护区豚类数字化监测、巡护能力培训活动"在湖北省洪湖市长江新螺段白鱀豚国家级自然保护区科普宣教楼举行。此次培训活动是由保护区管理处主办，中国科学院水生生物研究所协办，世界自然基金会资助，诺基亚（中国）有限公司捐赠手机并提供长江豚类监测软件。活动旨在加强保护区数字化管理建设，提高长江豚类监测、救治救护能力，保护珍稀水生野生动物，促进长江和谐。

2019 年，保护区和中国科学院水生生物研究所组成联合科考队，对保护区内螺山至新滩江段进行长江豚类及栖息生境考察。考察结果显示：在长江流域江豚种群数量逐年递减的情况下，保护区内白鱀豚数量依然稳中有增。此次考察结果说明保护区生态环境明显好转，特别是近年来落实"共抓大保护，不搞大开发"和"绿盾行动"，较好地推动了保护区内物种保护和岸线修复。

八、广西壮族自治区合浦儒艮国家级自然保护区

广西壮族自治区合浦儒艮国家级自然保护区成立时间为 1986 年 4 月，广西壮族自治区人民政府以桂政办函〔1986〕122 号文件和桂编〔1986〕192 号文件批准成立自治区级合浦儒艮自然保护区；1992 年 10 月，国务院国函〔1992〕166 号文件批准成立合浦儒艮国家级自然保护区。

保护区位于北部湾铁山港海域，东起山口镇英罗港，西至沙田港海域，西临铁山港航道，北侧海岸线全长 19.6 km。保护区界线为 21°30.00′N、109°38.50′E，21°30.00′N、109°46.50′E，21°18.00′N、109°34.50′E，21°18.00′N、109°44.00′E 四点 0 m 等深线以下的海域内，面积 350 平方千米，其中核心区面积为 132 平方千米，缓冲区面积为 110 平方千米，实验区面积为 108 平方千米。保护区离铁山港西岸线 6 千米，离铁山港航道约 2.5 千米，离沙田渔港航道 0.5 千米。

保护区主要保护对象包括儒艮、中华白海豚、江豚、中国鲎、红树林生态系统、海草床生态系统。保护区及其附近海底地形复杂，深槽与沙脊并列，属强流型海岸地区。沿岸海底地貌主要有潮间浅滩、潮流深槽、潮流沙脊和海底平原等几种类型。保护区及其附近海域有4条较大的潮流深槽，其中大牛洞、英罗港口外潮流深槽较为典型，呈狭长状，自港湾口门向湾内呈指状伸展，一般水深为8~10米，最深13米。潮流深槽是儒艮活动和栖息的主要场所。

目前，保护区已完成基础设施建设，建成了办公楼，完成了17座灯桩灯浮的建设，购置执法快艇等一批设备和仪器。管护工作与社区建立了良好的协调管理机制，与当地相关部门建立联合执法队，加强保护区的执法巡查，严厉打击各种违法现象，多次开展专项执法活动。宣传教育方面，在北海市区和保护区周边乡镇的主要交通要道和港口码头设置宣传牌、宣传栏；通过各种新闻媒体开展宣传，并到学校和社区举行以保护生态环境为主要内容的专题讲座。每年春、夏、秋、冬季对海草进行4次调查研究。每年于枯、丰、平水期对保护区的海域进行3次水质监测。开展儒艮、中华白海豚调查研究：2003—2012年，保护区联合南京师范大学完成了中华白海豚调查研究；2001年，完成"广西合浦儒艮国家级自然保护区儒艮生态环境调查研究"工作，该课题研究成果获自治区和北海市科学技术进步奖三等奖。

保护区还承担了联合国环境署和全球环境基金项目的中国合浦海草示范区的工作。该项目从2005年下半年开始，2008年上半年结束，具体工作内容是宣传教育，调查与评估公众与政府意识改变的情况，制订与执行减少破坏海草的优先行动计划，收集与制作相应的生物标本，海草资源调查，水质和沉积物调查，建设海草恢复试验区。保护区湿地保护工程建设项目被《全国湿地保护工程实施规划（2005—2010年）》列为重要的建设项目。2008年，该湿地保护工程建设项目申报获得了批准，得到了财政2 604万元（其中国家财政资金1 980万元、地方配套资金624万元）的项目建设资金。此外，保护区海兽救护中心建设完成，辐射周边100千米内的珍稀海洋动物保护工作。

九、长江湖北宜昌中华鲟省级自然保护区

1996年，湖北省人民政府根据湖北省水产局的请示（鄂渔管〔1994〕32号），批复同意建立长江湖北宜昌中华鲟省级自然保护区（鄂政函〔1996〕35号）。保护区范围为葛洲坝下至芦家河浅滩，位于30°16′—30°44′N、111°16′—

111°36′E，全长约 80 千米，水域总面积约 80 平方千米。核心区为葛洲坝坝下至古老背（虎亭）30 千米江段，古老背以下 50 千米江段为缓冲区。2008 年，湖北省人民政府对保护区范围和功能区进行了调整（鄂政函〔2008〕263 号），将原长江湖北宜昌中华鲟省级自然保护区长度从 80 千米调整为 50 千米，并对功能区进行调整，葛洲坝坝下 20 千米江段为核心区，宜昌长江公路大桥上游 10 千米为缓冲区，宜昌长江公路大桥下游 20 千米为实验区。调减的 30 千米江段作为保护区的外围保护地带。2018 年 1 月，湖北省环境保护厅以鄂环函〔2018〕3 号文再次对保护区进行了优化调整，调整后保护区的总长度增加至 60 千米。总面积从调整前的 5 143.80 公顷增加至 6 735.88 公顷，其中核心区长度 24 千米、面积 2 265.62 公顷，缓冲区长度 14 千米、面积 1 131.61 公顷，实验区长度 22 千米、面积 3 338.65 公顷。保护区终点至罗家河 20 千米江段作为保护区外围保护地带。保护区的主要保护对象为中华鲟繁殖群体及其产卵场和栖息地。另外，其他保护对象为江豚个体以及国家重点保护动物白鲟、长江鲟、胭脂鱼和"四大家鱼"等经济鱼类的栖息地和产卵场。保护区范围内分布有鱼类 199 种，分属 12 目 26 科 104 属。

中华鲟作为国家一级保护野生动物，除我国近海有分布外，还分布于朝鲜、韩国和日本海域，但是最终都会选择长江作为其唯一繁殖的河流，并且均到达本保护区江段进行自然繁衍。中华鲟江海洄游的特性以及较大的体型使其成为河海物质和信息交换的重要媒介。中华鲟作为分布纬度最低的鲟鱼，对于世界鲟鱼的起源、分化的研究具有重要作用。作为生活了 1 亿多年的现生鱼类，中华鲟对于物种进化和遗传的研究具有重要的意义。中华鲟曾经也是长江中十分重要的经济鱼类，具有较大的经济潜力。此外，保护区有多个"四大家鱼"以及其他经济鱼类的产卵场，是长江渔业可持续发展的重要生物来源。总之，保护区重要的保护对象、独特的生境特征、丰富的生物多样性决定了其在生态、遗传、经济等方面均具有极高研究价值。

保护区的管理由长江湖北宜昌中华鲟自然保护区管理处负责，该机构与宜昌市渔政船检港监管理处"一套班子，两块牌子"，合署办公，机构级别为正科级。管理处内设渔政管理科、船检港监科、综合科、资源保护科，下设两个保护站，即设在宜昌城区的核心区保护站、设于宜都市的缓冲区和实验区保护站。保护区管理处（含两站）人员编制 25 名：处长 1 名、副处长 3 名，专业技术人员 5 名。

保护区管理处制定了一系列保护工作制度，并出台了《长江湖北宜昌中华鲟自然保护区管理办法》。处、站、点及管护人员明确各级岗位职责，层层签订保护区责任书和岗位目标，形成严格考核制度，建立起了一套科学合理的管理体系和量化管理指标。目前，保护区各项管理制度较为完善，日常巡护、检查、宣传和执法等均有序开展，保护区规章制度的制定和执行对中华鲟物种的保护发挥了非常重要的作用。

保护区自成立以来，一直重视与科研院所的合作。其中，与从事中华鲟保护研究的长江中游下游科研院所均保持着良好的合作关系，包括中国水产科学研究院长江水产研究所、中国科学院水生生物研究所、水利部中国科学院水工程生态研究所、中华鲟研究所、华中农业大学、三峡大学等。组织开展多次大规模科学考察，并完成了《长江湖北宜昌中华鲟自然保护区综合科学考察报告》《长江湖北宜昌中华鲟自然保护区总体规划》《长江湖北宜昌中华鲟自然保护区图片集》以及其他图片和影像资料等；每年协助开展中华鲟繁殖期各项科研监测活动，包括中华鲟繁殖群体资源量监测、中华鲟繁殖群体洄游和栖息地选择、中华鲟自然繁殖活动监测、中华鲟遗传多样性、中华鲟分子生物学、"四大家鱼"自然繁殖活动监测、水工建设对鱼类影响等，这些研究为保护区的保护管理以及发展建设提供了大量科学的依据。

保护区还充分利用广播、电视、录像、纪录片、幻灯、报纸、标志牌、招贴画、宣传册、标本展示、实地参观、增殖放流及会议等各种传播媒介和活动，持续扩大对外宣传，加强对保护区及周围地区群众的法制宣传教育，宣传《中华人民共和国环境保护法》《野生动物保护法》《渔业法》《中华人民共和国水污染防治法》等法律法规以及《长江湖北宜昌中华鲟自然保护区管理办法》。提高保护区知名度和广大群众环境保护意识，为保护区保护管理工作奠定思想基础，同时对来保护区的参观人员，也利用各种场合和各种形式开展宣传教育，教育来访者热爱保护区、支持保护区的工作。

十、东莞市黄唇鱼市级自然保护区

东莞市黄唇鱼市级自然保护区于 2005 年 5 月 9 日以东府办〔2005〕67 号文件正式批准设立，其职责行使和管理机构——东莞市黄唇鱼自然保护区管理站，于 2005 年 11 月 8 日以东机编〔2005〕107 号文件挂靠在东莞市海洋与渔业环境监测站。保护区东起威远岛西岸，西与广州交界，南起太平水道南河口，北至太平水道北河口，面积 686 公顷。

黄唇鱼（*Bahaba flavolabiata*）又名白花鱼，是国家一级保护动物，仅分布于我国的东海和南海海域，具有重要的社会价值和生态价值。黄唇鱼全身都可入药，尤其是鱼鳔，对一些疑难杂症有奇效，市场贩卖售价比黄金还贵，高达2 000元/克。

管理站自成立以来，按照保护及研究共同推进的工作思路，一方面定期召开黄唇鱼自然保护区研讨会，探讨黄唇鱼人工繁殖及种质研究等情况；另一方面加大宣传、救护力度。目前，管理站成功救护误捕黄唇鱼一批，人工驯养取得初步成功，暂养后的黄唇鱼全部放归大海。2016 年 4 月 19 日，东莞市人民政府印发《东莞市黄唇鱼自然保护区管理办法》。2019 年，东莞市黄唇鱼自然保护区管理所挂牌，力争攻克人工繁殖技术难题。

执笔人：中国水产科学研究院长江水产研究所　张辉

第九章　长江水生生物保护的形势状况

长江是我国第一大河，是中华民族文明发源地之一，是中华民族的母亲河。长江水系支流众多，流域面积辽阔，水域面积约占全国淡水面积的50%，是水生野生动物的摇篮，水生生物多样性基因的宝库，经济鱼类的原种基地，在我国淡水渔业经济中具有举足轻重的地位。历史上，长江最高年捕捞量达45万吨，占全国淡水捕捞产量的60%；"四大家鱼"、鳗鱼苗种最高年捕捞量达300亿尾和2亿尾。随着长江流域经济的发展，长江水域生态环境遭到破坏，水生野生动物资源总量大幅下降，一些特有的国宝级保护物种已濒临灭绝。

一、2011年以来我国长江大保护有关政策

2012年11月，党的十八大首次把"美丽中国"作为生态文明建设的宏伟目标，把生态文明建设摆上了中国特色社会主义"五位一体"总体布局的战略位置。党的十八大报告指出，"建设生态文明，是关系人民福祉、关乎民族未来的长远大计。面对资源约束趋紧、环境污染严重、生态系统退化的严峻形势，必须树立尊重自然、顺应自然、保护自然的生态文明理念，把生态文明建设放在突出地位，融入经济建设、政治建设、文化建设、社会建设各方面和全过程，努力建设美丽中国，实现中华民族永续发展"，为我国生态文明建设指明了方向，也为长江大保护的顶层设计提供了思路。

2013年11月，习近平总书记在《关于〈中共中央关于全面深化改革若干重大问题的决定〉的说明》中指出，"山水林田湖是一个生命共同体，人的命脉在田，田的命脉在水，水的命脉在山，山的命脉在土，土的命脉在树"，并强调"对山水林田湖进行统一保护、统一修复是十分必要的"。"山水林田湖"也是对长江流域特征和人与自然关系最好的诠释，它为长江大保护指明了方向。

2014年9月，国务院印发《关于依托黄金水道推动长江经济带发展的指导意见》（国发〔2014〕39号），提出"建立健全最严格的生态环境保护和水资源管理制度，加强长江全流域生态环境监管和综合治理，尊重自然规律及河流演

变规律，协调好江河湖泊、上中下游、干流支流关系，保护和改善流域生态服务功能，推动流域绿色循环低碳发展"。

2015 年 4 月，中共中央、国务院印发《关于加快推进生态文明建设的意见》（中发〔2015〕12 号），指出"我国生态文明建设水平仍滞后于经济社会发展，资源约束趋紧，环境污染严重，生态系统退化，发展与人口资源环境之间的矛盾日益突出，已成为经济社会可持续发展的重大瓶颈制约"，要求"充分认识加快推进生态文明建设的极端重要性和紧迫性，切实增强责任感和使命感，牢固树立尊重自然、顺应自然、保护自然的理念，坚持绿水青山就是金山银山，动员全党、全社会积极行动、深入持久地推进生态文明建设，加快形成人与自然和谐发展的现代化建设新格局，开创社会主义生态文明新时代"。

2015 年 4 月，《国务院关于印发水污染防治行动计划的通知》（国发〔2015〕17 号），要求"大力推进生态文明建设，以改善水环境质量为核心，按照'节水优先、空间均衡、系统治理、两手发力'原则，贯彻'安全、清洁、健康'方针，强化源头控制，水陆统筹、河海兼顾，对江河湖海实施分流域、分区域、分阶段科学治理，系统推进水污染防治、水生态保护和水资源管理"。

2015 年 9 月，中共中央政治局审议通过了《生态文明体制改革总体方案》，方案要求树立绿水青山就是金山银山的理念，保护森林、草原、河流、湖泊、湿地、海洋等自然生态；树立山水林田湖是一个生命共同体的理念，按照生态系统的整体性、系统性及其内在规律，统筹考虑自然生态各要素、山上山下、地上地下、陆地海洋以及流域上下游，进行整体保护、系统修复、综合治理，增强生态系统循环能力，维护生态平衡。

2016 年 1 月，习近平总书记在重庆召开的推动长江经济带发展座谈会上强调，长江是中华民族的母亲河，也是中华民族发展的重要支撑；推动长江经济带发展必须从中华民族长远利益考虑；当前和今后相当长一个时期，要把修复长江生态环境摆在压倒性位置，共抓大保护，不搞大开发。

2016 年 3 月，中共中央政治局会议审议通过了《长江经济带发展规划纲要》，强调长江经济带发展的战略定位必须坚持生态优先、绿色发展，要建立健全最严格的生态环境保护和水资源管理制度，强化长江全流域生态修复，尊重自然规律及河流演变规律，协调处理好江河湖泊、上中下游、干流支流等关系，保护和改善流域生态服务功能。

2016 年 4 月，国务院办公厅印发《关于健全生态保护补偿机制的意见》（国办发〔2016〕31号），强调在江河源头区、集中式饮用水水源地、重要河流敏感河段和水生态修复治理区、水产种质资源保护区、水土流失重点预防区和重点治理区、大江大河重要蓄滞洪区以及具有重要饮用水源或重要生态功能的湖泊，全面开展生态保护补偿，适当提高补偿标准，加大水土保持生态效益补偿资金筹集力度。

2016年5月，国家发展改革委等9部委印发《关于加强资源环境生态红线管控的指导意见》（发改环资〔2016〕1162号），要求划定并严守资源消耗上限、环境质量底线、生态保护红线，强化资源环境生态红线指标约束，将各类经济社会活动限定在红线管控范围以内。

2016年12月，中共中央办公厅、国务院办公厅印发《关于全面推行河长制的意见》，要求以保护水资源、防治水污染、改善水环境、修复水生态为主要任务，在全国江河湖泊全面推行河长制，构建责任明确、协调有序、监管严格、保护有力的河湖管理保护机制，为维护河湖健康生命、实现河湖功能永续利用提供制度保障。

2017年中央1号文件指出：启动长江经济带重大生态修复工程，把共抓大保护、不搞大开发的要求落到实处。完善江河湖海限捕、禁捕时限和区域，率先在长江流域水生生物保护区实现全面禁捕。

2017年2月，中共中央办公厅、国务院办公厅印发《关于划定并严守生态保护红线的若干意见》，要求以改善生态环境质量为核心，以保障和维护生态功能为主线，按照山水林田湖系统保护的要求，划定并严守生态保护红线，实现一条红线管控重要生态空间，确保生态功能不降低、面积不减少、性质不改变，维护国家生态安全，促进经济社会可持续发展。

2017年7月，环境保护部、国家发展改革委、水利部联合印发《长江经济带生态环境保护规划》（环规财〔2017〕88号），强调多要素统筹，综合治理，上下游差别化管理，责任清单落地，要求到2020年，长江流域生态环境明显改善，生态系统稳定性全面提升，河湖、湿地生态功能基本恢复，生态环境保护体制机制进一步完善。

2018年中央1号文件指出，科学划定江河湖海限捕、禁捕区域，健全水生生态保护修复制度，建立长江流域重点水域禁捕补偿制度。

2018年4月，生态环境部、农业农村部、水利部联合印发《重点流域水生生物多样性保护方案》（环生态〔2018〕3号），提出到2020年，水生生物多样性观测评估体系、就地保护体系、水域用途管控体系和执法体系得到完善，努力使重点流域水生生物多样性下降速度得到初步遏制；到 2030 年，形成完善的水生生物多样性保护政策法律体系和生物资源可持续利用机制，重点流域水生生物多样性得到切实保护。

2018 年 4 月，习近平总书记在深入推动长江经济带发展座谈会上指出，流域生态功能退化依然严重，长江"双肾"洞庭湖、鄱阳湖频频干旱见底，接近 30% 的重要湖库仍处于富营养化状态，长江生物完整性指数到了最差的"无鱼"等级，要求准确把握生态环境保护和经济发展的关系，协同推进生态优先和绿色发展之路，坚持共抓大保护、不搞大开发。

2018 年 9 月，《农业农村部关于支持长江经济带农业农村绿色发展的实施意见》（农计发〔2018〕23 号），提出要重点做好长江经济带水生生物多样性保护工作，具体包括推进长江禁捕、拯救濒危物种、加强生态修复、完善生态补偿、加强资源监测等内容。

2018 年 9 月，中共中央、国务院印发了《乡村振兴战略规划（2018—2022 年）》，提出了实施生物多样性保护重大工程，提升各类重要保护地保护管理能力，加强野生动植物保护等生态保护与修复措施。

2018 年 9 月，国务院办公厅印发《关于加强长江水生生物保护工作的意见》（国办发〔2018〕95 号），提出了 8 个部分、22 条具体政策措施，基本涵盖了有关长江水生生物保护工作的全过程和各环节，为新形势下的长江生物资源保护管理工作提出了新的指导思想、基本原则、保护目标和保护措施。

2019 年，中央 1 号文件提出，降低江河湖泊和近海渔业捕捞强度，全面实施长江水生生物保护区禁捕。

2019 年 1 月，农业农村部、财政部、人力资源和社会保障部联合印发《〈长江流域重点水域禁捕和建立补偿制度实施方案〉的通知》（农长渔发〔2019〕1 号），标志着长江禁捕制度正式出台，明确了长江流域重点水域禁捕工作的具体政策措施。

2020 年 11 月 24 日，农业农村部、人力资源和社会保障部、财政部联合印发《关于推动建立长江流域渔政协助巡护队伍的意见》，通过组建规模适度、架构合理的协助巡护队伍，构建专管群管相结合的执法监管体系，切实加强长江流域渔政执法能力建设，适应长江流域 10 年禁渔新形势要求。

二、长江水生生物衰退现状

长江流域生物资源丰富，分布有水生生物 4 300 多种，其中鱼类 424 种（亚种），177 种为长江特有种，还有中华鲟、长江鲟、长江江豚等珍贵濒危物种，是世界上水生生物多样性最为丰富的河流之一。

但是，受拦河筑坝、水域污染、过度捕捞、航道整治、挖砂采石、滩涂围垦等高强度人类活动的影响，长江水生生物的生存环境日趋恶化，生物多样性持续下降，珍贵特有鱼类全面衰退，经济鱼类资源量接近枯竭。

（一）珍贵特有物种资源全面衰退

国家一级保护动物白鱀豚已多年未见，并于 2007 年被宣布功能性灭绝；仅存的另一种淡水豚类——长江江豚数量急剧下降，2017 年调查发现仅存 1 012 头，只有国宝大熊猫数量的一半；"淡水鱼之王"白鲟，自 2003 年以来未见踪迹，并于 2019 年宣布功能性灭绝；"水中大熊猫"中华鲟数量锐减，到达产卵场的亲鱼由葛洲坝截流初期的 2 176 尾降至 2019 年的不足 20 尾，自然产卵活动由年际间连续变成偶发；以长江命名的鲟鱼——长江鲟，野外自然种群基本绝迹，物种面临灭绝风险；有"长江三鲜"美誉的鲥鱼、刀鲚和河鲀，数量急剧下降，长江鲥鱼早已绝迹，野生河鲀数量极少。此外，根据评估，长江上游 79 种鱼类为受威胁物种，居全国各大河流之首。

（二）长江渔业资源急剧衰退

长江流域渔业资源曾经极为丰富，1954 年天然捕捞量达 42.7 万吨。受多方面因素影响，20 世纪 60 年代，天然捕捞量下降到 26 万吨；80 年代，捕捞量下降至 20 万吨左右。近年来，在沿江各地每年大规模增殖放流补充苗种数量的情况下，长江 28 万捕捞渔民每年的捕捞量不足 10 万吨，仅占全国淡水水产品产量的 0.32%，已基本丧失捕捞生产价值。作为我国淡水养殖产业根本的长江"四大家鱼"鱼苗发生量急剧下降，由 1964—1965 年的 1 150 亿粒下降到当前仅数十亿粒，降幅超过 95%。

三、长江水生生物面临的主要威胁

长江流域以全国 20% 的国土面积，养育了全国 40% 的人口，创造了超过全国 40% 的经济总量，为国家经济社会发展提供了有力支撑。然而，大量的水利水电、交通航运等工程项目，在创造了巨大经济效益的同时，也改变了长江的水域生态环境，对水生生物的影响尤其突出。

（一）水电开发破坏水域生态

据不完全统计，长江流域有水坝近 52 000 座、总库容超过 4 000 亿立方米，导致水域生态环境发生巨大变化，主要影响为：①流水生境大量消失，根据规划，长江上游干流 24 个梯级全部开发完成后，激流生境长度将会锐减到干流总长度的 5% 以下，喜流水的水生生物资源将急剧衰退；②河流生境片段化，《长江经济带生态环境保护审计结果》显示，截至 2017 年年底，10 省已建成小水电站 2.41 万座，333 条河流出现不同程度的断流，断流河段总长 1 017 千米；③鱼类洄游通道被阻隔，中华鲟的繁殖洄游受葛洲坝的阻隔后，原分布在金沙江下游至长江上游 600 千米范围内的 21 个产卵场被压缩至葛洲坝下仅一处产卵场，有效产卵面积仅存约 0.1 平方千米，长江上游特有鱼类——产漂流性卵的河道洄游性鱼类圆口铜鱼受长江上游干支流梯级开发的影响，其产卵及卵苗漂流所需环境条件丧失，繁殖洄游通道被阻隔，当前种群数量急剧下降；④河流的自然径流特征改变，影响鱼类自然繁殖，主要表现为下泄水温升降滞后和径流过程改变，例如，三峡大坝运行后，长江中游"四大家鱼"繁殖期已平均推迟 25天，中华鲟目前已出现偶发性产卵态势。

（二）工程建设改变河流形态

长江水系是我国内河航运最发达的流域，内河航运通航里程 10.02 万千米，占全国的 78.83%。长江也是我国挖砂强度最大的区域，有资料显示，2016 年长江干流河道采砂量 3 195 万吨。航道整治、炸礁疏浚、护岸护坡、挖砂采石、码头桥梁等工程，导致长江岸线湿地不断萎缩，作为水域生态屏障和水生生物栖息地的自然岸线越来越少，这些工程活动还会改变河床底质、河床形态和水文特征，破坏水生生物栖息地。据统计，长江中游干流岸线利用率已经达到 23.1%，下游岸线利用率达到 28%，其中江苏岸线利用率已经达到 35.6%，上海市岸线利用率更是达到 49.2%。

（三）污水排放导致水质恶化

长江沿岸分布着 40 余万家化工企业、五大钢铁基地、七大炼油厂，以及上海、南京、仪征等大型石油化工基地，面临严重的"重化工围江"局面，加上沿江人口密集城镇密布，长江沿岸污水排放导致水生态环境恶化。据统计，2017 年长江流域入河排污口数量共计有 30 000 余个，其中规模以上 6 091 个，废污水排放量由 21 世纪初的 210 亿吨增加到 2017 年的 350 亿吨，年污水排放量相当于一条黄河的水量，水域污染严重威胁珍贵特有物种和水域生态环境。根据《2017 年长江流域及西南诸河水资源公报》，长江流域劣于Ⅲ类水质的河长占 16.1%，61 个湖泊全年水质达到Ⅲ类及优于Ⅲ类的仅占 14.8%，湖泊富营养个数达 85.2%。

（四）围湖造田侵占水域空间

近几十年来，受人多地少和对湖泊功能认识不足等因素影响，长江中游湖泊被大量不合理围垦，湖泊面积急剧减少。资料显示，20 世纪 50 年代以来，我国仅面积 1 平方千米以上的湖泊就减少了 543 个，其中长江中下游地区被围垦的湖泊面积达 11 339 平方千米，约占 50 年代湖泊面积的 47.2%。目前，除鄱阳湖、洞庭湖、石臼湖等极少数通江湖泊外，沿江大部分湖泊因闸坝建设，无法与长江干流实现自然水文连通，湖泊水生生物资源量持续降低，自净化能力基本丧失，接近 30% 的重要湖库处于富营养化状态，太湖、巢湖多次出现大规模蓝藻水华。

（五）过度捕捞加剧资源衰退

在各种原因导致长江渔业资源不断衰退的同时，沿江 11 万余艘捕捞渔船的捕捞能力远远超过渔业资源承载能力，加剧了衰退趋势。当前，长江 28 万捕捞渔民每年的捕捞量不足 10 万吨，仅占全国淡水水产品产量的 0.32%，已基本丧失渔业生产价值。部分渔民为了获取捕捞收益，开始采取"电毒炸""绝户网"等非法作业方式竭泽而渔。根据《长江经济带生态环境保护审计结果》，11 省近 4 年共发生非法电鱼案件 3.46 万起，年均增长 8.8%，其中 149 起发生在珍稀鱼类保护区内，胭脂鱼等珍贵鱼类被电亡，这些非法捕捞行为导致"资源越捕越少，生态越捕越糟，渔民越捕越穷"的恶性循环。

四、政策措施

（一）推进长江流域重点水域禁捕，养护水生生物资源

2015 年 12 月，农业部发布《农业部关于调整长江流域禁渔期制度的通告》，

将长江禁渔期的禁渔时间延长为每年 3 月 1 日至 6 月 30 日，禁渔区范围扩大为长江干流、重要支流和鄱阳湖、洞庭湖、淮河干流河段。2018 年 12 月 27 日，农业农村部印发《农业农村部关于调整长江流域专项捕捞制度的通告》，从 2019 年 2 月 1 日起，停止发放刀鲚（长江刀鱼）、凤鲚（凤尾鱼）、中华绒螯蟹（河蟹）专项捕捞证，禁止天然资源捕捞。2019 年 1 月 8 日，农业农村部、财政部、人力资源和社会保障部联合印发《长江流域重点水域禁捕和建立补偿制度实施方案》，明确了长江流域重点水域禁捕工作的具体政策措施，提出 2020 年 1 月 1 日起，长江流域水生生物保护区全面禁止天然渔业资源的生产性捕捞，保护区以外的长江干流和重要支流、大型通江湖泊自 2021 年 1 月 1 日起，实行暂定 10 年的常年禁捕。

（二）推动落实"国办意见"，加强长江水生生物保护工作

2018 年 9 月 28 日，国务院办公厅印发《关于加强长江水生生物保护工作的意见》（国办发〔2018〕95 号），意见基本涵盖了有关长江水生生物保护工作的全过程和各环节，确定了科学合理的目标任务、操作性强的政策措施和坚强有力的配套保障机制，作为当前和未来一段时间保护长江生物资源、修复水域生态环境的纲领性文件。2019 年 4 月 22 日，农业农村部会同国家发展改革委、科学技术部、公安部、财政部等 11 部门联合印发《〈国务院办公厅关于加强长江水生生物保护工作的意见〉任务分工方案》（农长渔发〔2019〕2 号）。2019 年 4 月 26 日，农业农村部会同国家发展改革委、公安部等 10 部门联合印发《农业农村部关于印发长江水生生物保护暨长江禁捕工作协调机制有关安排的通知》（农长渔发〔2019〕3 号），建立了长江水生生物保护暨长江禁捕工作协调机制，统筹协调推进长江水生生物保护总体工作和长江禁捕专项工作。

（三）落实水生野生动物保护制度，拯救珍贵濒危物种

农业农村部先后发布并实施了《中华鲟拯救行动计划（2015—2030 年）》《长江江豚拯救行动计划（2016—2025）》和《长江鲟（达氏鲟）拯救行动计划（2018—2035）》，推动成立了中华鲟保护救助联盟、长江江豚拯救联盟，组织开展了渔业资源和生态环境本底调查、长江江豚科学考察、中华鲟自然繁殖监测等资源环境调查活动，连续 3 年实施长江江豚迁地保护行动，大力开展珍贵濒危特有物种增殖放流，积极推动长江江豚提升保护等级和中华鲟、长江鲟野生种群恢复。根据 2017 年长江江豚生态科学考察的结果，2017 年长江江豚种

群数量为 1 012 头，表明长江江豚种群数量迅速下降的趋势得到遏制。

(四) 加强渔业行政执法监管，落实资源管护措施

农业农村部长江流域渔政监督管理办公室（以下简称"长江办"）与长江航运公安局共同签署了《执法合作协议》，联合印发《移送长江涉渔违法犯罪案件暂行规定》，通过实行渔政执法和刑事司法衔接机制，进一步完善了涉渔违法案件移送标准和程序，实现"两法衔接"工作的制度化、规范化。农业农村部长江办还联合沿江各省市渔业主管部门、公安部治安管理局、长江航运公安局、长江海事局等单位，统一开展各类专项执法行动。近年来，结合农业农村部每年实施"中国渔政·亮剑——春季禁渔同步执法行动"，组织多部门执法力量在重点水域同步开展渔政执法交叉检查和跨区域联合执法，以"零容忍"的态度严厉打击"电毒炸""绝户网"等各类涉渔违法违规行为，进一步提升了渔政管理效果和依法治渔能力。

(五) 开展水域生态环境保护，修复水生生物栖息地

农业农村部根据《环境影响评价法》有关规定，进一步加强与生态环境保护部门的沟通配合，严格规划环境影响报告书审查和建设项目环境影响评价审批管理，督促落实水生生物资源保护与补偿措施。加强水生生物资源及其生境保护，实施生态环境保护项目，与三峡集团公司签署《修复向家坝库区渔业资源及保护长江珍稀特有物种合作框架协议》，共同推进实施水生生物科学研究、种质保护、资源恢复和生境修复项目。近年来，农业农村部与有关部委共同开展了系列专项整治行动，截至 2018 年，沿江非法码头中有 959 座彻底拆除、402 座已基本整改规范，饮用水水源地、入河排污口、化工污染、固体废弃物等专项整治行动扎实开展，长江水质优良比例从 2015 年年底的 74.3% 提高到 2017 年三季度的 77.3%。

(六) 加大保护投入

为加强濒危物种保护，近年来，农业农村部设立物种品种资源保护费（渔业）项目，用于常年支持珍稀水生生物保护区管理、资源生态监测与修复、增殖放流技术支撑等工作。推动设立长江水生生物保护基金，鼓励和支持长江流域地方各级政府根据大保护需要，健全多主体参与、多元化融资和精准化投入的体制机制，创新水生生物资源保护管理体制机制，加强对水生生物保护工作的政策扶持和资金投入。

（七）加强科技支撑

推动建立覆盖全流域的全息的水生资源与环境物联监测网络，将水文、水动力、水质等水体理化信息同宏基因组和环境 DNA 生物信息联合形成准确化、便捷化、原位化、系统化的监测网络，形成大数据分析和应用系统。推进水生动物冷冻保存库、多组学数据库建设，结合细胞移植、胚胎克隆、基因编辑等生物技术实现水生物种的资源增殖、恢复与利用。

加快珍贵濒危水生生物人工驯养和繁育技术攻关，建设长江重要水生生物物种基因库和活体库，强化珍贵濒危物种遗传学研究，综合利用基因组、代谢组、蛋白组和抗体组等多组学测序和生物信息分析技术，支持利用基因技术复活近代消失的水生生物物种的探索研究，支持以研究和保护为目的鱼类网箱养殖、繁殖等工作，提升物种资源保护、保存和恢复能力。

建设长江流域渔政执法信息化平台、长江流域渔业资源环境监测与重大水生态因子实时在线监测系统信息采集与分析支持系统，进一步强化内陆水域及边境水域的水生生物资源养护和渔政执法工作，规范执法行为；进一步提升面向渔业从业人员的服务质量，保障渔民安全捕捞作业；实现长江流域资源与环境数据搜集、整理、分析、计算以及重大水生态因子的实时监控，实现对长江流域鱼类资源和重要环境影响因子的长期实时监控，保护长江流域水生生物资源和水生态环境，为长江流域的渔业资源管理与生态保护提供管理决策依据。

（八）提升监测能力

全面开展水生生物资源与环境本底调查，准确掌握水生生物资源和栖息地状况，建立水生生物资源资产台账。加强水生生物资源监测网络建设，提高监测系统自动化和智能化水平，加强生态环境大数据综合应用和集成分析，促进信息共享和高效利用，将 5G 信息技术和物联网技术的优势与宏基因组和环境 DNA 等生物信息学技术相结合，建立综合的监测网络并实现大数据的综合分析，提升当前我国水生生物多样性保护和流域综合管理水平。

执笔人：农业农村部长江流域渔政监督管理办公室　王成友

人工繁育与利用篇

第十章　中国水生野生动物繁育和利用概况

人类对水生野生动物利用有着悠久的历史，在农业出现前，人类都是依靠渔猎和采集为生，直到现在水生野生动物仍是人类获取动物蛋白的重要来源。据联合国粮食及农业组织统计，2004 年，全球捕捞业和水产养殖业共提供了约 10 600 万吨食用鱼，人均供应量 16.6 千克（活体等重），水产品为 26 亿多人口提供了至少 20% 的人均动物蛋白摄入量。2018 年，中国水产养殖总产量 49 910 590 吨，是世界上唯一长时间超过捕捞产量的国家。不仅解决了"吃鱼难"问题，丰富了城乡居民菜篮子，还改变了世界蛋白质的供应格局，为世界作出了重大贡献。

一、中国水生野生动物人工繁殖发展历程

（一）远古时期的养殖发展

我国在商代后期就已经开始了水生野生动物养殖，根据众多的卜辞记载，商王室就曾在园囿内大量放养与捕捞鱼类。到了春秋战国时期，我国养鱼技术进一步发展，出现了我国最早的一篇养鱼著作《陶朱公养鱼经》。秦汉以后，我国养殖鲤鱼的规模和技术水平不断发展。隋唐宋时期，由于渔业的繁荣发展，出现了一个渔文化的高潮。人们开始从天然水体中捞取色彩鲜艳的金鲫来作为观赏鱼养殖饲养，并逐步培育发展成"中国金鱼"；养殖品种从传统单一的鲤鱼增加到了青、草、鲢、鳙四种；最早记载的人工养殖珍珠也在这一时期出现。明清时期，海水养殖种类增多，人们利用沿海港湾、港汊或滩涂低地，筑堤建闸蓄水，通过潮汐的涨退套纳鱼苗、虾苗进行粗放养殖；鱼类养殖商品化程度远远超过宋元时期。

（二）中华人民共和国成立后的养殖发展

中华人民共和国成立后，经过民主改革和社会主义改造，我国水产养殖得

到进一步长足发展，在第一个国民经济五年发展规划时期就取得可喜成绩。海水养殖产量从 1950 年的 1 万吨，提高到 1957 年 12.213 9 万吨；淡水养殖产量从 1954 年的 27.795 9 万吨，提高到 1957 年的 56.480 7 万吨。1958—1962 年，"四大家鱼"全人工繁殖成功，极大地促进了养殖业的发展。改革开放后，为解决城乡人民"吃鱼难"问题，国家加速了养殖生产发展。1986 年《渔业法》出台，强调"以养殖为主，养殖、捕捞、加工并举，因地制宜，各有侧重"的渔业生产方针；自 1989 年起，我国水产养殖产量已连续 31 年位居世界第一位，近十年来，世界水产养殖总量占比持续超过 2/3，为人类动物蛋白的供给作出了巨大的贡献。

（三）资源利用促进人工繁殖的发展

中华人民共和国成立后，20 世纪五六十年代，我国经济基础还比较薄弱，迫切需要通过多种方式完成国民财富积累，丰富的水生野生动物资源成为宝贵的食物来源，为我国群众提供了大量优质动物蛋白，一些珍贵品种还作为名特优产品出口为国家换来宝贵的外汇。如包括中华鲟在内的多种鲟（鳇）鱼都曾作为高价值的经济水产品被大量捕捉；大鲵直到 20 世纪 70 年代都还在被大量出口，成为国家出口创汇的重要品种。随着人类社会进步与发展，利用强度加大，人类对水生野生动物利用程度超越野生动物自然再生力，导致物种种群退化。种群退化、种质资源匮乏迫使人们重新认识对水生野生动物资源的利用。1957 年，黑龙江水产研究所在黑龙江萝北江段成功地进行了史氏鲟的人工繁殖，并获得少量鱼苗；1972 年，四川重庆长寿湖水产研究所首次成功地进行了中华鲟采卵孵化；1974 年，湖南省桑植县成立了娃娃鱼研究所，开展大鲵人工繁育研究；1981 年，长江水产研究所开始了对中华鲟的人工繁殖研究；1988 年《野生动物保护法》颁布，制定了"对野生动物实行加强资源保护、积极驯养繁殖、合理开发利用"的方针，鼓励人工繁殖野生动物。也是从这个时期开始，国家重点保护的水生野生动物人工繁殖也逐渐兴起；1990 年三线闭壳龟全人工繁殖成功；1991 年胭脂鱼全人工繁殖成功；1992 年山瑞鳖全人工繁殖成功；2000 年西伯利亚鲟全人工繁殖成功；2001 年匙吻鲟、小体鲟全人工繁殖成功；2002 年史氏鲟全人工繁殖成功；2003 年大鲵全人工繁殖成功；2004 年俄罗斯鲟全人工繁殖成功；2007 年鳇、长江鲟全人工繁殖成功；2009 年中华鲟全人工繁殖成功。经过 30 年的发展，全人工繁殖取得成功的国家重点保护水生野生动物已达 30 多种。

（四）人工繁殖促进资源保护与可持续利用

人工繁育的长足发展，使大量人工繁育资源供给市场，不仅极大地缓解了水生野生动物野外种群的压力，还在迁地保护、苗种供应、科学研究等方面反哺野外种群保护工作。同时，水生野生动物的人工繁育产业，还在某种程度上解决了当地居民就业问题，成为农民增收、解决并改善当地民生和精准扶贫的重要手段。仅 2015 年我国鲟（鳇）鱼养殖产量就达 9.4 万吨，鱼子酱产量近 55 吨，直接就业人员超过 10 万人。自 2007 年仿生态养殖大鲵技术成熟后，带动一大批山区农户参与养殖，并已成为部分农民家庭生活的重要经济来源，极大地提高了当地农民的收入水平。据统计，陕西略阳珍稀水生动物国家级自然保护区在 2013—2016 年的 4 年间，共放流 20~35 厘米的人工养殖大鲵 31 700 尾，有效促进了大鲵野生种质资源的恢复。可以说，我国在通过人工繁育保护野生动物方面取得了成功经验，探索出一条保护野生动物的可行之路。

二、人工繁育水生野生动物利用管理现状

人类对水生野生动物资源的利用需求不断增长，但水生野生动物自然再生力是相对稳定的，这样就产生了供给与利用的矛盾。为了解决这一对矛盾，取得资源保护和利用的平衡，国家先后制定了一系列法律法规，从制度上对珍贵濒危的水生野生动物和普通经济物种进行区别化管理。

（一）普通物种利用管理

国家对普通物种利用管理，采取发展养殖、限制捕捞的措施。1979 年，国务院颁布了《水产资源繁育保护条例》，通过规定水生动物的可捕标准、渔具网眼尺寸控制野外资源利用行为。1986 年，《渔业法》颁布实施，鼓励全民所有制企业、集体所有制企业和个人充分利用适于养殖的水面、滩涂发展养殖业，对从事养殖生产者核发养殖使用证，确认使用权；对野外捕捞水生动物实施捕捞许可证制度，按照捕捞许可证关于作业类型、场所、时限和渔具数量的规定进行作业，并遵守有关保护渔业资源的规定。

（二）保护动物利用管理

国家对珍贵濒危水生野生动物的利用管理要求更加严格。1989 年《野生动

物保护法》实施，国家对野生动物实行加强资源保护、积极驯养繁殖、合理开发利用的方针，鼓励开展野生动物科学研究。2017 年，新修订的《野生动物保护法》实施，将管理原则调整为保护优先、规范利用、严格监管，在允许合理利用水生野生动物人工繁育资源的同时，进一步强化对野生资源的保护管理，原则上禁止对水生野生动物野外资源的一切利用活动，任何因特殊原因需要捕捉、出售、收购、利用、人工繁育水生野生动物的行为必须经过主管部门批准。

（三）野生动物利用标识管理

2016 年，在《野生动物保护法》修订过程中，农业部对人工繁育水生野生动物，特别是在大鲵产业方面取得的成绩和经验进行了介绍，得到了全国人大和专家团队的高度认可。大鲵的"标识替代许可"管理经验，也在野生动物保护法修订中有所体现。2016 年修订颁布的《野生动物保护法》规定，因科学研究、人工繁育、公众展示展演、文物保护或者其他特殊情况，需要出售、购买、利用国家重点保护野生动物及其制品的，应当经省（自治区、直辖市）人民政府野生动物保护主管部门批准，并按照规定取得和使用专用标识，保证可追溯。对人工繁育技术成熟稳定野生动物的人工种群，不再列入国家重点保护野生动物名录，实行与野外种群不同的管理措施，但在利用时需按规定取得人工繁育许可证和专用标识。目前，农业农村部已经印发两批《人工繁育国家重点保护水生野生动物名录》，将三线闭壳龟、大鲵、胭脂鱼等 25 种水生野生动物列入其中（表 10-1），还在大鲵标识的基础上，建立水生野生动物及其制品标识管理系统，推动鲟鱼、淡水龟鳖、海洋哺乳动物等物种的标识管理（表 10-2）。

表 10-1　《人工繁育国家重点保护水生野生动物名录》（第一批）

序号	中文名	拉丁名
1	三线闭壳龟	*Cuora trifasciata*
2	大鲵	*Andrias davidianus*
3	胭脂鱼	*Myxocyprinus asiaticus*
4	山瑞鳖	*Palea steindachneri*
5	松江鲈	*Trachidermus fasciatus*
6	金线鲃	*Sinocyclocheilus grahami grahami*

表 10-2 《人工繁育国家重点保护水生野生动物名录》（第二批）

序号	中文名	拉丁名
1	黄喉拟水龟	*Mauremys mutica*
2	花龟	*Mauremys sinensis*
3	黑颈乌龟	*Mauremys nigricans*
4	安南龟	*Mauremys annamensis*
5	黄缘闭壳龟	*Cuora flavomarginata*
6	平胸龟	*Platysternon megacephalum*
7	黑池龟	*Geoclemys hamiltonii*
8	暹罗鳄	*Crocodylus siamensis*
9	尼罗鳄	*Crocodylus niloticus*
10	湾鳄	*Crocodylus porosus*
11	施氏鲟	*Acipenser schrenkii*
12	西伯利亚鲟	*Acipenser bearii*
13	俄罗斯鲟	*Acipenser gueldenstaedtii*
14	小体鲟	*Acipenser ruthenus*
15	鳇	*Huso dauricus*
16	匙吻鲟	*Polyodon spathula*
17	唐鱼	*Tanichthys albonubes*
18	大头鲤	*Cyprinus pellegrini*
19	大珠母贝	*Pinctada maxima*

执笔人：中国野生动物保护协会水生野生动物保护分会　周晓华

农业农村部渔业渔政管理局　张宇

第十一章　主要人工繁育和利用物种

水生野生动物养殖在我国具有悠久的历史，近30年来，我国水生野生动物养殖业蓬勃发展，取得了举世瞩目的成就，有效地减少了人类对野外种群的过度利用依赖。水生野生动物养殖是实现对野生动物科学可持续合理利用的重要途径，有助于缓解人类日益增长的需求对水生野生动物利用的巨大压力。同时，在水生野生动物养殖技术与管理方面仍存在一些有待解决的问题，这些问题对水生野生动物资源保护造成了一定的影响，下一步需要重点予以解决。

一、三线闭壳龟

（一）物种基本情况

三线闭壳龟（*Cuora trifasciata*），俗称金钱龟（图 11-1），隶属于龟鳖目（Testudines）、地龟科（Geoemydidae）、闭壳龟属（*Cuora*）（王剀 等，2020）。三线闭壳龟具有较高的经济价值、文化艺术价值、观赏价值、食用价值和药用价值（周婷 等，2011）。由于过度捕猎、栖息地破坏、水环境污染等原因，目前，三线闭壳龟野外种群数量已极度稀少（Gong et al.，2017），被《世界自然保护联盟濒危物种红色名录》和《中国脊椎动物红色名录》（蒋志刚 等，2016）评估为极危（CR）物种。为了加强保护，三线闭壳龟已被列为国家二级重点保护野生动物，并被列入 CITES 附录Ⅱ，限制国际贸易。

1. 鉴别特征

三线闭壳龟背甲长一般为20厘米左右，部分可达30厘米以上（史海涛 等，2011），体重一般为 1~2 千克。背甲呈长椭圆形，中部显著隆起，背甲脊棱明显，左右各有 1 条侧棱，背甲红棕或红褐色，脊棱和侧棱呈黑色，形成 3 条黑色纵纹，这是三线闭壳龟的典型特征。腹甲黑色，边缘黄色。腹甲前后两叶以韧带连接，前后叶可向上活动与背甲闭合，头尾及四肢可全部缩入龟甲内。头颈部、喉、颊及喙部为黄色。四肢及尾部橘红色或淡棕色。指、趾间具蹼（张孟

图 11-1　三线闭壳龟（摄影：龚世平）

闻 等，1998）。成体雄龟体型显著小于雌龟，背甲较窄，尾根部较雌龟粗且长。

2. 生物学资料

三线闭壳龟属水栖龟类，生活于丘陵、山区的溪流、池塘、沼泽等环境，分布于广东、广西、海南、福建、香港（张孟闻 等，1998；Rhodin et al.，2017）。杂食性，在自然界以鱼、虾、螺类等水生动物，蚯蚓，昆虫以及野果、植物嫩茎叶为食物，在人工饲养条件下也进食配合饲料、动物内脏、水果蔬菜等。在秋冬季节，当气温降至 15℃ 以下时，龟进入冬眠。次年春季，待气温上升至 15℃ 以上时苏醒。一般经 5~7 年达到性成熟，雄性的性成熟年龄较雌性早。产卵繁殖期 4—9 月，成年雌性一般年产卵 1~2 窝，每窝 1~9 枚。孵化温度 28~32℃ 为宜，孵化期 2~3 个月（周婷 等，2011）。孵化期长短与孵化温度高低相关，温度高则孵化期缩短。稚龟的性别与孵化温度密切相关，26℃ 以下温度孵化时，稚龟主要为雄性，30℃ 以上温度孵化时，稚龟主要为雌性（周婷 等，2009）。

（二）养殖产业发展情况

我国三线闭壳龟养殖始于 20 世纪 80 年代中期，至今已有 30 多年的历史，养殖产业大体上可以划分为四个阶段：萌芽阶段、初级阶段、发展阶段、成熟阶段（周婷 等，2011）。

萌芽阶段：大约是 20 世纪 80 年代初期到中期，在这个阶段只有华南地区（广东、广西、海南）少数技术人员开始尝试三线闭壳龟人工养殖，养殖场从野外获取种源，探索养殖技术，养殖规模很小。

初级阶段：大约是 20 世纪 80 年代末到 90 年代初期，这个时期市场对三线闭壳龟需求量逐年增加，尤其是港澳台地区和东南亚一些国家的需求逐年递增。三线闭壳龟市场价格逐年上升，成体达到 6 000~10 000 元/只，龟苗价格达到 1 000~2 000 元/只，在广东、广西、海南掀起了三线闭壳龟养殖热潮。这个时期三线闭壳龟养殖技术取得了突破，但技术尚不成熟和稳定，人工繁殖尚未形成规模化，主要是子一代龟苗的繁殖。

发展阶段：大约是 20 世纪 90 年代中期至 2007 年，这一时期三线闭壳龟市场价格逐渐上升，龟苗价格超过 1 万元/只，人工繁殖技术逐步走向成熟，养殖业已经形成较大的规模。截至 2007 年年底，我国三线闭壳龟种龟存栏量达到 9 000~12 000 只，年繁殖龟苗达 5 500~8 500 只。除了子一代龟苗外，也生产出大量子二代及子二代以上的龟苗。

成熟阶段：自 2007 年以后，三线闭壳龟养殖技术日益成熟和完善，养殖规模继续扩大。市场价格 2010—2015 年达到高峰，龟苗价格普遍达到 15 000~25 000元/只；2015 年以后价格大幅度下降，每只龟苗价格降为 5 000~8 000 元。此时市场趋于饱和，但养殖规模和繁殖量仍在继续增加，每年龟苗产量估计达 4 万只以上。截至 2019 年，全国养殖场三线闭壳龟的存量估计在 60 万只以上。从养殖的地区来看，以广东、广西、海南为主要养殖区，福建、江苏、浙江、上海、北京等地也有小规模的养殖户。

产业形式：三线闭壳龟养殖业主要为企业规模化养殖和家庭小规模庭院养殖两种形式。其中，比较大的三线闭壳龟养殖企业的养殖规模可达数千只，甚至上万只。例如广东惠州李艺金钱龟生态发展有限公司、广西钦州市兴联养殖有限公司等均是大型的三线闭壳龟养殖企业。另外，在广东惠州、佛山、广州、东莞、中山、茂名、韶关，广西钦州、梧州、南宁以及海南屯昌、海口等地还有许多规模相对较小的养殖企业和大量个体养殖户。

产业趋势：三线闭壳龟经济价值、观赏价值和文化价值较高，社会知名度和影响力较大，在龟鳖类养殖业中具有重要影响。三线闭壳龟养殖在华南地区带动了部分地区社会经济的发展，在解决农民就业、农民增收、促进旅游业发展、满足市场需求等方面发挥了积极作用。未来，三线闭壳龟种苗市场预计将在较长时期内处于饱和状态，市场价格将逐步回归理性，养殖企业将在产品深加工、保健品研发、观赏价值、休闲渔业、文化旅游等领域开辟新的市场，探索多元化经营模式。

（三）保护管理工作

三线闭壳龟作为珍贵濒危物种和国家重点保护野生动物，受到《野生动物保护法》和 CITES 等多部法律法规的保护。在保护管理方面，主要包括就地保护、迁地保护、贸易管控、保护执法和宣传等方面。

在就地保护方面，目前在广东、广西、海南等三线闭壳龟栖息地已经建立了一批自然保护区，例如，海南尖峰岭国家级自然保护区（龚世平 等，2006）、海南黎母山省级自然保护区（龚世平 等，2004）、广东鼎湖山国家级自然保护区（龚世平 等，2012）、广东象头山国家级自然保护区等。这些自然保护区内有三线闭壳龟的自然种群，保护区的建立对栖息地和野生种群保护具有积极意义。

在迁地保护方面，主要是科研机构、野生动物救护机构、龟类养殖场等开展了救护、繁育、养殖工作。例如，暨南大学在 20 世纪 80 年代开展了三线闭壳龟的救护和繁育技术研究，并繁育出了子二代。三线闭壳龟作为重要经济物种，政府主管部门允许有关养殖企业和个人依法开展人工繁育和经营利用。

自 20 世纪 80 年代以来，三线闭壳龟养殖业从萌芽、发展到逐步成熟，目前已经建立了数量在 60 万只以上的人工养殖群体。养殖业取得的巨大成功，使三线闭壳龟摆脱了灭绝的风险，这对物种保护和种质资源保护具有重要意义。三线闭壳龟规模化养殖满足了市场的需求，有效地减轻了对野生资源的依赖，对促进物种保护也具有积极作用。

但是，在三线闭壳龟养殖和保护管理方面也存在一些问题。第一，养殖场管理不规范，谱系档案不清，随意杂交行为导致种质混乱，甚至出现退化现象。目前，我国三线闭壳龟养殖场的种源主要源自广东、广西、海南地区以及国外的越南，不同产地的龟在形态特征上存在明显差异，在分类学上属于不同的种或亚种（Rhodin et al.，2017）。而养殖场通常将不同产地的龟混在一起饲养，导致产生的子一代和子二代龟在种质遗传上十分杂乱，不利于原种资源的保护。第二，部分养殖场非法收购野生个体，用以补充种源或改良种质或倒卖。具有合法养殖许可证和经营利用许可证的养殖场，如果通过非法交易收购野生三线闭壳龟，将非法收购的个体"洗白"，这势必对野生动物保护执法部门打击非法贸易造成很大的困难，也助长了非法盗猎活动，增加了对野生资源保护管理的难度。第三，目前野生动物主管部门对三线闭壳龟养殖场的监管仍比较有限，难以对养殖数量的动态变化、谱系档案、原代和子一代个体的数量及市场流向等进行切实的监管，标识化管理尚未实施。第四，物种与栖息地保护管理存在部门权力分割问题，物种归农业部门管理，但自然保护区内的栖息地归林业部门管理（Gong et al.，2020）。这些都是未来保护管理中需要改善和解决的问题。

执笔人：暨南大学生命科学技术学院　龚世平

二、山瑞鳖

（一）物种基本情况

山瑞鳖（*Palea steindachneri*），俗称山瑞、团鱼（图11-2），隶属于爬行纲（Reptilia）、龟鳖目（Testudines）、鳖科（Trionychidae）、山瑞鳖属（*Palea*）（王剀 等，2020）。山瑞鳖具有较高的经济价值、食用价值和药用价值。由于过度捕猎、栖息地破坏、水环境污染等原因，目前山瑞鳖野外种群数量已非常稀少（Gong et al.，2017），被《世界自然保护联盟濒危物种红色名录》和《中国脊椎动物红色名录》（蒋志刚 等，2016）列为濒危（EN）物种。为了加强保护，山瑞鳖已被列为国家二级重点保护野生动物，并被列入CITES附录Ⅱ，限制国际贸易。

图11-2　山瑞鳖（摄影：龚世平）

1. 鉴别特征

山瑞鳖背甲长可达43厘米，体重可达20千克左右。形态与鳖相似，主要区别是山瑞鳖颈基部两侧各有一团粗大疣粒，背甲前缘有一排粗大疣粒。背盘呈椭圆形，背甲表面覆以柔软的革质皮肤，周边有较厚的裙边，呈棕绿色至黑褐色。头部前端突出，形成吻突，鼻孔在吻突前端，眼小，瞳孔圆形。颈长。四肢具发达的蹼，内侧三指、趾具爪。头、颈可缩入壳内，四肢不能缩入。雄性尾较长，可超出裙边，雌性尾短，不露出裙边。腹甲粉白色，有灰黑色大斑块（张孟闻 等，1998；史海涛 等，2011）。

2. 生物学资料

山瑞鳖生活于山地的河流、湖泊和池塘中，分布于我国广东、广西、海南、贵州、云南等省（自治区），国外分布于越南（Rhodin et al.，2017）。自然界中以鱼、虾、贝类、螺类、蛙类等水栖动物以及蚯蚓等为食（张孟闻 等，1998），在人工饲养条件下也进食配合饲料、动物内脏等。在秋、冬季节，当气温降至15℃以下时，进入冬眠。次年春季，待气温上升到18℃以上时苏醒。性成熟年龄为4~6年，雄性的性成熟年龄较雌性早。产卵繁殖期为4—10月，6—7月为繁殖盛产期，雌鳖每年可产卵1~3窝，每窝2~28枚，通常5~15枚，产卵于河岸附近的沙滩，孵化期一般为2~3个月（周婷 等，2009）。

（二）养殖产业发展情况

1. 产业发展历程

山瑞鳖的养殖始于20世纪80年代晚期。1988年，暨南大学爬行动物养殖场从市场获得8只山瑞鳖种鳖，当年产卵44枚，孵化出子一代稚鳖18只。这些稚鳖饲养至1994年开始产卵繁殖，当年3只雌鳖产卵108枚，孵化出子二代稚鳖73只（唐大由 等，1997），该案例是山瑞鳖人工繁殖成功的最早报道案例。在此后的20多年里，国内科研机构对山瑞鳖的繁殖生态学和养殖技术进行不断探索，内容包括繁殖活动行为规律观察，孵化温度、湿度、介质条件对孵化率的影响（李贵生 等，1999；李应森 等，2000；寇治通，2002a），亲鳖培育与稚鳖培育（刘坚红，1999；寇治通，2002b），饲喂饵料（周运和，2005），温度和饲养密度对幼鳖摄食和生长的影响（农新闻，2015），人工繁殖试验（赵忠添 等，2015），小水体无沙养殖（赵忠添 等，2016），庭院养殖技术等（张益峰 等，2016）。总体而言，经过20多年的研究探索和养殖实践，山瑞鳖的人工繁殖技术取得了突破，已经实现人工规模化养殖。但从山瑞鳖人工繁育技术、养殖技术、饲料技术等发展水平来看，仍存在较大的上升空间，处于不断完善阶段。

2. 产业规模

目前，不同地区、不同企业掌握的山瑞鳖养殖技术水平存在一定差异。山瑞鳖养殖企业主要集中在广东、广西、海南三个省（自治区），总体养殖规模尚缺乏调查数据，只有部分地区个别年份的统计。赵忠添等（2014）报道，2011年广西山瑞鳖的养殖年产值达 2 亿元，并且以每年 10% 的速度递增，成为广西仅次于中华鳖的优势养殖品种。根据对业内部分从业者的调查，估计目前全国山瑞鳖的种鳖存栏量在 5 万只左右，年产山瑞鳖苗 20 万~30 万只。山瑞鳖养殖以中小养殖场为主，规模通常为几百只到几千只，达上万只的养殖场很少。市场价格的波动对养殖业规模大小具有明显影响。2008—2014 年，山瑞鳖苗的价格超过 200 元/只，利润较高，促进了山瑞鳖产业的发展。2015 年以后，随着产量的增加，山瑞鳖苗价格下降到 20~30 元/只，养殖规模增长缓慢，部分地区出现下降趋势。2019 年山瑞鳖苗价格有所回升，达到 40 元/只，商品鳖的市场需求也有所上升。总体来说，山瑞鳖已成为能够规模化养殖和大众消费的品种，市场需求较为稳定，产业发展相对平稳。

（三）保护管理工作

山瑞鳖作为珍贵濒危物种和国家二级重点保护野生动物，受到《野生动物保护法》和 CITES 等多部法律法规的保护。近年来，在就地保护、迁地保护、贸易管控、保护执法和宣传等方面开展了一些保护工作。

在就地保护方面，目前虽然没有为山瑞鳖保护建立专门的省级以上自然保护区，但是一些已建立的自然保护区也覆盖了山瑞鳖的栖息地，例如海南尖峰岭国家级自然保护区（龚世平 等，2006）、海南鹦哥岭国家级自然保护区（廖常乐 等，2018）、广东南岭国家级自然保护区等，这些保护区有山瑞鳖自然种群的分布，保护区的建立对栖息地和野生种群保护具有积极意义。

在迁地保护方面，主要是科研机构、野生动物救护机构、龟类养殖场等开展了救护、繁育、养殖工作。暨南大学唐大由教授等在 20 世纪 80 年代较早开展了山瑞鳖的繁育技术研究，并最早繁育出了子二代。山瑞鳖作为重要经济物种，政府主管部门允许有关养殖企业和个人依法开展人工繁育和经营利用。自 80 年代以来，山瑞鳖养殖业从萌芽到逐步发展，人工繁殖技术已经取得成功，实现了规模化养殖，使山瑞鳖摆脱了灭绝的风险，这对物种保护和种质资源保护具有重要意义。山瑞鳖规模化养殖满足了市场的需求，从而在很大程度上减轻了对野生资源的依赖，对促进物种保护具有积极作用。

但长期以来，在山瑞鳖养殖和保护管理方面也存在一些问题。第一，养殖场管理不规范，谱系档案不清，随意杂交行为对山瑞鳖原种保护不利，并导致种质混乱，甚至出现退化问题。目前，我国山瑞鳖养殖场的种源来源于国内的广东、广西、海南等地区以及越南，不同产地的山瑞鳖在遗传上存在一定的分化。而养殖场通常将不同产地的山瑞鳖混在一起饲养，导致产生的子代在种质遗传上十分杂乱，不利于种质资源的保护。第二，部分养殖场非法收购野生个体，用以补充种源或改良种质或倒卖。具有合法养殖许可证和经营利用许可证的养殖场，如果在黑市收购野生山瑞鳖，将非法收购的个体"洗白"，势必给野生动物保护执法部门打击非法贸易造成很大的困难，也使非法盗猎活动更加隐蔽，严重影响野生资源的保护管理。第三，目前野生动物主管部门对山瑞鳖养殖场的监管仍比较有限，难以对养殖数量的动态变化、谱系档案、原代和子一代个体的数量及市场流向等进行切实的监管，标识化管理尚未实施。第四，物种与栖息地保护管理存在部门权力分割问题，物种归农业部门管理，但自然保护区内的栖息地归林业部门管理（Gong et al.，2020）。这些都是未来保护管理中需要完善和解决的问题。

执笔人：暨南大学生命科学技术学院　龚世平

三、大鲵

（一）大鲵基本情况

大鲵（*Andrias davidianus*），又称娃娃鱼、中国大鲵，英文名为 Chinese giant salamander，隶属于两栖纲（Amphibia）、有尾目（Caudata）、隐鳃鲵科（Crypto-branchidae）、大鲵属（*Andrias*）（图 11-3）。大鲵为国家二级重点保护水生野生动物，CITES 将其列为附录 I 物种，《中国脊椎动物红色名录》将大鲵列为极危等级，世界自然保护联盟也将大鲵列为极危等级，英国伦敦动物协会于 2008 年年初将其确定为在进化史上最奇特的十种全球濒危两栖动物之首。

1. 鉴别特征

大鲵体表裸露无鳞，皮肤光滑。成体体长可达 180 厘米，体重可达 50 千克，人工饲养条件下可以存活 51 年，最高纪录为 130 年。大鲵身体分为头、躯干与

图 11-3　大鲵（照片提供：梁刚）

尾三个部分，头与躯干部上下扁平，尾部左右侧扁。成体没有鳃，用肺进行呼吸；头背部外侧有一对很小的眼睛，没有眼睑，头部背腹面有较多成对排列的圆形疣粒；躯干两侧有非常明显的皮肤皱褶；四肢粗短，前肢4指，后肢5趾，指、趾末端光滑无爪；尾长占全长的1/3左右。大鲵的体色多种多样，随着环境与栖息地的不同而发生变化，大多数个体为暗黑灰色，也有红棕色、金黄色等其他体色的个体。

2. 生物学资料

大鲵是我国特有的有尾两栖动物，也是全球现存两栖动物中最古老、体型最大的动物，处于从水生向陆生脊椎动物过渡的中间位置，有"活化石"之称，具有重要的科研、生态、人文及经济价值。隐鳃鲵科在全球现存有2属3种，除大鲵外，还有日本大鲵（*Andrias japonicus*）和美国隐鳃鲵（*Cryptobranchus alleganiensis*），它们以断裂状分别残存于我国大陆、日本本州岛和美洲大陆。

大鲵在自然环境中生长5~7年后，性腺发育成熟。在非繁殖季节，雌雄大鲵在外形上不易区别。在繁殖季节，成熟雄性大鲵的泄殖孔比较小，周围形成明显的椭圆形隆起圈，泄殖孔的内周边缘有10余粒白色的细小突起；成熟雌性大鲵的泄殖孔相对较大，周围向内凹入，泄殖孔的内周边缘光滑无小白点突起。大鲵属于卵生动物，每年夏末秋初是其繁殖盛期，一年产卵一次，产卵数量一般在400~1 000枚，产卵多少与个体大小密切相关。大鲵产卵常在后半夜进行，卵呈圆球形，卵外包有透明的胶质膜，使大鲵卵的直径能够达到 1.5~1.7 厘米，胶质膜还将每个卵球连接起来形成卵带，卵带在整体上呈念珠状并富有弹性。产卵时，雌鲵将卵带的一端黏附在石头或木块等附着物上，一边爬行一边产卵。大鲵为体外受精动物，受精卵孵化时间与水温密切相关，孵化期一般为 35~40 天。刚孵化出的个体称稚鲵，其颈部两侧有 3 对呈桃红色的羽状外鳃，身体腹面有明显的卵黄。稚鲵用外鳃进行呼吸，不吃食，营养由卵黄提供，该阶段需要持续 45~50 天。当稚鲵的卵黄基本被消耗完毕时，即开口摄食。从开口摄食到外鳃脱落这段时间称作幼鲵，该阶段需要持续 10~12 个月，幼鲵仍然用鳃进行呼吸。外鳃脱落后，幼鲵发育为成体，此时体长已经达到 17~20 厘米，呼吸方式也由鳃呼吸变为肺呼吸。在此需要说明的是，尽管大鲵成体用肺进行呼吸，但由于肺的结构简单、表面积很小，气体交换能力较差，无法满足其新陈代谢的需要，因此大鲵成体还必须依靠皮肤呼吸来弥补肺呼吸的不足。

大鲵分布在海拔 300~1 500 米的山涧溪流内，一般喜欢栖居于石灰岩层的阴河、暗泉或有水流的山溪穴洞内。这里水流较急而清凉，夏无酷暑、冬无严寒、温凉湿润、降水充沛，年平均气温 12~17℃，无霜期 220~270 天，水的 pH 值为 6.5~7.2。大鲵具有昼伏夜出、穴居、好静、怕光、慑声、喜清水等生活习性。成鲵常单独栖居活动，一般以蟹虾类、鱼类、蛙类、蛇类、水鸟、老鼠、龙虱的幼虫等为食，白天多隐藏在穴洞内，夜间活动频繁。稚鲵与幼鲵有集群的生活习性，常成群在浅滩乱石缝中、水草下、石穴内活动与摄食，幼鲵以浮游动物及小型水生昆虫等为食。大鲵具有冬眠的习性，一般在 11 月底至翌年 3 月处于休眠状态，4 月苏醒，5 月是摄食旺季，此时大鲵特别贪食而且十分凶猛。大鲵的生长比较缓慢，从体长与体重的关系来看，前 5 年体长增长较快而体重增长较慢，5 年后体长增长较慢而体重增长较快。

3. 资源现状

20 世纪 80 年代前，大鲵在我国分布很广，主要分布于长江、黄河及珠江中上游的山涧溪流中，费梁等（2006）记载大鲵原分布于我国的河北、河南、山西、陕西、甘肃、青海、四川、贵州、湖北、安徽、江苏、浙江、江西、湖南、福建、广东、广西等 17 个省（自治区），且野生种群数量比较丰富。但是，经过 30 多年来的乱捕滥猎，过度收购，栖息地减少、破坏和丧失等因素的影响，野生大鲵的种群数量迅速减少，个体出现小型化，分布范围缩小。

目前，我国野生大鲵自然繁殖地的生境破碎，分布区已经呈现明显的岛屿化。依据章克家等（2002）的调查显示，我国目前已经形成了 12 个呈明显岛屿化的野生大鲵自然分布区。在这 12 个分布区中，野生大鲵最大的自然分布区主要集中在四大区域：一是陕西省的秦巴山区与河南省的卢氏、西峡；二是湖南省的张家界、湘西自治州；三是湖北省的房县、神农架；四是贵州省的遵义与四川省的宜宾等地。

针对野生大鲵资源的严峻现状，我国各级渔业行政主管部门高度重视对大鲵资源及其栖息地的保护工作，并采用了国际上被广泛接受的且被认为是最有效的濒危野生动物的保护方式——就地保护和迁地保护。

（二）大鲵产业发展情况

为了有效拯救和保护大鲵这一珍贵自然资源，维持生态系统平衡，我国各级渔业行政主管部门除了在野生大鲵集中分布区建立自然保护区、开展就地保护工作，自 20 世纪 90 年代以来，各地依法批准建立了一批大鲵人工繁育场，开展大鲵的迁地保护和开发利用工作。经过全国各地科技人员十多年的不懈研究与艰苦探索，大鲵的人工驯养繁殖技术获得了实质性的进展，取得了巨大成功，为大鲵的种质资源保护与开发利用工作作出了突出贡献。

1. 产业发展历程

我国对大鲵的人工驯养繁育研究工作，可以追溯到 20 世纪 60 年代，但在近 30 年，大鲵的人工繁殖工作才有了突破性的进展。依据全国各地人工繁育大鲵的发展历程与繁殖方式，梁刚（2007）首次将其归纳并命名为 3 种基本模式：大鲵全人工繁育模式、大鲵原生态繁育模式与大鲵仿生态繁育模式。

（1）大鲵全人工繁育。

在大鲵的原分布区，首先建设房屋、地下室或开挖隧道，再在其内建造不同规格的饲养池。饲养用水可以是抽取的地下水，也可以是附近的河水或泉水。因此，该技术模式全部是在人造环境条件下进行的，是脱离了大鲵原始生态环境而进行的繁育技术。

该技术模式始于 1987 年，中国水产科学研究院长江水产研究所在国内率先提出该项技术，并与浙江某大鲵养殖公司合作实现了大鲵的集约式养殖。后来，该技术模式逐渐在大鲵原分布区的 13 个省（自治区）被推广。随着对大鲵繁育生物学及人工繁育技术的深入研究，该项繁育技术已经基本成熟，掌握了亲鲵的培育、人工催产、人工授精、人工孵化、稚鲵和幼鲵饲养等人工繁育技术。截至 2007 年，广东和江西各有 1 个全人工繁育场通过了省级技术鉴定。此外，广东与浙江的某养殖公司已达规模化繁育，每年人工繁殖大鲵幼苗突破 1 万尾；湖南能成功进行全人工繁育的单位已有 6 个，陕西也有 3 个繁育场连续 7 年人工繁殖成功。

大鲵全人工繁育技术的优点：一是管理方便，观察直接；二是没有自然与人为灾害的风险。该项技术的缺点：一是大鲵生活习性和繁殖行为等不能被完全反映出来；二是生殖腺不发育或发育不同步，需要注射激素催产；三是亲鲵生殖寿命较短，需要不断补充种鲵；四是对繁殖技术要求高，繁殖率低而不稳定；五是养殖设施造价高，运行成本大。

（2）大鲵原生态繁育。

选择大鲵原产地山区的一段自然河道，对其给予适当改造并添加防护设施后，按雌雄 1∶1 投入种鲵。通过精心看护、定期投喂饵料，让种鲵自然繁殖，定时捞取大鲵幼苗。

该技术模式是陕西汉中勉县大鲵研究所于 2000 年在全国首先提出的。在该技术模式下，亲鲵性腺自然发育、成熟、产卵、受精、孵化、出苗，在大鲵繁殖出苗方面取得了令人信服的好成绩，并得到全国同行的广泛关注与好评。基于以上成绩，在该大鲵研究所的示范与带动下，陕西汉中的勉县、宁强、略阳等县其他大鲵养殖户纷纷效仿原生态繁育技术，在大鲵的繁殖出苗方面均取得了可喜的成绩。

大鲵原生态繁育技术的优点：一是亲鲵自然繁殖，生殖寿命长；二是投资少，见效快；三是技术容易掌握。该繁育技术的缺点：一是抗御自然灾害的能力弱；二是天敌危害严重；三是管理不便，大鲵与水质安全无法得到保障。

（3）大鲵仿生态繁育。

在大鲵的适生区选择一块台地或缓坡地，建造人工小溪流和洞穴，在洞穴上方覆盖土壤并种植草本植物，以营造大鲵的适生环境。饲养用水主要引自附近的山泉水或河水，河水使用前要经过建在人工小溪流上游 2~3 个阶梯式的水池过滤，以保证饲养用水的水质安全。该技术模式还需要在小溪流周围建设室内大鲵饲养池、防逃设施、看护设施、饵料饲养设施等，按雌雄 1∶1 向人工小溪流内投入种鲵，通过定期投喂食料、精心管护，定时捞取大鲵幼苗。

大鲵仿生态繁育技术模式始于 2004 年，是陕西师范大学生命科学学院专业技术人员与汉中某大鲵养殖公司在充分研究前两种繁育技术模式的优缺点，并认真研究野生大鲵生境中的自然生态因子、生活习性、生殖生理与繁殖行为等基础生物学资料的基础上研究成功的，在全国甚至全球属于首创，并且获得了极大成功，也获得了国家发明专利（专利号：ZL200710018264X）。该技术为突破大鲵大规模人工繁殖种苗及大鲵产业化快速发展奠定了强大的技术支撑。该项技术在大鲵适生区的各省（自治区）被广泛推广与应用，是目前我国大鲵人工繁育的主要技术。

大鲵仿生态繁育技术除具备原生态繁育模式优点，还克服了原生态模式的一些不足：一是创造并优化了大鲵生长繁育的环境条件，有利于亲鲵性腺的生长发育；二是可以避免暴雨洪水等自然灾害；三是可以有效防止天敌的危害；四是便于管护，大鲵安全、水质均能得到有效保证。该技术的主要缺点是在繁殖期种鲵之间存在争偶现象。

2. 产业规模

大鲵人工繁育技术的突破与推广普及，使大鲵养殖业获得了空前发展，各地养殖规模不断扩大，大鲵养殖已经成为新兴的特种水产养殖业，也成为大鲵适生区农户脱贫致富的新兴产业，大鲵养殖产业在全国已经初具规模。

为了加强国家在宏观层面的政策引导，促进大鲵产业有序发展，农业部于2014年在全国范围内组织开展了大鲵资源与经营利用情况调查工作。

（1）2014年全国大鲵存量1 249万尾，其中存量在100万尾以上的有陕西、浙江、广东、湖北4省。存量在10万尾以上的有四川、贵州、湖南、江西、甘肃、重庆、广西、安徽、江苏9省（自治区、直辖市）。

（2）2014年全国大鲵亲本数量约为52万尾，其中陕西最多为16.3万尾，占全国亲本总数的31.3%；四川为8.2万尾，占亲本总数的15.8%；广东为5万尾，占亲本总数的9.6%；亲本数量在1万尾以上的还有湖北、贵州、浙江、江西、广西、湖南、安徽、重庆8省（自治区、直辖市）。

（3）2013年全国大鲵繁苗量为671.6万尾，其中陕西为310.8万尾，占全国苗种繁育量的46.3%；浙江为135.5万尾，占苗种繁育量的20.2%；年苗种繁育量在10万尾以上的还有广东、湖北、四川、湖南、贵州、甘肃、江西、广西、重庆9省（自治区、直辖市）。

（4）2014年全国人工繁育大鲵的企业为2 622家，已办理人工繁育许可证的企业有 2 080 家，办证率为 79.3%。

（5）2014 年全国已办理大鲵经营利用许可证 1 294 个。

（三）大鲵管理工作情况

《野生动物保护法》于 2018 年 10 月 26 日进行了第三次修正，其第四条明确规定：国家对野生动物实行保护优先、规范利用、严格监管的原则。农业农村部渔业渔政管理局依法开展了对大鲵的保护管理与规范利用管理工作。

1. 野生大鲵资源保护管理工作

针对野生大鲵资源锐减的现实，我国各级渔业行政主管部门高度重视对野生大鲵资源的保护工作。依据 2014 年的调查统计结果，全国各地在野生大鲵集中分布区已经建立了 26 个与大鲵相关的自然保护区，其中国家级保护区 5 个、省级保护区 14 个、市级保护区 7 个，这些保护区中野生大鲵的总储量在 10 万尾以上。

各级渔政主管部门通过对这些自然保护区的建设和有效管理，使野生大鲵栖息地的生态系统多样性与野生种群得到了有效保护，野生大鲵种群数量在逐渐恢复。但是，我们还必须清醒地认识到，由于自然保护区人员编制、保护管理经费不足等问题，一些市级甚至有些省级自然保护区名存实亡，大鲵及其自然生态系统没有得到完全有效保护。即使有些保护区得到了一定的经费支持，但相应的基础设施建设与科学管理工作还没有完全到位，仍然缺乏对大鲵原栖息地自然生态系统进行全面保护的意识。

2. 大鲵产业管理工作

大鲵是国家二级重点保护水生野生动物，大鲵养殖业的快速发展与社会对大鲵的旺盛需求，给各级渔业行政主管部门的管理工作带来了很大的挑战。为了使大鲵养殖这一新兴特种水产养殖业健康有序发展，并助力国家脱贫攻坚战略的顺利推进，依据《野生动物保护法》与《水生野生动物保护实施条例》的规定，并针对大鲵养殖企业的呼声及旺盛的市场需求，农业农村部渔业渔政管理局依法逐步出台了有关大鲵产业发展的一系列政策措施。

（1）《水生野生动物人工繁育许可证》管理制度。

依据《水生野生动物保护实施条例》的规定，人工繁育大鲵等国家二级保护水生野生动物的，应当持有省（自治区、直辖市）人民政府渔业行政主管部门核发的人工繁育许可证。

依据农业部于 2014 年在全国范围内组织开展的大鲵资源与经营利用情况调

查结果，全国驯养繁殖大鲵的企业有 2 622 家，已经办理驯养繁殖许可证的企业有 2 080 家，办证率为 79.3%。对人工繁育企业管理比较到位的有四川、贵州、湖北、广东、河南、浙江、云南、河北、北京、福建、辽宁、宁夏、新疆 13 省（自治区、直辖市），人工繁育许可证办证率均达到 100%。人工繁育许可证办证率在 70% 以上的有湖南（91.1%）、甘肃（85.1%）、山西（80%）、重庆（74.8%）、安徽（73.2%）、江西（72.6%）。人工繁育许可证办证率在 60% 以下的有江苏（59.3%）、广西（52.2%）、山东（40%）、陕西（37.1%）、上海（31.6%）、海南（30.4%）。此外，广东省渔业行政主管部门还对人工繁育许可证采取了年审制度，办证数量与发放数量完全相同，管理工作非常到位。以上调查结果说明，各省（自治区、直辖市）渔业行政主管部门均投入了一定的精力，依法开展大鲵的人工繁育活动。

（2）《水生野生动物捕捉证》管理制度。

依据《水生野生动物保护实施条例》的规定，为了人工繁育国家重点保护的水生野生动物，需要从自然水域或场所获取种源的，必须申请特许捕捉证。

在野生大鲵捕捉方面，全国各地省级渔业行政主管部门严格按照该项管理制度的规定从严进行管理。由于野生大鲵资源数量稀少，人工繁殖的大鲵子二代尤其是仿生态繁殖的大鲵子二代性腺已经完全发育成熟，而且数量巨大、价格便宜，已经能够完全满足市场对亲鲵的需求。基于以上原因，近年来全国各地省级渔业行政主管部门几乎没有发放从自然水域捕捉野生大鲵的许可证，这对于降低野生大鲵的保护工作难度起到了巨大的缓冲作用。

（3）《水生野生动物经营利用许可证》管理制度。

依据《水生野生动物保护实施条例》的规定，需要出售、收购、利用国家二级保护水生野生动物或者其产品的，必须向省级渔业行政主管部门提出申请，并获得《水生野生动物经营利用许可证》。

2007 年 8 月，农业部组织国家濒危水生野生动物科学委员会专家，对浙江永强农业技术发展有限公司的养殖大鲵经营利用申请报告进行了评估，并函复国家濒危水生野生动物科学委员会，同意浙江永强农业技术发展有限公司按法定程序申请在国内经营利用养殖大鲵的意见。浙江永强农业技术发展有限公司取得养殖大鲵经营利用许可证，标志着国家为养殖大鲵经营利用开始依法许可。到 2012 年 5 月，全国有 23 家大鲵驯养企业通过国家濒危水生野生动物科学委员会评估论证，取得了养殖大鲵经营利用许可证。

依据农业部于 2014 年在全国范围内组织开展的大鲵资源与经营利用情况调查结果，全国 25 个省（自治区、直辖市）共办理了大鲵经营利用许可证 1 294 个。办理大鲵经营利用许可证数量超过 50 个的有广东、贵州、湖北、广西、湖南、陕西、重庆、北京 8 省（自治区、直辖市）。

（4）《养殖大鲵及其产品标识技术规程》（试行）管理制度。

为了促进养殖大鲵人工繁育和经营利用规范化、科学化管理，针对大鲵在经营利用中出现的问题，消除社会对经营利用的是人工养殖大鲵还是野生大鲵的疑虑，农业部于 2014 年 9 月在上海组织召开了国家濒危水生野生动物科学委员会会议，对大鲵人工繁育子代个体市场的利用进行了可行性评估。会议认为，大鲵人工繁育技术已成熟，集约式人工驯养和仿生态繁育均取得突破性进展，大鲵养殖业已初具规模，成为山区脱贫致富的支柱产业。大鲵人工繁育子代产品市场的利用是可行的，建议尽快出台相应的指导性文件。为此，农业部办公厅于 2015 年 5 月 5 日印发了《关于〈养殖大鲵及其产品标识技术规程（试行）〉的通知》。通知规定，对经营利用的大鲵子代及其产品必须加载标识牌或标识签，以表示其来源合法，不必再单独申请运输证、经营利用许可证等，即可在全国范围内进行出售、收购、利用和运输。至此，养殖大鲵经营利用市场在全国有条件的全面开放。

2018 年 8 月 22 日，农业农村部渔业渔政管理局下发了《关于开展大鲵产业发展情况调查的通知》，全国水生野生动物保护分会对大鲵经营利用中标识牌或标识签的使用情况进行了调研。调研结果显示，全国共有 13 个省（直辖市）共计 194 个单位或养殖户申请了养殖大鲵标识牌，其中，2016 年共申领大鲵标识牌 193 984 个，2017 年共申领 260 359 个，2018 年共申领 462 719 个。从标志牌管理系统来看，整体使用情况和申领情况数量差异较大，部分企业或养殖户并没有在商品鲵或大鲵产品流通中使用标识牌或标识签，表明标识管理工作的落实还需要进一步加强。

执笔人：陕西师范大学　梁刚

四、鲟鳇鱼类

（一）鲟鳇鱼类基本情况

鲟鳇鱼类是鲟形目鱼类的总称，隶属硬骨鱼纲（Osteichthyes）、辐鳍亚纲

（Actinopteryii）、软骨硬鳞总目（Chondrostei）、鲟形目（Acipenseriformes）（图11-4），全部被列为国家一级或二级重点保护野生动物，并被列入 CITES 附录 I 或 II。

图 11-4 鲟鳇鱼类（照片提供：夏永涛）

1. 鉴别特征

鲟鳇鱼类体细长、呈纺锤形，腹扁平，体表光滑无鳞，在背部被有 5 行骨板，体侧和腹部各 2 行，骨板行间布满微小骨颗粒，幼鱼骨板有向后的棘状突起。口小，位于头的腹面，呈管状伸缩；唇有皱褶，形似花瓣；鳃膜不相连。口的前方有触须 4 根，横生并列，须的前方有若干疣状突起。体色一般上部为灰色或灰黄色，下部为黄白或乳白色。幼体较成体色深。在初春和生殖期间，皮肤较光滑，有光泽。

2. 生物学资料

鲟鳇鱼类起源于 2.5 亿年前的白垩纪，是与恐龙同时代的生物，比人类的起源要早得多。属于温水性鱼和冷水性鱼之间的类型，为亚冷水性大中型经济鱼类，有着"水中活化石"的美誉，是现代硬骨鱼类的共同祖先。远在西周时期，中国便有关于鲟鳇鱼类的文献记载，分别从名称、形态特征、生活习性、经济利用以及药用价值等方面进行了详细的描述，为今天的鲟鱼研究提供了极为宝贵的参考资料。

鲟鳇鱼类是世界上个体最大的硬骨鱼类之一，欧洲鳇体长可达 8 米多，体重 1 000 多千克，可谓是鱼类中的"巨无霸"。鲟鳇鱼类也是动物中的长寿者，已发现的最长年龄的鲟鱼是 108 岁。鲟鳇鱼类为杂食性鱼类。仔鱼期一般吃浮游生物；幼鱼期以浮游动物、底栖动物及水生昆虫幼体为食；成鱼期多以水生昆虫、软体动物、底栖甲壳类、八目鳗幼体为食，有时食小鱼。在人工饲养环境中，鲟鱼经人工驯化可食人工配合饲料。鲟鳇鱼类是生长速度最快的鱼类之一，在短短的几年时间里，体重可达数十千克。

鲟鳇鱼类的适温范围广，生存水温为 1～30℃，适宜水温为 14～26℃，最佳水温为 18～22℃。冬季在大江深处越冬并在冰下不停地觅食。

鲟鳇鱼类半数种为底层鱼类，一般性情温顺，行动迟缓，有避强光、趋弱光的习性。喜清澈水质，栖息于沙砾底质的江底，喜贴水底游动。

鲟鳇鱼类半数种为溯河洄游产卵鱼类，即在海洋里成长到性成熟再返回到淡水里繁殖，如中华鲟（*Acipenser sinensis*）和欧洲鳇（*Huso huso*）；也有终生生活在江河等淡水中的，如西伯利亚鲟（*Acipenser baerii*）和湖鲟（*Acipenser fulvescens*）。而高首鲟（*Acipenser transmontanus*）在海洋、河口和淡水河流里都可以生活，但因为繁殖不需要经过海洋到河流的洄游过程，未归入洄游性鱼类（Bronzi et al.，2011）。

我国鲟鳇鱼资源仅次于俄罗斯，主要分布在长江流域、黑龙江流域和新疆水系，共有 8 种，其中分布于长江流域的有中华鲟、长江鲟（*Acipenser dabryanus*）和白鲟（*Psephurus gladius*）三种（危起伟 等，2003；Wei et al.，2004）。长江鲟和白鲟是中国的特有种，中华鲟主要分布于长江流域和东海、黄海大陆架水域，是典型的洄游性鱼类。中华鲟、长江鲟和白鲟三者均被列为国家一级保护野生动物，禁止除科学研究以外的一切捕捞和经营活动。分布于新疆水系的鲟形目鱼类有 3 种，即分布在额尔齐斯河的西伯利亚鲟和小体鲟（*Acipenser ruthenus*），以及分布在伊犁河的裸腹鲟（*A. nudiventris*）。这 3 种鲟鱼种群数量都较少，没有实际产量。仅有分布在黑龙江的施氏鲟（*A. schrenckii*）和鳇可进行养殖经营（Wei et al.，2004；陈细华，2007）。

（二）中国鲟鱼产业发展情况

1. 中国鲟鱼产业发展历程

我国鲟鱼养殖业起步较晚但发展迅速。1957 年，黑龙江水产研究所利用成熟的野生施氏鲟亲鱼，采用注射鲟鱼脑垂体的方法催产，成功孵化出 2 万尾施氏鲟鱼苗。这是我国鲟鱼人工繁殖试验的首次成功。1989 年，黑龙江省特产鱼类研究所首次实现了利用人工合成绒毛膜促性腺激素类似物（LRH-A）人工繁殖野生施氏鲟。1992 年，我国第一个鲟鱼养殖场在大连瓦房店落成，开创了我国鲟鱼养殖的先河。而后，在黑龙江省特产鱼类研究所和其他科研单位的共同努力下，先后从俄罗斯、德国、法国引进其他养殖鲟鱼种类（如俄罗斯鲟、西伯利亚鲟、小体鲟、匙吻鲟等）及孵化和养殖设备，进行集约化育苗和养殖生产。从此，鲟鱼养殖在我国拉开了序幕（曲秋芝 等，1996；孙大江 等，2003；崔禾 等，2006）。

随着鲟鱼苗种逐步实现自给，20 世纪 90 年代初开始，中国加大了对鲟鱼人工养殖的研究与开发力度，通过对鲟鱼类早期个体行为、营养需求、不同脂肪源和蛋白质源对幼鱼生长的影响等方面的研究，开发出适合鲟鱼苗种培育的开口饵料，突破了仔鱼开口摄食和转口驯化等方面的关键技术难关，提高了苗种规模化培育成活率（李融，2008；Li et al.，2009）。

在营养与饲料方面，通过对鲟鱼营养生理学、摄食行为学和不同鲟鱼品种对蛋白质、脂肪、碳水化合物和微量元素需求的研究，改进了人工饲料配方，研制出鲟鱼全价系列配合饲料，为鲟鱼规模化养殖提供了保障（孙大江，2015；陈细华 等，2017）。

在病害防治方面，对鲟鱼养殖中常见的细菌性、真菌性、病毒性和寄生虫性等生物性疾病，以及非生物性疾病的检验、诊断、预防、治疗和控制开展系统性研究，有针对性地制定了防治方法（张德锋 等，2014；张书环 等，2017；Zhang et al.，2018）。

2002 年，首次实现了人工养殖成熟的施氏鲟的人工繁殖（曲秋芝 等，2002）。2008 年，云南阿穆尔鲟鱼集团公司北京鲟龙种业全人工养殖的长江鲟繁殖获得成功（李文龙 等，2009）。随后西伯利亚鲟（宋炜 等，2010）、小体鲟、匙吻鲟（丁庆秋 等，2011）、中华鲟（郭柏福 等，2011；张溢卓 等，2013）和长江鲟（龚全 等，2013）陆续实现了全人工繁殖。

2. 中国鲟鱼养殖与加工现状

（1）主要养殖模式与品种。目前，中国鲟鱼主要养殖模式为流水池塘养殖、工厂化循环水养殖和网箱养殖。养殖鲟鱼种类有 10 多种，主要养殖品种包括西伯利亚鲟、施氏鲟、俄罗斯鲟、匙吻鲟、"鲟龙 1 号"及其他杂交鲟等（Wei et al.，2011；Shen et al.，2014）。

（2）养殖产量。2003 年，我国鲟鱼养殖产量首次被列入联合国粮食及农业组织统计，产量为 1.09 万吨，2015 年产量突破 9 万吨，平均年增长率为

17.6%。2016 年，受环保政策影响，多地水库、湖泊养殖网箱拆除，产量下滑至 8.98 万吨。2017 年产量继续下滑至 8.31 万吨（占全球总产量的 83.92%），同比下降 7.5%。

（3）产量分布与集中度。据水生野生动物保护分会 2015 年对全国 22 省鲟鱼养殖业的统计调查，2015 年，我国鲟鱼养殖企业（公司）共计 1 254 家；加工厂数量（鱼肉与鱼子酱）24 家，其中鱼子酱加工厂 17 家。2015 年鲟鱼养殖总产量超过 5 000 吨的省份有 8 个，分别是山东、云南、四川、贵州、湖南、河北、浙江和湖北。近 3 年来，山东、云南、湖北的产量下降幅度较大，四川、贵州、河北继续保持增长态势，而浙江、湖南产量相对平稳。2017 年，山东、云南、四川、湖南、浙江和湖北养殖鲟鱼产量分别为 11 448 吨、9 647 吨、8 054 吨、6 533 吨、5 674 吨和 4 871 吨，分别占总产量的 13.78%、11.61%、9.70%、7.87%、6.83% 和 5.86%（周晓华，2019）。

（4）加工与贸易。

鲟鱼子酱。2006 年我国首次出口鲟鱼子酱，目前全国已有约 20 家企业获得鲟鱼子酱生产许可证，其中规模最大的 4 家企业位于浙江、四川、云南和湖南 4 省。2006—2018 年我国人工养殖鲟鱼鱼子酱的产量从 0.7 吨增长至 135 吨（危起伟 等，2017）。

美国、德国、俄罗斯、法国、比利时、阿联酋、英国、日本等是我国鲟鱼子酱主要出口市场。近 5 年来，中国对美国、德国、俄罗斯市场的出口量快速增长，而对阿联酋的出口量相对稳定，对比利时的出口量波动较大。出口价格区间为：西伯利亚鲟鱼子酱 230~380 美元/千克、杂交鲟鱼子酱 250~660 美元/千克、达氏鳇鱼子酱 880~1 400 美元/千克、欧洲鳇鱼子酱 980~1 600 美元/千克。

2014 年与 2015 年鲟鱼子酱产量分别为 43 吨、46.6 吨，出口量分别为 29.51 吨、32.72 吨（周晓华，2019）。2018 年，中国鲟鱼子酱出口量 128.5 吨，出口额 3 052 万美元，其中对欧盟、美国、俄罗斯的出口份额分别占 42.64%、29.95% 和 11.70%（赵明军 等，2018）。中国鲟鱼子酱生产早期主要以施氏鲟为主，近年来，由于"鲟龙 1 号"养殖规模持续增加，且国内有大量"鲟龙 1 号"达成熟年龄，"鲟龙 1 号"已取代施氏鲟成为中国鲟鱼子酱生产的主要品种。

目前，中国已成为全球鲟鱼子酱最重要的生产与出口国。根据 CITES 统计，2017 年，我国养殖鲟鱼子酱贸易量为 135.90 吨，占全球鲟鱼子酱贸易总量的 25.3%。

鲟鱼肉及其他副产品。用于加工鱼子酱的鲟鱼个体一般为 10~50 千克，而鱼子仅占体重的 10%~15%，鲟鱼子酱加工业会产生大量的鲟鱼胴体、鱼骨、鱼头及内脏等副产品。按 2018 年鱼子酱的产量测算，可产生副产品 1 000~1 200 吨。但我国一直没有形成全国范围鲟鱼肉消费市场，企业一般将鲟鱼副产品冷冻销售至我国东北和出口俄罗斯等市场。

高值化加工产品。近年来，鲟鱼企业积极探索，坚持以国内市场为导向，深挖潜在价值，探索全鱼利用，不断提高鲟鱼高值化加工利用率，并取得一定成效。主要开发产品有：调味、热熏、干制品及皮革制品。

鲜活鱼。我国鲜活鲟鱼的销售依靠以内陆省会城市为中心形成的批发销售网络，销售模式是"养殖者→鱼贩运输商→一级批发市场（→二、三级批发市场）→酒店、餐厅、超市"。据 2017 年开展的市场调查统计，西安市场鲜活鲟鱼每天批发量为 4~5 吨，兰州市场鲜活鲟鱼每天批发量为 5~6 吨，市场热销活鲟鱼规格多为 0.75~1 千克。

3. 中国鲟鱼产业效益

（1）经济效益。鲟鱼养殖业的迅速发展也带动了中国鲟鱼产业经济的发展和国内消费市场的建立。2018 年，商品鲟鱼的养殖和消费创造了年产值约 50 亿元的消费市场，主要面向餐饮业（周晓华，2019）。同时鲟鱼加工产品的销售和市场开发，则建立起了年产值约 3 亿元的消费市场，面向国内高端餐饮行业，并呈现快速发展态势，经济效益显著。

（2）生态效益。我国鲟鱼人工驯养与繁育关键技术在生产应用等方面取得了多项重大突破。全人工繁殖的突破和全人工养殖生产的鲟鱼子酱减少了对自然资源的依赖，满足了市场需求，为鲟鱼鱼苗来源及产业发展提供了保障。同时，我国政府还联合多家公益机构组织增殖放流，为野生鲟鱼资源的增殖与保护作出了重要的贡献，为进一步恢复自然资源起到了促进作用，生态成效明显（李彦亮，2019）。

（3）社会效益。2017 年世界人工养殖鲟鱼产量接近 10 万吨，我国人工养殖鲟鱼产量占比达 84%。我国鲟鱼养殖和加工产业的发展，创造就业岗位数万个，对促进当地农民增收，解决并改善当地人民的生计起到了积极的作用，特别是帮助了一部分贫困山区少数民族通过鲟鱼产业脱贫致富。2014 年和 2015 年鲟鱼产业从业人数分别为 35 255 和 38 790 人（危起伟 等，2017）。同时，鲟鱼养殖的发展带动了鲟鱼饲料加工、物流、鲟鱼美食餐饮、鲟鱼文创、鲟鱼垂钓、鲟鱼观赏等上下游关联产业的发展，社会效益突出。

（三）物种管理工作

1. 保护管理措施

（1）全面实施了鲟鱼养殖的标志管理和鲟鱼产业可追溯体系。其意义包括三个方面：①防止养殖鲟鱼逃逸，有效保护野生鲟鱼资源；②符合 CITES 的要求，符合国际保护鲟鱼资源的发展趋势；③实现了对水产品全链条的追溯，符合我国即将实施的水产品追溯制度的要求。实施标志管理，还有利于规范鲟鱼养殖、加工和流通管理，有利于鲟鱼资源的可持续发展。

（2）实施了鲟鱼苗种生产特许管理。由于目前养殖鲟多为外来种和杂交种，从源头控制住种苗非常有必要。对符合条件的养殖企业，以特许方式允许其进行鲟鱼苗种定点生产，依据 CITES 和《野生动物保护法》的相关管理要求，建立了物种亲本档案，同时受有关主管部门的监督管理。

（3）在政府宏观调控和政策法规指导下，成立了以鲟鱼龙头企业为引领的全国鲟鱼行业协会。通过行业协会的形式，把分散的小规模养殖企业和其他新型鲟鱼养殖专业合作社，一起纳入了产业化的链条之中，实现从良种供应、养殖技术指导、饲料选购、病害防治、产品加工营销等专业化的服务。

2. 保护成效

近年来，我国科研人员系统研究了鲟鱼养殖产业发展中"种、繁、养、加、产"各环节的关键技术，形成了包括土著种类驯化、良种引进、杂交选育、人工繁殖、增殖放流、商品鱼养殖、产品深加工在内的产业技术体系，使我国鲟鱼养殖从无到有，并逐步发展成为世界瞩目的养鲟国家。在整个产业技术研究过程中，通过科技创新为鲟鱼资源的保护和科学开发利用作出了积极的贡献。目前，中国鲟鱼养殖产量占全球总产量的 80% 以上，鲟鱼子酱产量占全球鲟鱼子酱总产量的 25% 左右，依托鲟鱼全人工繁殖技术，建立起了中华鲟、施氏鲟及鳇的全人工繁育场和放流增殖试验站，每年分别向长江水域和黑龙江水域进行标记放流，以补充自然水域中鲟鱼苗种的资源量，并严厉打击偷捕走私。这些措施对于增殖和保护野生的鲟鱼资源量起到了重要作用。

我国鲟鱼的保护与养殖业的开展减缓了世界野生鲟鱼种群的捕捞压力，我国对国际鲟鱼子酱市场形成持续性供应，对野生鲟鱼资源起到了保护作用。

总之，我国鲟鱼的保护与利用为全球鲟鱼资源保护和可持续利用发挥了积极的作用。中国愿与各国分享先进的经验，与国际社会一道努力，履行好CITES。

3. 存在的问题

（1）外来鲟鱼对于我国土著种类的威胁。鲟鱼养殖种类繁多且多为外来种。其既没有作为经济鱼类纳入原良种体系发展，也没有完全作为野生动物纳入保护发展规划进行管理。同时我国鲟鱼野生种质资源日益减少。普查数据显示，鲟鱼养殖以杂交品种为主，多采用网箱或池塘养殖，存在逃逸并污染野生种质资源的风险。

（2）鲟鱼苗种和种质资源保护问题。在鲟鱼种质资源保护方面，由于长期缺乏鲟鱼原种场和良种场，加上企业和养殖户自行繁育苗种，已经造成杂交育种混乱的问题，导致品种的纯化问题和基因污染。此外，因为缺乏相关的行业管理控制，苗种的生产和流通没有任何规定，养殖户也无法确定买到的究竟是何种杂交鲟苗种，存在苗种品系来源不清、苗种技术不稳定、养殖病害频繁、养殖过程中滥用药物的现象，特别是近年来种质下降情况日趋严重。

（3）监督管理跟不上产业发展需求。据2015年调查统计，目前已办理人工繁育许可证的养殖企业只占41.9%、已办理经营利用许可证的养殖加工企业只占36.4%，这导致了守法和违法并存。合法养殖场苦心经营、树立品牌培育的市场被非法养殖场低价恶性争夺。鱼子酱销售市场出现的无加工出口资质、走私现象也得不到有效控制。

（4）商品鱼规格与产品的深加工问题。目前国外的商品鲟规格一般为6~7千克，而国内市场上热销的鲟鱼规格多在1~1.5千克，正是这样的消费习惯加大了鲟鱼养殖成本，也浪费了苗种资源。目前，一方面，我国已开始鲟鱼产品的深加工，且时机、技术都已成熟，因此应从产品形态尝试改变国内消费习惯，加强鲟鱼产品的深加工开发，使鲟鱼资源得到充分、合理利用，增加产品经济价值，为企业创造更大的经济效益，也可丰富水产品市场的内涵，提高人们的生活质量；另一方面，鲟鱼产品多样化，市场需求量增加，必然带动鲟鱼养殖业的进一步兴旺和发展。

执笔人：内江师范学院　邹远超

五、胭脂鱼

(一) 胭脂鱼基本情况

胭脂鱼 (*Myxocyprinus asiaticus*),属硬骨鱼纲 (Osteichthyes)、鲤形目 (Cypriniformes)、亚口鱼科 (Catostomidae),为国家二级重点保护野生动物。

1. 鉴别特征

胭脂鱼头小,吻圆钝;口下位,口裂呈马蹄形,唇发达,肉质细腻,上、下唇各有许多细小的乳头状突起,无须。咽齿1行,是尖锐的细齿,数量随鱼的发育而增加,可多至100多枚。眼小,位于头侧中轴上方,稍向外突出。体侧扁,披圆鳞,各鳍无硬刺,背部在背鳍前急剧隆起。背鳍很长,起点在胸鳍基部稍后,末端延至臀鳍基部的上方。胸鳍末端接近或达到腹鳍起点,腹鳍不达臀鳍,臀鳍平放末端超过尾鳍基部,尾柄细长,尾鳍深叉形。鳞片大,侧线完全。

不同阶段的胭脂鱼,其体型和体色有很大的变化。幼鱼头部较小,背部高高隆起,背鳍高耸而宽阔,展开像扬起的风帆,有人称其为"一帆风顺"。体侧有三条宽宽的黑褐色竖条纹。当其生长至1龄以后,体侧竖条纹逐渐变淡斑驳,渐渐生长出一条红褐色的横纹,以侧线为中心从头部贯穿至尾鳍基部,待到5~6龄接近性成熟时,竖纹早已消失,横纹颜色渐深变暗,当其性成熟趋于临产时,无论雌雄,除腹部颜色稍淡外,全身披红,中间一条漆黑墨带自鳃盖后延贯通至尾鳍基部,成为真正的亚洲美人鱼。

2. 生物学资料

胭脂鱼是一种分布于长江的大型淡水鱼类,渔民们常说:"千斤腊子万斤象,黄排大的不像样",黄排指的就是胭脂鱼,其最大个体可达40多千克。胭脂鱼生长育肥期主要活动于水面宽阔、水流较缓且多河滩的江段或湖泊中。幼鱼行动迟缓,有集群性,性情温和不争食,常栖息于水底。成鱼行动敏捷,具有溯江洄游产卵习性,每当繁殖季节来临,胭脂鱼便上溯到特定环境的急流中产卵繁殖,产完后游到水流较缓的回水湾沱中觅食,直到退秋水后,才逐渐迁移到干流深水处越冬。

胭脂鱼在稚鱼阶段以浮游生物为食,前期主要摄食硅藻、单胞绿藻和轮虫,后期主要摄食枝角类和桡足类生物，体长 2 厘米以上开始摄食水蚯蚓。从幼鱼到成鱼阶段，主要摄食底栖无脊椎动物、高等植物碎屑及水底砾石上附着的硅藻、丝状藻类等。

胭脂鱼初次性成熟，雄鱼一般为 5 龄、雌鱼为 6~8 龄，成熟个体体重通常为 10~15 千克，雌性绝对怀卵量为 15 万~35 万粒。产卵场主要分布于长江上游水流湍急、江底布满砾石的江段。每年 3 月上旬至 4 月下旬，当水温在 13~15℃以上、稳定 1~2 周后开始陆续产卵。产卵期间，雌、雄亲鱼体都会出现明显的珠星和胭脂色，并伴随冲撞行为。产出的卵呈淡黄色，未吸水前卵径为 1~2 毫米，经 1~2 小时吸水膨胀后，卵径为 3~4 毫米，刚产出不久有微黏性，随后消失，沉性卵，但由于吸水后较轻也可漂浮，卵膜较坚韧。受精卵在水温 16~18℃时，经 7~8 昼夜孵化出膜，刚出膜的仔鱼全长 9~12 毫米，侧卧水底，6~8 天开始平游摄食。

（二）胭脂鱼保护发展情况

胭脂鱼除了在鱼类系统分类和动物地理学上有着极为重要的研究价值，其幼鱼色彩鲜艳、体形奇特，有很高的观赏价值，曾在 1989 年新加坡国际野生观赏鱼比赛中获得第二名，被誉为"一帆风顺""亚洲美人鱼"。而未性成熟的 2.5~3 千克以下个体，肉质细腻、味道鲜美、鱼刺少而软，加之胭脂鱼性情温顺、生长迅速、起捕率高，适合池塘、湖泊、水库等水体养殖，因而具有很高的经济价值。所以，无论是保护还是开发，胭脂鱼均已受到政府和社会越来越多的关注。

1. 人工繁殖

胭脂鱼的人工繁殖研究始于 20 世纪 70 年代，从收集野生性成熟亲鱼配对繁殖到内塘驯养人工繁殖再到子一代、子二代、子三代繁殖，经过近 50 年的发展，繁育技术已经非常成熟。而从地域上来看，不仅在长江流域，甚至北达天津、南至佛山均实现了繁殖生产。

2. 胭脂鱼生产销售量

据调查估计，目前胭脂鱼全国水花鱼苗年实际生产总量：四川 500 万~600 万尾；重庆 400 万~500 万尾；湖北 500 万~600 万尾；江西 800 万~1 000 万尾；其他地区 200 万~300 万尾；总数为 2 400 万~3 000 万尾。

3. 物种保护性增殖放流量

胭脂鱼规模化增殖放流始于 21 世纪初，目前每年增殖放流 100 万~150 万尾（规格：5~10 厘米），若考虑水花到规格苗成活率为 50%，则每年增殖放流需胭脂鱼水花鱼苗 200 万~300 万尾。

4. 观赏鱼市场需求量

胭脂鱼自 1989 年在新加坡国际野生观赏鱼比赛中获得第二名后，打开了观赏鱼市场的大门，随后在科研机构的不懈努力下，用于观赏的胭脂鱼苗种产量由 20 世纪 90 年代初的上万尾，发展扩大到现在的数百万尾，销售市场从广东辐射到全国。近年来，初步估计胭脂鱼在我国观赏鱼市场年需求量在 300 万~400 万尾（规格：8~15 厘米），主要集中在天津、北京、广州、上海、武汉、成都等市场。若考虑水花到规格苗成活率为 50%，则每年观赏鱼市场需胭脂鱼水花鱼苗 600 万~800 万尾。

5. 商品鱼市场需求分析

1995 年后，随着胭脂鱼产量的逐步增长，广东佛山一带养殖户开始试验性地养殖胭脂鱼商品鱼，从此拉开了胭脂鱼商品鱼养殖的序幕。经过 20 多年的发展，胭脂鱼养殖已覆盖我国多个省（自治区、直辖市）。经初步调查分析，估计目前作为胭脂鱼主要消费地区的四川、重庆、湖北、湖南、江西、安徽、江苏和浙江等省（直辖市）日均销售量为 800~1 000 千克，北京、上海、广州和深圳日均销售量估计为 1 000~1 500 千克，全国日均销售总量估计为 1 万~1.5 万千克，全年销售胭脂鱼商品鱼 3 700~5 500 吨，如果按近年来平均价格 50 元/千克计算，其商品鱼市场产值上亿元。目前，胭脂鱼物种保护性放流数量不会有大的增长，重点是将单纯量的投放转移到保质保量。传统胭脂鱼观赏鱼市场随着大环境经济下行可能会有所萎缩，胭脂鱼商品鱼市场销售尽管也将受经济下行影响，但由于近年来成活率不高、库存较少、市场又刚刚普及，今后几年市场反而有可能供不应求，从而带动胭脂鱼商品鱼养殖量的增长。

（三）胭脂鱼保护管理存在的问题及建议

鱼类人工繁殖放流是一个复杂的系统工程，对于放流对象的选择，放流的规格、数量，放流的江段和时间，鱼苗生产的选种配对，鱼苗的培育及野化训练，放流标志技术及效果监测等，都不是一件简单的事情。国外的鱼类人工繁殖放流机构经过长时间的发展，规模大、专业化程度高，已形成系统较完善、学科布局全面的物种保护技术体系。而我国的鱼类人工繁殖放流起步较晚、法律法规及管理有待健全，技术仍需不断改进。近年来，胭脂鱼人工增殖放流有效地补充了天然水域胭脂鱼的数量，取得了一定成效，但依然存在较多的问题。

1. 放流种质

作为国家二级保护水生动物的胭脂鱼，其物种保护性放流，应严格进行种质资源管理，确保遗传的多样性，放流苗种优先选取子一代，至少应是子二代。而目前全国拥有胭脂鱼放流资质的单位过多，有的单位通过自繁自育尚能保障苗种质量，但由于用于物种保护性放流的苗种与用于商品鱼、观赏鱼养殖的苗种难以从外观上进行区别，加之胭脂鱼苗种放流采购价格往往又略高于市场价格，所以有的单位为节省成本增大利润，自己不生产，而是直接采购亲本来源不明的个体户生产的苗种，这些苗种中不乏子三代胭脂鱼鱼苗，长此以往增殖放流将逐渐被投机行为侵蚀，难以真正保障放流苗种的质量。

2. 放流管理

近年来，省级渔业行政主管部门制订增殖放流计划时为了兼顾各区、县级渔业部门的职责，就将增殖放流计划数量分散到各区、县进行招标采购。如当年要放流 30 万尾胭脂鱼，会把它分为 10 份，沿江 10 个区、县各自招标放流 3 万尾，由于计划中只对放流的品种、数量、规格有要求，放流的时间没有进行统一规定，所以出现沿江各区、县有的 9 月放流，有的 11 月放流，有的 12 月放流，有的甚至拖到第二年放流，而胭脂鱼鱼苗放流规格一般为 5~8 厘米，最迟 9 月就该放流，结果因为各区、县行动不一致，大多数都拖到年底招标，此时的胭脂鱼鱼苗好的已长到 12 厘米以上，按招标采购 5~8 厘米规格的价格根本就做不到，但此时鱼塘同一批鱼当中长得不好的鱼苗或其他鱼塘培育较差的鱼苗，正好还在 5~8 厘米，可以满足招标采购的规格要求，这样放流下去的鱼苗体质弱小，不利于物种保护性放流。

3. 产业发展

近十年来，胭脂鱼产业化发展迅猛，观赏鱼已由原来的 100 多元一尾降为现在 10 多元一尾，销量却暴增 10 倍以上。而商品鱼则由原来的高端品种逐渐降为中端鱼类品种，其在水产批发市场的销量同样暴增 10 倍以上。未来要充分激活这一中国特有的、标识性极强的物种的经济价值，仍然有较长的路要走。

（1）加强法律宣传，实施标识管理。目前在观赏鱼市场、水产品批发市场及餐饮终端，有的经营者不知道胭脂鱼是保护物种，知道的以为养殖的胭脂鱼销售不用办证，而地方渔政管理部门按法规要求，对市场上无证销售胭脂鱼需进行查处，加上目前胭脂鱼尚未实施标识管理，在市场流通过程中需要相关批准文件才能证明其合法身份，而办理相关批准文件的程序又比较烦琐。因此，在水生野生动物保护宣传中，要针对市场加强法律法规宣传，提高经营者懂法守法意识。同时，按照新修订的《野生动物保护法》规定，对人工繁育成熟的国家重点保护野生动物，生产单位通过人工繁育许可证获取专用标识，凭专用标识在市场进行出售、利用、流通。胭脂鱼已列入《人工繁育国家重点保护水生野生动物名录》中，应加快胭脂鱼标识研发使用，通过简化标识管理，免去许多相关审批手续，促进胭脂鱼产业的发展。

（2）选育良种、保障生产。近年来，养殖胭脂鱼苗种成活率越来越低，疾病一旦暴发也难以治愈。这和有些胭脂鱼苗种生产单位近亲繁育严重、亲本个体越来越小、有的性成熟亲鱼甚至 4 千克左右就可以成熟有关（过去长江上游性成熟胭脂鱼个体通常在 10 千克以上）。其根本原因在于苗种生产单位没有花时间和精力去进行良种选育，这种状况亟待改变。

4. 保护管理

一是要快速提升野外资源保护效果，成立专业的鱼类人工繁殖放流监管机构，加强对放流胭脂鱼遗传多样性的监管。二是在长江上中下游，尤其是原产地的上游，持续增量进行胭脂鱼鱼苗的物种保护性放流，试验性进行胭脂鱼种鱼的放流，持续完善标志放流技术和监测手段，真正实现对放流效果的准确评价。三是利用我国所有胭脂鱼繁育单位现存的 20 世纪至 21 世纪初胭脂鱼大型个体原种繁育子一代，埋头苦干、扎实推进胭脂鱼良种选育工作。四是简化对胭脂鱼苗种生产单位的审批，加强监管力度。五是建立完善胭脂鱼人工繁殖技术标准、鱼苗培育技术标准，商品鱼养殖技术标准、胭脂鱼专用饲料研究与应用、胭脂鱼常见疾病防治研究与应用。六是对进入商品市场的人工养殖胭脂鱼实施标识管理，促进胭脂鱼产业的良性发展，最终让我国这种特色物种资源发挥其生态效应、社会效应和经济效应。

执笔人：宜宾珍稀水生动物研究所　周亮

第十二章 国际履约

《濒危野生动植物种国际贸易公约》(Convention on International Trade in Endangered Species of Wild Fauna and Flora, CITES), 于 1973 年 6 月 21 日在美国首都华盛顿签署, 又称《华盛顿公约》, 1975 年 7 月 1 日正式生效。截至 2019 年 8 月, CITES 已经召开了 18 届缔约方大会（以下简称"COP 18"）, 缔约方已发展至 183 个。我国于 1980 年 12 月 25 日加入 CITES, 1981 年 4 月 8 日生效, 成为其第 172 个缔约方。CITES 在中国国内的对外履约机构是国家濒危物种进出口管理办公室, 该机构设在国家林业和草原局野生植物司, CITES 国内的履约科学机构是中华人民共和国濒危物种科学委员会, 该委员会的办公室设在中国科学院动物研究所。农业农村部作为国内水生野生动植物的主管部门负责水生野生动植物的履约管理工作, 其于 2005 年成立了农业农村部濒危水生野生动植物种科学委员会负责履约相关技术工作, 其办公室设在中国水产科学研究院资源与环境研究中心。

一、CITES 附录物种情况

CITES 以附录的方式将受到贸易影响的野生动植物纳入管理。其中, 附录 I 包括所有受到和可能受到贸易影响而有灭绝危险的物种, 这些物种的标本贸易必须加以特别严格的管理, 以防止进一步危害其生存, 并且只有在特殊情况下才能允许进行贸易; 附录 II 包括所有虽未濒临灭绝, 但如对其贸易不严加管理, 就可能变成有灭绝危险的物种或使相关物种变成有灭绝危险的物种; 附录 III 包括任一缔约方认为在其管辖范围内, 应进行管理以防止或限制开发利用而需要其他缔约方合作控制贸易的物种。CITES 作为一项国际协定, 基于"自愿"原则, 要求缔约方通过其国内立法以确保在国内实施 CITES 管理。根据其官方网站的统计, 截至 2019 年 11 月 26 日, CITES 附录已包括 6 006 种动物和 32 773 种植物, 其中哺乳动物 927 种（种群或亚种）、鸟类 1 473 种（种群或亚种）、爬行类 959 种（种群或亚种）、两栖类 201 种（种群或亚种）、鱼类 154 种（种群或亚种）、无脊椎动物 2 292 种。按附录级别统计，附录 I 包括 1 118 种（亚种），附录 II 包括 37 435 种（亚种），附录 III 包括 226 个种（亚种或变种）。

二、CITES 水生物种相关决议与决定

CITES 主要是通过缔约方大会通过的决议和决定形成对野生动物国际贸易进行约束和管理。2019 年 8 月，CITES 第 18 次缔约方大会在瑞士日内瓦召开，该次缔约方会议对现有的公约决议和决定进行了增补和修订。目前，与水生物种管理有关的有效决议和决定如下所示。

有效决议：主要有《对遵照 Conf. 11. 16（Rev. COP15）号决议提交的海龟捕养提案进行评估的指南》（Conf. 9. 20）、《鲸类的保护、鲸类标本的贸易及其同国际捕鲸委员会的关系》（Conf. 11. 4）、《陆龟和淡水龟鳖的保护和贸易》（Conf. 11. 9）、《石珊瑚贸易》（Conf. 11. 10）、《鳄鱼皮鉴别的通用标签系统》（Conf. 11. 12）、《CITES 与南极海洋生物资源养护委员会关于犬牙鱼贸易的合作》（Conf. 12. 4）、《鲨鱼的养护和管理》（Conf. 12. 6）、《鲟鳇鱼的养护和贸易》（Conf. 12. 7）、《从海上引进》（Conf. 14. 6）和《CITES 公约和生计》（Conf. 16. 6）等。

有效决定：《生计（18. 33–18. 37）》《黑海宽吻海豚（*Tursiops truncatus ponticus*）（18. 55）》《鲟鳇鱼的鉴定和可追溯性（*Acipenseriformes* spp.）［16. 136（Rev. COP18）–16. 138（Rev. COP18）］》《鱼子酱贸易标签系统（18. 146）》《从海上引进（17. 181 & 18. 157–18. 158）》《两栖动物（*Amphibia* spp.）的保护（18. 194–18. 196）》《鳗鲡（*Anguilla* spp.）（18. 197–18. 202）》《珍贵珊瑚（角珊瑚目和红珊瑚科）［17. 192（Rev. COP18）–17. 193（Rev. COP18）］》《波纹唇鱼（*Cheilinus undulatus*）（18. 209）》《海龟（*Cheloniidae* spp. 和 *Dermochelyidae* spp.）（18. 210–18. 217）》《鲨鱼和𫚉（*Elasmobranchii* spp.）（18. 218–18. 225）》《海马（*Hippocampus* spp.）（18. 228–18. 233）》《大凤螺（*Strombus gigas*）（18. 275–18. 280）》《的的喀喀水蛙（*Telmatobius culeus*）（18. 281–18. 285）》《陆龟和淡水龟鳖（*Testudines* spp.）（18. 286–18. 291）》《加利福尼亚湾石首鱼（*Totoaba macdonaldi*）（18. 292–18. 295）》《大型鲸类（14. 81）》《海洋观赏鱼（18. 296–18. 298）》《珊瑚的命名和鉴定（18. 311–18. 312）》等。

三、CITES 水生物种履约管理情况

（一）不断规范公约附录物种的国内管理

为加强 CITES 履约，农业部于 1999 年 6 月 24 日发布了《水生野生动物利用特许办法》，规定属于 CITES 附录 I 的水生野生动物或其产品，国内管理按照国家一级保护水生野生动物执行；属于 CITES 附录 II、附录 III 的水生野生动物或其产品，国内管理按照国家二级保护水生野生动物执行；地方重点保护的水生野生动物或其产品的管理，可参照国家二级保护水生野生动物的管理规定执行。

2001 年 4 月 19 日，农业部印发《关于转发〈濒危野生动植物种国际贸易公约〉附录水生野生物种目录的通知》，规定 CITES 附录物种和国家重点保护物种规定保护级别不一致的，国内管理以国家保护级别为准，进出口管理以 CITES 附录保护级别为准。2006 年，《濒危野生动植物进出口管理条例》颁布实施后，农业部印发了《关于贯彻落实〈中华人民共和国濒危野生动植物进出口管理条例〉的通知》。通知要求各级渔业主管部门要认真贯彻落实条例，切实承担条例赋予的各项职责，严格执行条例的各项规定，加强濒危水生野生动植物种质资源出口管理，加大濒危水生野生动植物外来物种管理力度，规范罚没实物的处理，强化履约工作，广泛学习宣传条例，全面推进规范濒危水生野生动植物及其产品进出口管理。2018 年 10 月，农业农村部向社会发布了《濒危野生动植物种国际贸易公约附录水生动物物种核准为国家重点保护野生动物名录》。依据该名录，被核准为国家重点保护物种的 CITES 附录物种及其产品（包括任何可辨认部分或其衍生物）的管理，同原产我国的国家一级和国家二级保护野生动物一样，按照国家现行法律、法规和规章的规定实施管理；未被核准为国家重点保护物种的 CITES 附录物种及其产品，其国际贸易应遵循 CITES 的管理要求，按《濒危野生动植物进出口管理条例》进行管理，其国内贸易应按《渔业法》进行管理。

（二）不断完善水生野生动物及其产品进出口审批

1996 年，农业部印发《关于加强水族馆和展览、表演、驯养繁殖、科研利用水生野生动物管理有关问题的通知》，明确审批利用程序和要求，特别是针对国际关注的水生哺乳动物等物种的引进审批。2015 年 9 月 17 日，农业部渔业渔政管理局印发《关于进一步加强海洋馆和水族馆等场馆水生野生动物特许利用

管理的通知》。通知要求全面核查水生野生动物展演场馆特许利用行为，加强对波纹唇鱼（苏眉）等 CITES 水生物种的执法监管，进一步规范水生野生动物进口申报程序，对于新建的水生野生动物驯养展演场馆引进水生野生动物，应如实填写《新建场馆水生野生动物驯养展演申报表》、编制《新建场馆水生野生动物驯养展演情况评估报告》，并按规定程序上报农业部渔业渔政管理局。针对人工养殖而进口数量较大的美丽硬仆骨舌鱼，为进一步提高审批工作效率，缩短办理周期，2013 年，农业部水生野生动植物保护办公室、国家濒危物种进出口管理办公室印发《关于简化美丽硬仆骨舌鱼进口审批程序的通知》。为落实国务院简政放权决议精神，2018 年，农业农村部渔业渔政管理局印发了《关于进一步明确取消国家重点保护水生野生动物及其产品进出口初审事中事后监管相关事项的通知》，取消省级渔业主管部门初审许可，加强日常监管。

(三) 履行公约相关管理要求

1997 年，CITES 第 10 次缔约方大会通过把所有鲟鳇鱼列入附录 II 的决议后，农业部渔业局与国家濒危物种进出口管理办公室联合组织专家开展鲟鳇鱼子酱出口配额的调研与制定工作，并与俄罗斯共同商定黑龙江鲟鳇鱼子酱的出口配额。随着公约对鲟鱼养护与贸易决议的修订与补充及我国鲟鱼养殖业的兴起，农业部渔业渔政管理局对首次出口养殖鲟鳇鱼子酱的企业组织开展 CITES 注册评估评审工作，并协助国家濒危物种进出口管理办公室支持水生野生动物保护分会开展 CITES 鲟鳇鱼子酱标识打印系统的开发，对鲟鳇鱼子酱出口产品实施标识管理。为履行公约鳄鱼相关决议，2001 年，农业部印发《关于加强鳄鱼管理的紧急通知》，对凡属非原产我国的鳄鱼按国家二级保护水生野生动物进行管理，并实施人工繁育、经营利用和进出口的特许管理，对免税进口的鳄鱼要严格用于人工繁育等科学研究，禁止进行出售、交换、转让、出租和展览等经营性活动。2008 年，CITES 通过将红珊瑚列入附录 III，渔政局印发了《关于加强红珊瑚保护管理工作的通知》，禁止红珊瑚出口或来料加工再出口，红珊瑚必须靠进口获得，不能从已取得经营利用资格的企业或个人获取红珊瑚，取得经营利用资格的企业或个人必须在指定场所经营利用红珊瑚制品，红珊瑚制品只能用于直接销售，不得转售其他企业或个人用作经营。

(四) 加强执法监管，打击非法犯罪行为

2003 年，农业部、国家工商行政管理总局、海关总署、公安部联合印发

《关于严厉打击非法捕捉和经营利用水生野生动物行为的紧急通知》，针对水上、码头、集贸市场、餐馆等重点地区进行全面的检查、清理、整顿，严厉打击非法捕捉、杀害、加工、贩卖、走私水生野生动物的违法犯罪行为。近年来，农业农村部连续多年组织开展"中国渔政亮剑"系列专项执法行动，把水生野生动物作为专项执法系列之一，加强对非法捕捉、繁育、展示展演、出售、购买、利用等涉水生野生动物违法犯罪行为的打击；重点关注自然保护地、重要栖息地等关键区域和斑海豹、海龟等关键物种，在水生野生动物繁殖期、洄游期等重要时间节点开展专项执法。加强对出售、购买、租借、自繁水生野生动物及其制品活动的规范管理，避免相关活动对水生野生动物野外资源造成破坏；对海洋馆等水生野生动物繁育展演单位及经营利用场所进行清查，核实水生野生动物及其制品数量、来源、养殖条件等关键信息，发现违法违规行为一律依法处理。

（五）开展业务培训，提升队伍素质

多年来，为提高履约能力，农业农村部渔业渔政管理局委托中国水产科学研究院组织各省渔业行政主管部门开展 CITES 履约知识培训，提高管理部门履约能力；委托水生野生动物保护分会组织开展《野生动物保护法》知识培训，并把 CITES 履约纳入培训。水生野生动物保护分会还专门针对其会员单位开展 CITES 履约知识培训，提高企业履约守法意识。

（六）参与公约会议，加强国际合作

为履行 CITES 公约，农业农村部积极配合国家濒危物种进出口管理办公室开展工作，多次派代表参加 CITES 缔约方大会、CITES 常务委员会和相关专业委员会会议，宣传我国水生野生动物保护管理情况（图 12-1）。为加强水生野生动物保护国际交流与合作，我国从 20 世纪 90 年代就参与了由林业部与美国内政部签署的《中美自然保护协议协定书》。自 2007 年以来，共完成了 13 个代表团的互访，互访主题包括鱼类栖息地、水利工程对水生生物的影响、水生生物保护技术、外来物种（亚洲鲤）、鲟鱼管理、东北亚与北美大型河流生物多样性交流、CITES 水生物种管理（鲟鱼和加利福尼亚湾石首鱼）等。2009 年，在农业部渔业局的领导与支持下，水生野生动物保护分会在湖北武汉成功举办了第六届国际鲟鱼养护大会，农业部副部长、湖北省副省长、世界鲟鱼保护学会主席参加开幕式并讲话，来自伊朗、德国、美国、法国、加拿大和俄罗斯等 29 个国家和地区及联合国粮食及农业组织、世界自然保护联盟等国际组织的近 600 名鲟鱼学者参加会议;大会发表了倡议保护鲟鱼、人与自然和谐的《武汉宣言》;此外,水生野生动物保护分会还组团参加了第七届和第八届国际鲟鱼养护大会。为加强水族馆人工繁育水生野生动物技术交流,水生野生动物保护分会多次组团参加世界水族馆大会,并邀请国际友人参加中国水族馆发展论坛,交流水生动物养护、病防、宣教等方面技术经验。

图 12-1 2019 年中国渔业代表参加 CITES 第 18 次缔约方会议

(照片提供:樊恩源)

四、CITES 履约典型案例

(一)鲨鱼和鳐

1. 背景情况

从 2002 年缔约方第 12 次大会(COP12)开始,基于以下原因开始关注以鲨鱼为代表的软骨鱼类的贸易管理:一是性成熟晚、寿命长、生育力低,特别易受到过度开发的威胁;二是存在着鲨类及其产品的大宗国际贸易;三是未受管制和没有报告的贸易是许多鲨类不可持续性捕捞的重要原因;四是所有国家在鱼类资源保护和管理方面直接或通过适当的区域或地区组织开展合作的责任。2019 年,第 18 次缔约方大会对 2012 年以来的工作进行了总结,决定继续敦促有鲨鱼捕捞行为的缔约方尽早制定非致危性判定(NDFs)和《国家鲨鱼养护管理行动计划》(NPOA-Sharks),邀请鲨鱼利用国统计库存并实施监测管理,鼓励缔约方推进信息采集和数据分享,推进鉴定技术的开发和应用等。CITES 附录鲨鱼和鳐的种类达到了 58 种（表 12-1）。

表 12-1　CITES 附录中的鲨鱼和鳐

分类	中文	物种	附录	生效日期
真鲨目 CARCHARHINI-FORMES 真鲨科 Carcharhinidae 双髻鲨科 Sphyrnidae	★镰状真鲨	*Carcharhinus falciformis*	II	2017-10-04
	★长鳍真鲨	*Carcharinus longimanus*（Oceanic whitetip shark）	II	2014-09-14
	★路氏双髻鲨	*Sphyrna lewini*（Scalloped hammerhead）	II	2014-09-14
	★无沟双髻鲨	*Sphyrna mokarran*（Great hammerhead shark）	II	2014-09-14
	★锤头双髻鲨	*Sphyrna zygaena*（Smooth hammerhead shark）	II	2014-09-14
鼠鲨目 LAMNIFORMES 长尾鲨科 Alopiidae 姥鲨科 Cetorhinidae 鼠鲨科 Lamnidae	★长尾鲨属所有种	*Alopias* spp.（Thresher sharks）3 种	II	2017-10-04
	★姥鲨	*Cetorhinus maximus*（Basking shark）	II	2003-02-13
	★噬人鲨	*Carcharodon carcharias*（Great white shark）	II	2005-01-12
	★尖吻鲭鲨	*Isurus oxyrinchus*	II	2019-11-26
	★长鳍鲭鲨	*Isurus paucus*	II	2019-11-26
	鼠鲨	*Lamna nasus*（Porbeagle shark）	II	2014-09-14
鳐目 MYLIOBATI-FORMES 鳐科 Myliobatidae 江魟科 Potamotrygonidae	★前口蝠鲼属所有种	*Manta* spp.（Manta rays）3 种	II	2014-09-14
	★蝠鲼属所有种	*Mobula* spp.（Devil rays）9 种	II	2017-10-04
	巴西副江魟（哥伦比亚）	*Paratrygon aiereba*	III	2007-01-03
	江魟属所有种（巴西种群）（巴西）	*Potamotrygon* spp.	III	2007-01-03
	密星江魟（哥伦比亚）	*Potamotrygon constellata*	III	2007-01-03
	马氏江魟（哥伦比亚）	*Potamotrygon magdalenae*	III	2007-01-03
	南美江魟（哥伦比亚）	*Potamotrygon motoro*	III	2007-01-03
	奥氏江魟（哥伦比亚）	*Potamotrygon orbignyi*	III	2007-01-03
	施罗德氏江魟（哥伦比亚）	*Potamotrygon schroederi*	III	2007-01-03
	锉棘江魟（哥伦比亚）	*Potamotrygon scobina*	III	2007-01-03
	耶氏江魟（哥伦比亚）	*Potamotrygon yepezi*	III	2007-01-03

续表

分类	中文	物种	附录	生效日期
须鲨目 ORECTOLOBIFORMES 鲸鲨科 Rhincodontidae	★鲸鲨	*Rhincodon typus*（Whale shark）	II	2003-02-13
锯鳐目 PRISTIFORMES 锯鳐科 Pristidae	★锯鳐科所有种	Pristidae spp.（Sawfishes 7 种）	I	2007-09-13
犁头鳐目 RHINOPRISTIFORMES 吻犁头鳐科 Glaucostegidae	★蓝吻犁头鳐属所有种	*Glaucostegus* spp. 6 种	II	2019-11-26
圆犁头鳐科 Rhinidae	★圆犁头鳐科所有种	Rhinidae spp. 10 种	II	2019-11-26

注：★指在中国有自然分布记录的物种。

2. 管理情况

在我国，鲨鱼不是主要的经济鱼种，但有利用鲨鱼翅的文化传统，因此存在基于传统文化的较原始的加工业。依据中国水产流通与加工协会编写的《中国鲨鱼产业白皮书》（2013 年），中国的鲨鱼产业分近海捕捞、远洋捕捞和加工三个部分。中国大陆进口的鲨鱼主要为鲨鱼原条鱼和鱼鳍两类产品，其中鲨鱼原条鱼的进口数量基本每年保持稳定，而鱼翅贸易无论进口数量还是出口数量都明显呈现出逐年递减的趋势。针对鲨鱼和鳐的管理，农业农村部协调国内有关责任部门开展了以下工作。

（1）适时承办 CITES 有关鲨鱼管理的国际会议。2007 年，农业部水生野生动植物保护办公室和野生救援协会在北京组织召开了国际鲨鱼保护研讨会，澳大利亚、中国、英国、美国、新加坡从事鲨鱼保护、研究和管理的专家出席了会议。与会专家经过讨论达成以下共识：鲨鱼已经在海洋中生活了 4 亿年，比恐龙的出现还要早 1 亿年，它们出没于海洋的各个角落并在海洋生态平衡中扮演重要的角色，具有很高的生态价值、科研价值和经济价值。保护鲨鱼，对于保护海洋生态环境、维护生物多样性和促进资源的可持续利用具有重要意义。但是，受人类活动的影响，鲨鱼在世界各主要分布区面临生存威胁，需要世界各国通力保护。2014 年，国家濒危物种进出口管理办公室和农业部水生野生动物保护办公室在厦门共同承办了亚洲区域 CITES 新列附录鲨鱼和前口蝠鲼履约能力评估研讨会，来自中国、马来西亚、印度尼西亚、印度、马尔代夫等 15 个国家和地区、5 个国际组织及区域性渔业组织的约 60 名代表出席了会议，其中日本以观察国身份出席。会议评估了缔约方鲨鱼渔业管理情况和履约能力，认为制约各国鲨鱼管理履约能力的主要因素有：一是缺乏渔业数据及产业数据的支撑；二是立法、执法环节薄弱，少有或没有国际合作和部门合作；三是保护和管理措施亟待建立或完善；四是培训及履约能力建设不足，人力物力匮乏；五是履约资金的缺乏。与会者认识到鲨鱼和蝠鲼的保护与可持续利用的重要性，考虑到亚洲各国在履约中的局限性、挑战性和诉求，与会各国代表推荐开展以下优先行动：改进数据收集；加强国内立法执法和国际合作；加强保护和管理措施建设；加强履约能力建设和人力资源开发；确保资金支持。鼓励所有国家与区域性渔业组织密切配合，推广使用现有的涉及附录所列海洋物种的区域性野生动物执法网络，加强鲨鱼和蝠鲼管理和可持续利用等相关信息和技术的共享。并呼吁本国政府和捐助方支持亚洲各国改善对鲨鱼和蝠鲼以及其他被商业过度开发的水生物种进行履约方面所实施举措的努力。

（2）依据 CITES 的管理要求完善国内法律政策的制定。2013 年，农业部和国家濒危物种进出口管理办公室发布了《关于鲨鱼和蝠鲼管理工作的通知》，宣布从 2014 年 9 月 14 日起，CITES 附录鲨鱼物种在国内将参照《野生动物保护法》进行管理，与其相关的一切捕捞加工利用行为均需依法办理许可证，各执法部门依据有关法规进行执法；在进口、出口、再出口以及海上引进以上物种及制品时，须申办 CITES 允许进出口证明书，海关凭允许进出口证明书办理通关手续。2015 年，农业部渔业渔政管理局会同国家濒危物种进出口管理办公室联合印发《关于进一步做好鲨鱼和蝠鲼物种履约管理工作的通知》，明确了海上引进的管理要求和报关手续。2019 年，农业农村部印发《关于进一步严格遵守金枪鱼国际管理措施的通知》，明确：不批准主捕鲨鱼的远洋渔业项目；各远洋企业和渔船应采取有效措施尽最大可能避免或减少捕捞鲨鱼；CITES 附录鲨鱼种类禁止在渔船留存、转载和在港口卸载；非附录鲨鱼物种不得取鳍抛体，船上留存的鲨鱼鳍重量不得超过鲨鱼体重量的 5%；鼓励渔船采取鲨鱼鳍与鲨鱼体自然相连等。此外，农业农村部还组织有关技术部门着手编制"国家鲨鱼保护行动计划"。

（3）通过加强与行业协会的合作鼓励行业自律。支持成立中国水产流通与加工协会鲨鱼保护与可持续利用工作委员会，支持召开"COP17 新列鲨鱼蝠鲼物种履约培训会"（2017 年）和"水生野生动物保护政策和流通环节技术规范培训会"（2019 年），鼓励企业、研究机构的专家代表和管理人员共同参与鲨鱼可持续利用研讨（2012 年），指导开展鲨鱼产业及市场利用情况调查并编写出版《中国鲨鱼产业白皮书》（2013 年），组织开展对第 17 次缔约方大会（COP17）CITES 附录 II 新列鲨鱼产品库存的现场核查工作（2014 年，2017 年），指导企业加强行业遵守公约要求并参与政府的有关履约行动。2015 年 5 月 24—27 日，中国水产流通与加工协会鲨鱼保护与利用工作委员会在中国国际（厦门）渔业博览会上举办了以"依法保护濒危物种，合理利用海洋资源"为主题的鲨鱼保护与可持续利用宣传展示活动，普及鲨鱼养护知识，加深公众对鲨鱼的正确认知，宣传贯彻鲨鱼产业监管政策，鼓励合理合法经营利用水生资源。来自北京、上海、广东、福建、浙江的企业、商会共 20 多位从业代表参加了此次宣传展示。

（二）加利福尼亚湾石首鱼和小头鼠海豚

1. 背景情况

加利福尼亚湾石首鱼分布于墨西哥加利福尼亚湾，1977 年被列为 CITES 附录 I 物种。该物种的分布国墨西哥和美国认为因中国的市场需求刺激了该鱼的捕捞，刺网等捕捞方式对加利福尼亚湾石首鱼资源造成破坏，并危及区域内小头鼠海豚，墨西哥政府因此请求 CITES 协调美国和中国不要再进行加利福尼亚湾石首鱼鱼鳔的贸易。

2015 年 4 月，为保护小头鼠海豚，墨西哥在加利福尼亚湾北部开始禁止使用刺网和延绳钓作业方式。2015 年 9 月，中国、美国和墨西哥三方通过电话会议就两个物种的保护达成协议。2016 年，墨西哥政府向 COP17 提交了提案报告，提出了下一步保护工作建议。同年，CITES 第 17 次缔约方大会要求缔约方干预加利福尼亚湾石首鱼非法运输，并尽可能地与 CITES 秘书处及相关缔约方的 CITES 管理机构分享非法捕捞和非法贸易相关信息；应有意识就加利福尼亚湾石首鱼和小头鼠海豚（CITES 附录 I 物种）开展保护管理，避免其受到伤害，减少加利福尼亚湾石首鱼的市场需求和供应，加强执法，禁止非法贸易和非法捕捞；向 CITES 秘书处提交与加利福尼亚湾石首鱼非法产品相关的案例数据及产品数据、非法捕捞和非法贸易抓捕数据以及为执行本决议所采取的政策措施信息。公约还鼓励缔约方和其他利益相关者共同参与阻止非法捕捞、非法售卖的行动，支持其参与与加利福尼亚湾石首鱼野外种群的资源恢复有关的措施和行动。

2019 年，世界遗产委员会第四十三届会议通过一项决议，将加利福尼亚湾（墨西哥）群岛和保护区列入"危险中的世界遗产名单"，此决议令世界更加担忧加利福尼亚湾石首鱼和小头鼠海豚的命运。为此，2019 年 8 月召开的 CITES 第 18 次缔约方大会形成新的决定，敦促墨西哥在 2019 年 11 月 1 日之前立即采取有效行动，以应对非法贸易对加利福尼亚湾石首鱼和小头鼠海豚造成的威胁，同时鼓励缔约方与有关利益相关方合作：交流有关缉私查获的加利福尼亚湾石首鱼标本、非法捕捞和贸易人员的抓捕、诉讼及为执行本决议而采取的行动等信息；参与打击加利福尼亚湾石首鱼非法贸易、保护小头鼠海豚及减少市场需求等提高公众意识的活动；消除对非法来源于加利福尼亚湾石首鱼标本的市场供应和需求，强化国家法律和政策及执法，防止非法贸易；支持加利福尼亚湾石首鱼和小头鼠海豚野生种群恢复及监测有关的工作；支持墨西哥执行第 18.293 号决定，支持刺网回收计划。

2. 管理情况

自 2015 年以来，为配合有关 CITES 缔约方保护加利福尼亚湾石首鱼和小头鼠海豚，我国严厉打击石首鱼非法贸易行为，2018 年 11 月 12 日，中国向 CITES 秘书处提交的信息介绍了中国从 2015 年开始在石首鱼履约中所作出的努力，提供了 4 起查处案例，共没收 917 枚鱼鳔，6 名贩运者被追究刑事责任。与此同时，我国政府还致力于加强市场宣传，提高社会的保护意识，组织设计并印制了加利福尼亚湾石首鱼的有关宣传材料，在各地海鲜干货市场进行张贴，宣传加利福尼亚湾石首鱼有关管理要求和鉴别特征；对市场上的加利福尼亚湾石首鱼制品加大监管力度，对重点海鲜干货市场进行多次暗访和巡查，尤其是对广州等地干货市场进行了重点检查，同时将有关工作作为日常执法的一项重要内容。举办培训班，对加利福尼亚湾石首鱼的管理要求和快速鉴别技术进行培训；通过中美战略与经济对话，CITES 常委会、动物委员会、缔约方大会等场合，与美国、墨西哥双方多次沟通，明确合作意向，共同保护墨西哥湾石首鱼资源。

中国、美国和墨西哥三方还专门召开打击加利福尼亚湾石首鱼非法贸易的会议，进一步强化三方的沟通协作。同时，还加大对我国本土类似物种黄唇鱼的监管和保护力度，通过自然保护区建设、强化市场监管和加强人工繁育研究等方式推动该物种的保护和管理。

（三）欧洲鳗鲡

1. 背景情况

CITES 第 14 次缔约方大会将欧洲鳗鲡列入 CITES 附录 II，于 2009 年正式生效。

因欧洲鳗鲡资源量下降，欧盟从 2007 年开始制定法规保护欧洲鳗鲡，2011 年开始实施零配额管理。2016 年，欧盟向 COP17 提交提案，建议对包括欧洲鳗鲡在内的鳗鲡科鱼类加强资源管理。有资料显示，因缺乏有效种类鉴定技术，致使打击非法贸易效率不高，欧洲、东亚和东南亚地区的欧洲鳗鲡非法贸易依然存在。

欧盟的禁鳗政策导致鳗鲡的养殖国对其他鳗鲡科种类如美洲鳗和双色鳗产生巨大需求，亚洲地区的产业需求加剧了资源压力。为应对这些压力，一些鳗鱼的分布国开始制定政策限制或禁止其区域内的鳗鱼捕捞和贸易。2014 年，日本、中国和韩国发表联合声明，采取国际合作的方式对包括日本鳗在内的鳗鱼种群进行保护和管理。

2017 年，CITES 第 17 次缔约方大会形成决定，指示缔约方在 CITES 秘书处和联合国粮食及农业组织的协调指导下，加强国际合作，完善与管理有关的信息采集，向 CITES 秘书处和咨询专家提供必要的信息，组织国际研讨，分享管理技术和经验。

2019 年，CITES 第 18 次缔约方大会形成新的决定，鼓励有贸易的非 CITES 附录鳗鲡物种的分布国：在适当的情况下，实施保护和管理措施，例如，适应性管理计划，加强国家之间、管理机构与负责鳗鱼管理的其他利益攸关方之间及相关立法机构之间的合作，广泛分享这些信息，确保鳗鲡属所有种的捕捞和国际贸易的可持续；与其他有共享鳗鲡属物种的分布国进行合作，为这些种群及其管理制定共同目标，增进对物种生物学的了解，开展合作项目并分享知识和经验；建立监测项目以确定资源丰度指标。决定赞同对于正在进行的项目，最好能扩展到新的区域和鳗鲡的活体阶段，提升鳗鲡属贸易的可追溯性（包括活体和死体）。

2. 管理情况

自欧洲鳗鲡被列入 CITES 附录以来，中国政府组织开展了一系列应对工作：自 2012 年起，我国开始实施国内鳗苗资源管理，收集整理行业数据情况，并进行分析评估；自 2013 年起，我国多次参加在日本举行的鳗苗资源养护管理国际会议；2015 年 9 月对国内日本鳗资源状况以及养殖、加工企业进行调研。目前，我国已对鳗苗捕捞实行专项许可制度，打击非法捕捞；对鳗鱼养殖实行养殖证制度，规范和控制养殖规模；对鳗苗的进出口实行管理，打击走私活动；推动建立欧洲鳗鲡溯源管理办法。尽管如此，行业反馈信息表明，世界各国对鳗鲡科鱼类的管理，已对国内养殖产业产生较大负面影响。

针对欧盟在 COP17 的提案，并鉴于其已将对欧洲鳗鲡的关注扩大到欧洲鳗鲡科其他种类，我国在国内已启动日本鳗的资源调查并制订保护行动，保护并支持资源的可持续利用。

五、展望

CITES 从 1994 年第 9 次缔约方大会开始讨论鲨鱼的国际贸易管理，2006 年与联合国粮食及农业组织就海洋物种管理签订合作备忘录，2007 年开始探讨并强调"运输到一个国家"（Transportation into a State）的理解在"海上引进"管理中的重要性，2013 年"海上引进"管理框架设计在第 16 次缔约方会议获得通过。自此，越来越多的商业性水生物种被列为 CITES 附录物种并得到保护和管理。

在近几年 CITES 缔约方大会上，尽管保护和发展的争论和讨论异常激烈，但 CITES 依然在保护呼声占绝对优势的情况下，全面拓展物种的保护范围和内容，CITES 作为渔业管理的一个重要技术补充手段，正在逐步形成趋势。有鉴于此，农业部门也不断加强能力建设，以履约工作促进国内水生野生动物保护工作，彰显负责任政府形象。未来，农业部门将在做好水生野生动物国内工作的同时，吸收借鉴国外先进经验和管理模式，完善国内水生野生动物保护管理制度，统筹协调好对外履约和对内管理的关系，加快制订鲨鱼、鳗鲡国家保护行动计划，研究推动水生野生动物标识和可追溯管理，通过加强国内规范管理，提高履约成效。

执笔人：中国水产科学研究院资源环境中心　樊恩源
中国野生动物保护协会水生野生动物保护分会　周晓华

水族馆篇

第十三章 中国水族馆

水族馆的定义：水族馆（指公众水族馆，public aquarium）是水生生物饲养展示和科普教育的场所，同时也是水生生物资源保护和科学研究的场所。经过近百年的发展，我国水族馆涵盖了四代水族馆的全部类型，大致可归纳为"一枝独秀""星星之火"和"燎原之势"三个时期。一是"一枝独秀"的50年。青岛水族馆作为中国第一家水族馆，从1932年开放起，每年接待游客的数量呈上升趋势，1956—1957年改造后重新开放，每年接待游客数十万人次。直到1978年中国内地出现第二家和第三家水族馆，在长达近半个世纪的历史中一枝独秀。二是"星星之火"的15年。改革开放前后，香港地区和内地开放了4家水族馆。除香港海洋公园外，这些馆规模都很小，有的属专业馆。三是"燎原之势"的25年。从20世纪90年代中期开始，我国水族馆的发展进入了快速发展阶段，经过20多年的发展，水族馆已在全国除西藏自治区的30个省（自治区、直辖市）铺开，数量达到220多家，形成燎原之势。这个时期，各地相继建立了大型海洋馆、海洋世界、极地馆，建设规模也不断扩大，投资规模、总水量也在不断增加。

一、中国水族馆发展

（一）第一家水族馆

中国第一家水族馆——青岛水族馆建成于1932年。1930年秋，中国科学社成员在青岛召开会议。会上，蔡元培、李石曾、胡若愚、蒋丙然、宋春舫等倡议成立中国海洋研究所，推举胡若愚、蒋丙然、宋春舫为筹备委员会常务委员，并决定以中国海洋研究所的名义筹建青岛水族馆，由青岛观象台负责工程设计并组织施工。该倡议得到与会代表的支持。筹建费用由当时的教育部、实业部、中央研究院、北平研究院、青岛市政府、山东省政府、青岛大学、青岛观象台、万国体育会、东北海军司令部及宋春舫、朱润生、蒋丙然等捐助。选址于海滨公园（今鲁迅公园）内，工程于 1931 年破土，1932 年 2 月竣工，5 月 8 日举行了开馆典礼。青岛观象台台长蒋丙然兼任馆长。蔡元培为这一中国海洋科技界盛事撰写了开幕辞。青岛水族馆是当时国内规模最大、展示品种最多、东亚最好的海洋生物展览馆。青岛水族馆建筑还以其中国传统建筑风格，成为青岛海滨的标志性建筑，并成为青岛的重要景观（图 13-1）。

图 13-1　青岛水族馆外景（摄影：张先锋）

青岛水族馆的造型为中国古城堡式，高四层。建成时内设标本室 3 间，海水玻璃展览鱼池 18 个，露天鱼池 2 个，另配有研究室、陈列室、储水塔等。建馆之初主要作为科学研究的基地，并未考虑常年向公众开放。在设备配备上并不完善，没有加热制冷等设备，只在每年的 4 月水温和气温都合适的时候，从海上捕捉一些海洋生物进行研究，兼供展览。当时的青岛水族馆每年的开放时间为4—10 月，虽然对公众的开放时间不长，但还是吸引了大量的游人来参观和学习。1956—1957 年对水族馆进行了内部改造，改造了饲养水池的循环系统，安装了供暖系统，改造后的水族馆实现了全年开放。同时，将原有的暗道式小走廊水箱改为开放式大水箱，极大地改善了参观体验。1992 年，青岛水族馆进行了大型闭馆改造，增加了全新的展示形式——洄游水槽。此后，青岛水族馆每隔几年就会进行一些改造，不断引进新的展示物种。现在青岛水族馆也不再是单一功能的水族馆，而是包含生物标本馆、海兽馆、淡水馆、海底世界等的综合展馆，并发展成为综合性的海洋主题旅游景区。

（二）水族馆的数量增加

自 1932 年青岛水族馆建成，中国水族馆已走过近 90 年的历程。1932—1975 年，中国经历了战乱、中华人民共和国成立后的百废待兴，40 多年的时间，中国一直没有新的水族馆出现。1975 年，中国第二家水族馆——香港海洋公园建成开放。1978 年，第三家和第四家水族馆——中国农业展览馆水族馆和广西北海水族馆建成开放。1980 年，以研究为目的的中国科学院水生生物研究所白鱀豚馆初步建成。在此后的 10 多年，中国水族馆的数量没有新的增加。直到 20 世纪 90 年代中期，随着我国改革开放的深入和经济持续发展，中国水族馆事业进入了快速发展时期。到 2008 年，数量增加到 60 余家，增长了 10 余倍。2008—2013 年，我国水族馆的增速略有放缓，数量仅增加了约 10 家，总数量达 70 余家。从 2013 年以后，水族馆数量再次快速增长，到 2020 年，增加了 140 余家，总数量达到约 220 家（图 13-2）。对照我国国内生产总值（GDP）增长（世界银行官网）可以发现，水族馆数量的增加曲线与 GDP 总量增加高度吻合（图 13-3），这一点也与日本水族馆发展的历程相似。目前，据不完全统计，我国每年到水族馆参观的客流量为 1.5 亿~2 亿人次。全球每年到水族馆参观的客流量为 4 亿~5 亿人次。

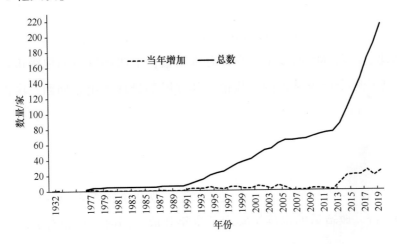

图 13-2　中国水族馆数量和增长统计

（三）水族馆的区域发展

从中国水族馆区域分布和发展顺序来看，有如下规律。一是从沿海城市向内地城市延伸。首先出现水族馆的都是沿海城市，如青岛、大连、上海、广州、

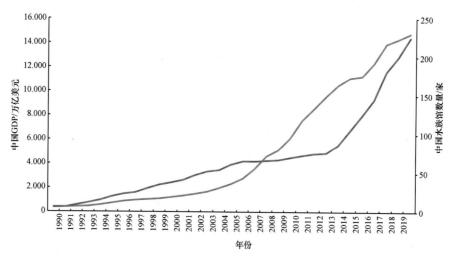

图 13-3　中国 GDP 总量增长（蓝色）与水族馆数量增长（红色）对照

深圳、香港等沿海城市（地区），然后向内陆城市发展；二是从一线城市向省会城市扩张。深圳、广州、北京等一线城市首先出现水族馆，有的城市还不止一家，逐步发展到省会城市。目前，除澳门和西藏自治区首府拉萨外，其他直辖市和省会城市首府都有水族馆；三是从省会城市首府、区域中心城市向地市级城市扩散。在一线城市、省会城市首府和区域中心城市水族馆逐步饱和的情况下，地级城市也逐步覆盖。目前我国东部、南部省份，如山东、江苏、上海、浙江、河北、广东等的地级市几乎都有水族馆，中西部省份的地级市正在逐步被覆盖。无论哪个层级城市的水族馆，其发展都显现出由东向西、由南向北的格局（图 13-4）。

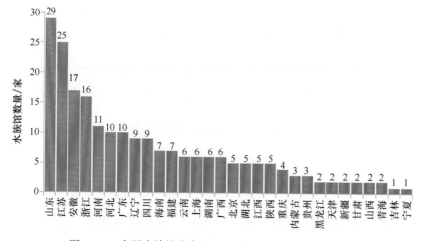

图 13-4　中国水族馆在各省（自治区、直辖市）的分布

目前，中国水族馆数量已是全球第一，但人均拥有量仍相对偏低。据统计，日本和美国平均每 150 万~200 万人拥有 1 家水族馆；欧洲国家平均每 400 万人拥有 1 家水族馆；而我国平均 600 万~700 万人拥有 1 家水族馆。我国中西部地区，还有大量的地级城市没有水族馆，而这些地区远离海洋，社会公众对水族馆的需求更加强烈。据此推测，中国水族馆在今后一段时间还会处于增长态势。与此同时，东部沿海城市的一些水族馆已开始升级改造，进行新一轮的发展。如广州海洋馆和深圳海洋世界都在更新换代。

（四）水族馆的代际变化

在不到 90 年的时间里，我国水族馆经历了四代水族馆发展的历程。首先是实现了从"水族馆"到"海洋世界"的延伸。1995 年大连圣亚海洋世界建成开业后，水族馆的名称和形式呈多元化发展。大连圣亚海洋世界引进了长达百米海底隧道，成为第三代水族馆翘楚。由于真实的海底感受，引来了大量的游客。同时，也带动了众多海内外投资者兴建大型海洋世界的热情。其次是从"海洋世界"到"极地馆"的延伸。这个延伸，主要是展示对象的拓展，由过去沿岸、近海、远洋海洋动物，拓展到南北极海洋动物，如白鲸、北海狮、北极陆生动物（北极熊、北极狼、北极狐等）。但在展陈设计方面，仍属第三代水族馆。最后是从极地馆向"海洋迪士尼"——海洋公园或海洋王国的拓展。第四代水族馆就是秉承这一理念发展建设起来的。

二、中国水族馆的现状

（一）硬件设施与专业团队

如前所述，全国已建成水族馆 220 多家。数量上我国已是世界水族馆第一大国。尽管我国水族馆发展相对较晚，但得益于改革开放和经济快速发展，发展起点高，后发先至，高质量发展。我国大部分水族馆都是第三代水族馆的规模和水平，部分水族馆的硬件设施和工艺水平已经赶上了日本和欧美国家的水平，某些方面已处于引领地位。我国也具备了水族馆设计、建造、布展、特殊材料、专用设备和软件等全套工业和技术体系；具备完整的水族馆展示物种供应链及动物饲料保障等体系。

我国水族馆的技术和管理队伍也得到了快速发展。中国水族馆经过 20 多年的快速发展，培养了一大批技术骨干和专业技术团队。此外，还吸引了一大批世界大师级的水生生物饲养、兽医、驯养和管理人才。这些为饲养动物的健康和福利提供了保障，也满足了广大人民群众日益增长的物质和文化需求，在水生生物资源保护方面也承担着日益重要、不可或缺的作用。

（二）展示形式和内容

我国早期的水族馆都是火车窗式的小展缸，展示形式单一。展缸中没有任何景观设计，水体水量都很小，一般只有几吨，建筑规模也仅是几百平方米，设施陈旧落后。但自20世纪90年代中期以来，新建的水族馆展示形式多样化。除了部分保留的小展池之外，大型展池成为主流，如大水体、隧道式、洄游槽等。大型展池都有生态布景，不再是裸露的池壁、光秃秃的混凝土墙。展示主题鲜明，加上先进的管理理念，水族馆被打造成具有时代特征的旅游项目，给游客提供了丰富的观赏内容，让游客在游览中学到海洋知识，丰富了人们的精神生活。

展示内容由经济鱼类向观赏鱼类变化。早期水族馆展示物种都是以当地物种为主，如青岛水族馆当年展示的只有胶州湾的生物，如鲈鱼、黄姑鱼、六线鱼、鲅鱼、黑鲪、鬼鲉、真鲷、黑鲷、红海龟、红螺、绿海葵等。这些生物中的鱼类都是当时的经济鱼类。现在的水族馆除经济鱼类，大部分都是极具观赏价值的海洋生物。无论是无脊椎动物还是鱼类都是平时不易看见的生物，当游客进入水族馆，看到轻柔飘逸的水母，色彩斑斓的珊瑚、海葵时，都感叹大自然的无比神奇。

展示由单纯的物种向生态系统展示变化。20世纪80年代，水族馆展示的物种以单个物种为主，90年代后期的水族馆展示都以一个单元为主题，不再将一个独立的物种孤立地展示，而是将生态系统综合展示。如很多水族馆都有热带雨林展区、大堡礁展区、珊瑚馆展区、水母馆等。每一个主题展区的物种都属于相应的生态系统，让游客从中不仅了解了单个的物种信息，而且学到了与此物种栖息相关的水生生物学知识。

极地馆的概念和极地动物展示了"中国特色"。国外专门集中展示极地动物的场馆，并以"极地馆"为名的水族馆并不多见。一些分布在极地或高纬度区域、低温冷水环境的动物，如企鹅、白鲸等也是分散在其他水生动物展区，并未刻意突出"极地"的概念。极地馆让游客可以在远离极地的中国，在人工模拟的极地环境中观赏到白鲸、北海狮、海象、北极熊、北极狼、北极狐、企鹅等难得一见的极地动物，让人惊叹、流连忘返。极地动物和极地环境的展示，让人们了解到全球气候变化的知识，也带来了巨大的社会效益和经济效益。

（三）综合水平

经过近90年的发展，尤其是近20多年的质和量的跨越式发展，我国水族馆综合水平大幅进步和提升，在水生生物饲养繁殖水平，动物成活率、繁殖成功率，在水生野生动物科普教育、科学研究，在水生野生动物救助、国际交流、人才培养和经营管理等方面，得到全方位提高，与国际先进水平的差距越来越小。这些进步和提升将在下文分别介绍。

1. 水族馆的志愿者队伍

中国水族馆志愿者队伍的发展相对滞后，尽管这个队伍正在逐步壮大，但这些志愿者多数仅在周末或者闲暇时到水族馆参与科普和辅助性工作，尚未建立完整的志愿者管理体系和机制。随着水族馆事业的不断发展壮大，志愿者队伍的建设应该成为中国水族馆长期的任务，通过志愿者服务，让更多的人接受海洋知识的教育，同时，通过志愿者的工作，提升中国水族馆的社会影响力。

2. 水族馆的社会责任

中国水族馆的快速发展，已由早期以盈利为主的阶段，发展到主动承担社会责任的阶段，在水生野生动物科普教育、科学研究和自然保护等方面，发挥出其特有的功能价值作用，并取得了显著的成效。

执笔人：中国科学院水生生物研究所　张先锋

第十四章 水族馆与水生野生动物保护科普教育

水族馆不仅仅是休闲观光的景点，也是普及水生野生动物科学知识的课堂。这既是社会对水族馆的期待，也是水族馆的功能和社会责任之一。

一、保护从了解开始

2018 年 10 月，由农业农村部主办的第九届"全国水生野生动物保护宣传月"活动的主题"唯有了解，才会关心；唯有关心，才会行动；唯有行动，才有希望"是对水族馆开展水生野生动物保护科普宣传最好的诠释和总结（图 14-1）。通过水族馆，人们认识和欣赏水生生物，学习和了解水下世界及海洋环境知识，进而关注水生野生动物，最后自觉参与到保护行列中。这与国际自然保护界提倡的口号"关爱从了解开始（Care Begins with Knowing）"是完全一致的。对陆生动物如此，对水生动物更是如此。水生动物生活在水下，与作为陆生动物的人类生活的基底和介质完全不同。除了从岸边、水面和潜水观察到水下世界的"冰山一角"，对水生动物的深入了解几乎不可能。水生动

图 14-1 2018 年全国水生野生动物保护宣传月启动式上播放了中国乒乓球协会主席刘国梁的一段话："你了解中华鲟吗？……保护中华鲟从了解开始。"

（视频截图：张先锋）

物的人工饲养以及水族馆的出现，正好打开了水下世界的窗口。人们通过大型水槽、水下隧道等，可近距离、全方位观察了解水生动物，欣赏他们的美，倾听他们的忧，由欣赏到了解，由了解到关爱，主动参与水生动物及其栖息地保护。

二、沉浸式体验

通过卓越的展示，把人和水下大自然联系起来。水族馆最具特色的科普教育手段是通过水下窗口和水下隧道等展陈方式给人们带来沉浸式体验。人们在水族馆可近距离，甚至是零距离观察水生动物。人们在欣赏千姿百态水生动物的同时，观察水生动物的游动姿态、摄食行为，甚至可以直接触摸到水生动物。此时，配合讲解员的解说、展板的介绍，游客会自然而然地接受水生动物的知识。水族馆沉浸式体验是典型的"寓教于乐"。

近年来，一些水族馆还推出了一项极具特色的深度沉浸式体验项目——夜宿水族馆。游客夜宿在水族馆海底隧道中或大型水下展窗前，体验与鲨鱼、珊瑚礁鱼类等海洋生物共眠的乐趣（图 14-2）。夜晚，游客在水族馆馆员的带领下穿梭于万籁俱寂的水族馆内，跟着馆员做游戏，亲手触摸鲨鱼，倾听老师介绍有关生活在水族馆的鱼类故事。此外，有些水族馆专门设计了水下餐厅，游客可以边进餐边欣赏水下世界的美景。还有些水族馆结合酒店设计了水下套房。这些都会给游客带来不同的沉浸式体验。

三、互动式学习

在水族馆的科普活动设计中，最具有特色的就是互动式学习。让游客亲自动手，在互动中体验到乐趣，收获到知识。例如，在水族馆开展的"DIY"游、"后场游"和"小小水族师"等。

"DIY"游就是在水族馆专业教员引导、激发下，小游客在游览、观赏展品中发挥想象力和创造力，由水族馆提供材料让小游客自己模仿活体展品动手制作海洋动物，并将自己的作品带回家（图 14-3）。

"后场游"就是游客在观看了水族馆前场动物之后，在水族馆馆员的带领下来到后场参观，造访游客眼中的神秘区域，为游客揭开水族馆后场的面纱。游客可以亲眼看见人工海水的制作、处理过程，了解鲨鱼饵料的构成，直接与饲养员、训练员、潜水员交流相关知识等。

图 14-2　学生夜宿水族馆

（照片提供：上海海洋水族馆）

图 14-3　小游客制作海洋生物美术作品

（照片提供：上海海洋水族馆）

"小小水族师"更具挑战性。在水族馆馆员指导下，游客亲手搭建鱼缸，配置海水，测试海水酸碱度等指标，最后试养活体海水鱼。通过这一系列的操作，游客可以了解并掌握水族馆养鱼的基本原理和知识。

此外，水族馆中新媒体技术的大量应用，也拓展了互动式体验的应用和感受。在水族馆中能应用到的数字技术有很多，例如地面投影、电子沙盘、互动橱窗、互动触摸屏、互动触摸桌、互动翻书、互动签名拍照、幻影成像、墙面投影、虚拟漫游、增强现实、环幕、球幕、雾幕等。展示交互技术的发展，使参观者与参观对象的角色发生变化，参观对象可以不再是被动的观赏物，它可以变身为各种形态和方式与参观者互动，使参观过程丰富多彩，令人神往，使时空体验与参观交流达到最佳状态。

四、科普教室

水族馆根据自身的优势和特色，开设了大量水生生物知识科普讲堂或科普教室。珠海长隆海洋王国开设了海洋研学团和"小小保育员"项目。该研学团课程设立了鲸豚类讲堂和鳍足类讲堂，单次课程学生接待量可达 3 000 人。2016年至今，每年接待超过 30 万人次。通过近距离观察，学习生物知识，有助于让学生与水生野生动物建立情感联结，向学生传达水生野生动物保护的信息，提高他们的环保意识及环保行动参与度。珠海长隆海洋王国还利用区位优势，为来自内地、港澳不同地区的中小学学生组织开展海洋研学团活动，一定程度上也加强了内地与港澳之间的教育交流。如该馆开设的"小小保育员"项目于 2018 年开展，通过制作饲料、喂食、动物体检等环节，让游客体验动物保育员的日常工作，激发游客对鲸鲨、中华白海豚、企鹅、海牛、白鲸等水生野生动物的保护与关爱（图 14-4）。

图 14-4　"小小保育员"项目活动（照片提供：珠海长隆海洋王国）

五、社会课堂

水族馆的科普活动不限于水族馆内，许多水族馆已经把馆内的科普活动与馆外的科普活动结合起来，把水生生物科普教育推向社区，举办社会课堂。珠海长隆海洋王国开展的"四区"主题科普活动，就是根据自身的资源优势选择性地分阶段在园区、社区、景区和学区大范围开展形式多样的水生野生动物保护科普宣传活动，多方位宣传水生野生动物保护知识。

上海海洋水族馆成功举办流动展览——"你的 25 步，它的 25 年——拯救鲨鱼"展，在人流众多的商场、社区和学校等地（图 14-5），通过鲨鱼活体展示、展板展示以及让游客触摸鲨鱼和多媒体设施互动等，向人们传递了关于保护鲨鱼及其生存环境的重要性。还从中国的传统饮食文化、生活习惯、行为模式以及合理利用海鲜、适量捕鱼等角度向广大公众进行宣传教育。通过对比，这个科普展览布置在水族馆场馆内时，每天有约 4 000 人次观看展览，而在几个商场设置流动展区，短短 48 天内共有超过 35 万人次参观了该展览，每天参观量达 7 300 人次。这个流动展览还在幼儿园、中小学、上海的国际学校和 8 所重点大学进行了设置。观摩和参与"你的 25 步，它的 25 年——拯救鲨鱼"校园行活动的学生人数共计 60 245 人次。馆外参观人数是馆内参观人数的 100 多倍。水族馆的科普展览，通过向社会延伸扩大影响，使更多人受益，得到的效果更好（图 14-6）。

图 14-5　水族馆科普展览在上海的商场流动展出（照片提供：上海海洋水族馆）

图 14-6　海洋科普活动进校园（照片提供：青岛水族馆）

六、水生野生动物保护宣传月

从 2010 年起，农业部每年都会组织开展"全国水生野生动物保护宣传月"

活动，到 2019 年共举办了 10 届全国水生野生动物保护宣传月启动仪式活动，其中 9 届的全国水生野生动物保护宣传月启动仪式均由水族馆承担。水族馆作为"水下世界的大使馆"，已成为水生野生动物保护的主场（图 14-7）。

图 14-7　2019 年 9 月 20 日，第十届"全国水生野生动物
宣传月"启动仪式在三亚海昌梦幻海洋不夜城举办
（照片提供：中国野生动物保护协会水生野生动物保护分会）

七、水生野生动物科普教育基地

在农业农村部渔业渔政管理局、长江流域渔政监督管理办公室的指导下，水生野生动物保护分会正在布局全国水生野生动物科普教育基地建设。由于其特色和优势，决定了水族馆将会在水生野生动物科普教育基地建设中发挥主力军和主要阵地的作用。目前，社会各界都高度重视环境、生态和生物多样性保护，水生野生动物保护也因此迎来了难得的机遇，并得到空前的发展。随着人们环保意识的增强，全社会对水生野生动物保护的认知度和参与度越来越高。一大批企业和公众以各种形式积极参与到保护行列中来，水生野生动物保护领域最知名的"海昌奖"就是由企业设立的。众多的企业、组织和个人组建了各种各样的保护机构、社团、联盟等。这些机构一方面开展了大量的捐赠、科普、救助活动；另一方面也希望凭借一些专业的科普教育基地、平台，以便更好地发挥社会公益作用。水生野生动物科普教育基地可以满足社会的期待和需求，可以有效提高科普教育的专业性和社会公众的参与度，从而扩大水生野生动物保护的社会影响，传递正能量。水族馆是水生野生动物饲养展示、研究保护和

科学普及的重要场所，其科学普及功能的发挥可借助于科普教育基地的建立得到提升。而科普教育基地的建设和管理，也将有效引导这些机构承担社会责任，重视野生动物保护，规范经营利用行为。

总之，水族馆在水生野生动物科普教育方面具有独特的条件和优势，除了上面提到的几个方面外，水族馆科普教育包括科技教育在以下五个方面还有巨大潜力：学龄前幼儿教育（早教）、中小学第二课堂（研学）、水族馆专业职业教育、特殊人群全息教育、科研人才实践教育。如果这些潜力充分挖掘并发挥，水族馆在发挥好社会和生态效益的同时，还有望收获可观的经济效益。

执笔人：中国科学院水生生物研究所　张先锋

第十五章 水族馆与水生野生动物 研究与保护

水族馆内饲养着各种水生生物，从某种意义上来说，水族馆就是为生活在这里的水生生物打造了若干小型生态系统。小的如一个或几个珊瑚缸，中等的如经典的亚马孙河流域水槽，大型的如远洋鱼类洄游展示水槽等。这些水槽中的生物不仅供游客观赏，也是研究水生生物的平台和实验室。技术人员利用这些平台设计研究方案，对水生动物的行为、生长、繁殖等进行研究。

一、研究基地

进入 21 世纪以前，中国水族馆重点关注的是动物的成活率，开展的研究主要围绕饲养条件改善等，人工繁殖、疾病防治、维生系统、濒危物种及水生哺乳动物的繁殖理论和技术研究十分有限。经过初期的发展，进入 21 世纪后，许多水族馆都开始注重研究能力的提升，积极主动开展水生动物研究和关键技术攻关，并与大学、研究所等专业科研力量合作。如：2004—2014 年，北京海洋馆分别与中国科学院水生生物研究所、中国水产科学研究院、中国水产科学研究院长江水产研究所签署中华鲟合作研究协议；2017 年，珠海长隆海洋王国与中国水产科学研究院淡水渔业研究中心签署长江江豚合作研究协议；海昌海洋公园与中国科学院水生生物研究所签署豢养鲸豚类人工繁育合作研究协议。经过 20 多年的积累，利用水族馆平台开展水生动物研究，已取得可喜成果。

（一）长江鲸类饲养繁殖研究

1980 年以前，我国在长江鲸类饲养研究方面没有任何经验，随着白鱀豚馆的建立和白鱀豚"淇淇"的到来，长江鲸类饲养研究，包括饲养生物学、疾病预防和治疗、生物声学、行为学和繁殖生物学研究以及维生系统设计和建设等相继展开。经过多年努力，白鱀豚"淇淇"在人工饲养条件下生活了 22.5 年，创造了世界淡水鲸类人工饲养时间最长的纪录。围绕"淇淇"的饲养，许多研究工作填补了我国乃至世界的空白，开创了我国鲸类人工饲养的先河，为后来长江江豚，甚至其他鲸类饲养积累了经验、打下了基础（图15-1）。

图15-1　2005年12月18日，农业部渔业渔政管理局、中国科学院水生生物研究所等在美国圣迭戈海洋世界研究所交流研究和保护长江淡水鲸类（照片提供：张先锋）

在此基础上，长江江豚的饲养和繁殖研究继续深入，已先后在白暨豚馆出生并存活3头长江江豚，其中1头已经繁殖了第二代。通过在水族馆进行大量在野外无法开展的长江江豚生理学、生物声学、行为学等研究成果及获得的新发现，为建立自然和半自然保护区，江豚安全软释放等提供了有力支持。基于在人工环境和其他条件下的大量研究，一个有100余头江豚的半自然保护区（长江天鹅洲白暨豚国家级自然保护区）已成为全球首个鲸类动物迁地保护成功的典范。

（二）中华鲟饲养繁殖研究

2004年以前，成熟的中华鲟由于不在淡水环境中进食，人工催产后的亲本除了放归长江不知是否存活，继续饲养在人工环境的产后亲本无一存活。2005年4月至2007年8月，中国水产科学研究院长江水产研究所与北京海洋馆合作，在北京海洋馆进行中华鲟亲本产后康复和进食驯化研究（图15-2）。5尾雌性中华鲟产后亲本全部开口进食并存活下来。这5尾中华鲟由开始的被动进食逐渐变为主动摄食，完全适应了水族馆环境，生长发育良好。在北京海洋馆，亲本中华鲟首次实现了产后开口摄食，并且卵巢可发育到Ⅳ期。这个研究表明，水族馆可以作为中华鲟迁地保护的场所。

图 15-2　北京海洋馆训练中华鲟产后亲本开口进食（摄影：高宝燕）

此外，利用水族馆环境，研究中华鲟子一代饲养、生长发育，中华鲟全人工繁殖，降盐度梯度对中华鲟的影响，以及淡水培育的中华鲟亚成体海水驯化研究等方面，取得了一些令人瞩目的研究成果。这些成果集中反映在《海洋馆中的中华鲟保护研究》一书中。

（三）斑海豹研究

大连圣亚海洋世界、青岛水族馆等与辽宁省海洋水产研究院合作利用救助和人工繁殖的斑海豹进行卫星跟踪研究，摸清了斑海豹迁移路线。辽东湾繁殖区的斑海豹有三个度夏地：一部分斑海豹继续留在渤海海域觅食；另一部分斑海豹游出渤海进入黄海北部海域活动，包括山东半岛北部、东部，辽东半岛东部及朝鲜西部海域；最后一部分斑海豹到达韩国白翎岛海域觅食，也有个体到达韩国东部海域。入冬后这些个体会再度进入渤海辽东湾进行新一轮的生殖洄游（图 15-3）。此外，他们还联合研究了斑海豹繁殖的策略，包括生殖激素的季节性变动规律、成体的发情交配妊娠哺乳时间确定、乳汁成分组成、乳汁成分变化规律、母幼间的能量传递、哺乳期幼体生长速率、性成熟判定标准、成体生长特点、成体生殖洄游路线等。

（四）海昌海洋公园开展的研究

海昌海洋公园与国家科研机构、大学、高科技企业等联合开展了系列海洋生物研究。如与青岛海洋科学与技术国家实验室联合开展海洋生物仿生学研究，

图 15-3　佩戴卫星跟踪信号发射器的斑海豹（照片提供：青岛水族馆）

这是水族馆第一次参与国家级科研项目和军事科学研究项目；与辽宁省海洋水产科学研究院合作开展鳍足类动物谱系构建研究，建立了我国第一个鳍足类谱系——斑海豹谱系，为制订斑海豹繁殖保护计划、避免近亲繁殖提供依据，与青岛农业大学、青岛欧博方医药科技有限公司合作，开展珍稀极地海洋生物营养添加剂的研究。海昌海洋公园在人工饲养条件下进行海洋动物繁殖研究取得了良好的成绩：成功繁殖 20 余种 600 余只大型珍稀极地海洋动物，繁殖品种及数量国内第一；南美海狮繁殖数量超过 100 头，建成了全世界最大的人工饲养海狮种群；2008 年成功繁育国内第一头北极熊；2010 年成功繁育国内第一只帝企鹅；2012 年成功繁育国内第一头伪虎鲸，这也是国际上第一只在人工饲养条件下繁育成活的伪虎鲸；2013 年首次通过全人工育幼的方式育幼成活国内第一只南美海狮，同年成功繁育国内第一只跳岩企鹅；2014—2015 年成功繁育 5 头瓶鼻海豚；2017 年成功繁育国内第一头灰海豹；帝企鹅、北极熊繁殖数量世界第一。目前，正在开展瓶鼻海豚人工繁殖研究（图 15-4）。

（五）珠海长隆海洋王国开展的研究

珠海长隆海洋王国独立或与科研单位合作的形式开展多个海洋动物的繁殖技术研究，取得了骄人的成绩：珠海长隆海洋王国已成功繁育西非海牛、瓶鼻海豚、热带点斑原海豚、北海狮、加州海狮、北极狼、亚洲小爪水獭等哺乳类动物近百头；成功繁育帝企鹅、阿德利企鹅、帽带企鹅等鸟类近 80 只；成功繁育吻海马、黄鳐、纳氏鹞鲼、水母等近 3 万尾；2013 年成功繁育 1 头瓶鼻海豚，随后于 2014 年、2015 年和 2018 年又连续成功繁育瓶鼻海豚（图 15-5）；2018

图 15-4　青岛极地海洋世界开展瓶鼻海豚人工采精（左）和人工受孕（右）研究

（照片提供：青岛极地海洋世界）

年热带点斑原海豚也繁殖成功；2018 年年底到 2019 年年初，连续成功繁育 3 头白鲸（图 15-6）、3 头太平洋斑纹海豚；2018 年，全国首例西非海牛繁育成功（图 15-7）。目前，正在开展水生哺乳动物的全人工繁殖技术研究。近年来每年都有帝企鹅、白眉企鹅和阿德利企鹅幼鸟成功孵化，其中，两年间成功繁育 11只帝企鹅，创下了亚洲最低纬度地区孵化帝企鹅的纪录，还创造了同时成功孵化 9 只帝企鹅的纪录（图 15-8）；幼龄企鹅的性别鉴定技术已成熟。在动物疾病防治方面，珠海长隆海洋王国一直致力于真菌病原鉴定的研究，并在水生哺乳动物真菌感染的防治方面有了较大突破。此外，珠海长隆海洋王国与多个科研单位、高科技企业合作，开展水生动物研究工作。2017 年，珠海长隆海洋王国与中山大学联合开展中华白海豚相关研究；2018 年，与中国水产科学研究院淡水渔业研究中心合作开展长江江豚饲养繁殖研究。

图 15-5　给瓶鼻海豚人工授乳

（照片提供：珠海长隆海洋王国）

图 15-6　2019 年 1 月在珠海长隆海洋王国出生的白鲸（摄影：张先锋）

图 15-7　珠海长隆海洋王国里的西非海牛母子
（照片提供：珠海长隆海洋王国）

图 15-8　珠海长隆海洋王国
孵化的帝企鹅幼鸟
（照片提供：珠海长隆海洋王国）

二、救助中心

近年来，水族馆逐渐成为水生野生动物的救助中心或基地，这既是社会对水族馆的要求和期待，也是水族馆应当承担的社会责任。实际上，水族馆在提供展示水生生物、传递水生生物科学知识、开展水生生物科学研究的同时，也投入了大量的人力、物力积极主动参与到水生动物救助行动中。各级渔业主管部门也十分重视借助水族馆平台和条件，建设地方和区域性的水生野生动物救助中心或基地。几乎每个水族馆开馆运营一段时间后，经渔业主管部门考察，具备救助条件的都承担当地水生野生动物救护中心或基地的责任。甚至有些较大规模的水族馆，在建设阶段，就把水生野生动物救助基地的功能建设纳入规划，同步建设。20 多年来，由水族馆参与，甚至是主导的救助活动在全国各地已有大量记录。

2019 年 5 月 23 日，农业农村部渔业渔政管理局和水生野生动物保护分会在山东蓬莱海洋极地世界组织集中放归一批经水族馆救助的海龟、东亚江豚、斑海豹等重点保护水生动物，集中销毁一批罚没的海洋动物制品。

2020 年 3 月 24 日，作为"山东省水生野生动物蓬莱救助中心"的蓬莱海洋极地世界接到 3 头东亚江豚需要救助的消息，迅速准备好专业团队，带上救助工具前往西山避风港码头，将 3 头东亚江豚立即运往水族馆进行救治。3 头东亚江豚均为雄性，年龄在 2~3 龄，体长、体重分别为：135 厘米、36 千克，136 厘米、41 千克，132 厘米、32 千克。这 3 头获得救治的东亚江豚在暂养池内慢慢恢复，待进食等行为正常、体检指标合格后，将被放归大海。

作为海南省首批水生野生动物救助中心，三亚亚特兰蒂斯于 2020 年 2 月 11 日接到三亚市农业农村局的通知，需要对一只在鹿回头海滩受伤搁浅的国家二级保护动物绿海龟进行紧急救助。在当时疫情严峻的形势下，三亚亚特兰蒂斯在接获通知的第一时间派出专业救助团队，对受伤海龟进行接管与收治。经过约 1 小时的手术，海龟后颈部的镖杆与口腔内的鱼钩被顺利取出（图 15-9 和 15-10）。待海龟康复后，经政府部门与相关专家评定符合野外生存条件将放归海洋。

图 15-9　受伤严重的海龟

（照片提供：张佳阳）

图 15-10　手术取出的镖杆和渔钩

（照片提供：张佳阳）

2019 年 6 月 6 日，一头长约 3.02 米、重约 500 千克的雌性短翅领航鲸在三亚市崖州湾搁浅，7 日深夜，三亚海昌梦幻海洋不夜城的兽医抵达现场为领航鲸做了检查和消毒涂药等，发现领航鲸发烧达 39.1℃，并伴有脱水的现象。兽医为领航鲸打点滴退烧，并补充水分和营养液，与研究所、社团等救护人员一道，24 小时浸泡在海水中陪护搁浅领航鲸（图 15-11）。

图 15-11 三亚海昌梦幻海洋不夜城的兽医团队在给短翅领航鲸打点滴

（照片提供：三亚海昌梦幻海洋不夜城）

2015 年年底，2 头东亚江豚在河北省唐山市涧河海边搁浅，奄奄一息。渔民们立刻联系到天津渔政部门请求救助。这 2 头东亚江豚很快被天津渔政部门送至天津海昌极地海洋公园进行救治。经过技术团队 5 个多月的精心救治，这 2 头东亚江豚完全康复，2016 年 5 月被放归大海。

2018 年 3 月 13 日，深圳大亚湾附近海域发现一头抹香鲸搁浅。作为大型鲸类的抹香鲸，在我国近海沿岸已罕见，此次抹香鲸在深圳大亚湾附近搁浅，引发全国瞩目。香港海洋公园第一时间派出专业团队，参与了救助该抹香鲸的全过程，包括最后的解剖和死因分析（图 15-12 和图 15-13）。香港海洋公园团队表现出的专业、协作精神，受到了政府部门、高校和科研机构等团队的高度认可和肯定。

珠海长隆海洋王国利用其技术和硬件条件，成立了专业的海洋生物救助队，多次参与海豚救助行动：2012 年 3 月，协助珠江口中华白海豚国家级自然保护区管理局成功救助一只受伤搁浅于佛山沿海的中华白海豚；2013 年 2 月，协助珠江口中华白海豚国家级自然保护区管理局成功救助一只受伤搁浅于台山市沿海的里氏海豚；2013 年 5 月，协助中华白海豚保护基地工作人员救助治疗一只受伤搁浅于江门台山的瓶鼻海豚；2015 年 10 月，协助救助误入佛山平洲东平河五斗桥附近内河的中华白海豚（图 15-14）；2017 年 5 月，参与救助一只搁浅受伤于江门台山黑沙滩风景区的糙齿海豚，并派专家多次前往中华白海豚保护基

图 15-12 潜水员下水救助

（图片来源：中国科学院深海科学与工程研究所网站）

图 15-13 解剖分析死因

（图片来源：中国科学院深海科学与工程研究所网站）

图 15-14 救助中华白海豚

（照片提供：珠海长隆海洋王国）

地协助海豚的治疗与日常护理，同年 7 月糙齿海豚康复，被放归大海。

大连圣亚海洋世界、青岛水族馆等每年在斑海豹繁殖季节都积极参与当年生幼海豹的救护工作，不定期将得到救护的斑海豹放归野外。2018 年，辽东湾水生生物增殖放流活动在葫芦岛兴城举办时（图 15-15），大连圣亚海洋世界作为大连水生野生动物救助中心，有 5 只斑海豹被放归大海，其中 2 只安装有卫星定位装置，跟踪斑海豹活动的范围、区域，了解其洄游特点并收集有关信息。据了解，这 5 只斑海豹是在辽宁盘锦、瓦房店、普兰店、营口和河北省等地野外被渔政部门及周边渔民救起，并送到大连圣亚海洋世界进行救治的。经过人工喂养及治疗后，再进行野化训练，学习自主捕食等野外生存能力，均达到野化标准后进行放流。

图 15-15　2018 年辽东湾水生生物增殖放流活动

（照片提供：大连圣亚海洋世界）

计划于 2022 年建成的海南富力海洋欢乐世界，早在 2018 年 2 月，就先期建成了海南"蓝海保育救护中心"。这是一个救助设施与水族馆建设同步设计，同步施工的典型代表（图 15-16）。这样的救护中心在沿海的几个大型海洋馆均已配备，其硬件设施及专业团队被誉为海洋动物的"三甲医院"。这些救护中心在保护海洋生态环境、专业救助海洋动物方面发挥积极作用。

三、保种基地

中国是世界上水族馆数量最多的国家，也是饲养水生动物种类和数量最多

图 15-16 蓝海保育救护中心救治搁浅海豚（照片提供：杨春雷）

的国家。据初步统计，在中国水族馆中，饲养有国家重点保护水生野生动物、CITES 附录中的水生动物、《世界自然保护联盟濒危物种红色名录》中的水生动物共 100 余种（不含鸟类）。其中，水生哺乳动物 30 余种、两栖爬行类约 50 种、鱼类 70 余种、其他动物 10 余种。这些保护物种绝大部分在水族馆生长良好，部分种类已成功繁殖多代。水族馆已成为部分列入保护名录水生动物的保种基地。

执笔人：中国科学院水生生物研究所　张先锋

第十六章 水族馆行业标准建设与行业管理

自 20 世纪 90 年代以来，中国水族馆发展进入快车道。在水族馆数量快速增加的同时，困扰水族馆持续发展的问题日渐显现，专业人才短缺，医疗、训练和管理缺乏技术规范，水族馆设施建设没有统一要求等。水族馆行业管理部门及专业人士已意识到这些问题，并立即着手从专业人才培养、行业标准制定和行业协会管理等几个方面引导和规范水族馆发展。

一、专业人才培养

我国水族馆建设发展迅猛，但水族馆人才培养相对于欧美和日本等发达国家存在较大差距。我国水族馆从业人员均未受过专门的水族馆专业训练，多来自水产养殖、海洋生物、野生动物和兽医等专业，进入水族馆行业后，有的是自学成才，有的是向不同流派的前辈求教。21 世纪初，有港台流派，有欧美流派，也有日本流派。这些不同流派在观赏鱼饲养、动物训练和医疗管理等方面，秉承的原理基本一致，但具体操作上各有特色。为了整合这些流派的特点，也为水族馆从业人员职业生涯发展创造条件，2004 年，北京海洋馆首先倡议建立《水生哺乳动物驯养师》国家职业标准，得到国内多家水族馆的支持，并由中国自然科学博物馆学会水族馆专业委员会组织多家水族馆提出了申请。2005 年 1 月，国家劳动和社会保障部批准了此项申请，向社会颁布实施国家职业标准《水生哺乳动物驯养师》。中国自然科学博物馆学会水族馆专业委员会组织了国内 10 多位专家历时 3 年，完成了系列"国家职业资格培训教材"《水生哺乳动物驯养师》的出版（包括初级、中级、高级、技师、高级技师 5 本专业书籍），为中国水族馆驯养师人才培养奠定了坚实的基础。《水生哺乳动物驯养师》国家职业标准不仅给从事水生哺乳动物驯养的人员提供了很好的职业生涯规划，更重要的是使水生哺乳动物的驯养走向规范化和标准化。

水生野生动物保护分会非常重视水族馆行业发展，以培养水族馆人才作为抓手，以北京海洋馆为平台，组织举办水生哺乳动物驯养师培训班，自 2008 年以来，已有 200 多人参加培训，其中绝大多数学员经考试获得了中级或高级驯养师资格。2019 年 11 月 3 日，在北京海洋馆举行了首次水生哺乳动物驯养师高级技师的考试与评审，产生了首批 5 位高级技师。

多年来，以水生哺乳动物驯养师培训为代表的水族馆专业人才培养和技术培训一直没有间断，内容包括鱼病防治、动物饲养训练与医疗训练、哺乳动物医疗管理、谱系管理、维生系统管理等。经过培训，我国水族馆专业人才队伍不断壮大，水平不断提高，正在缩小与国际先进水平的差距。

二、水族馆设施等行业标准制定

在中国水族馆发展进程中，一个重要的、具有里程碑意义的事件就是水族馆行业标准建设。2007 年，水生野生动物保护分会成立伊始，就着手水族馆行业标准研究与编制工作。当时，我国没有水族馆建设方面的统一标准，水族馆建设方或根据各自的经验，或借鉴国外标准，自行设计、建设水族馆，从而导致了一系列问题：一是各地各馆标准不一，缺乏有效指导；二是动物福利得不到充分保障，饱受各方批评；三是管理缺乏依据，难以规范管理。

水生野生动物保护分会组织国内研究所和水族馆一批专家，率先从水族馆基本概念、硬件要求等方面入手，得到农业部水产标准化技术委员会的指导和支持，从 2010 年开始，历经 2 年深入研究，于 2012 年首批编制完成了《水族馆术语》《水生哺乳动物饲养设施要求》《水生哺乳动物饲养水质》《水生哺乳动物谱系记录规范》和《水族馆水生哺乳动物驯养技术等级划分要求》5 个行业标准。这 5 个标准于 2012 年由农业部颁布，于 2013 年开始实施。

这些标准在总结我国各馆经验的基础上，借鉴了美国、欧洲部分水族馆资料或海洋哺乳动物饲养规范，结合我国实际，创造性地提出了一系列富有中国特色、总体接近欧美标准，部分指标高于欧美标准的中国水族馆标准。这些标准的颁布和实施，为规范和促进中国水族馆的发展起到积极的指导作用，也引起了国际水族馆界的高度关注，丰富和发展了国际水族馆的理论和实践。

自上述 5 个标准实施后，所有新建水族馆均须符合《水生哺乳动物饲养设施要求》等标准，否则不予批准发放《水生野生动物人工繁育许可证》《水生野生动物经营利用许可证》，需要从境外引进物种的，也无法获得进口审批许可。2013 年，首批 5 个水族馆标准开始实施后，有 100 多家新建水族馆按照标准设计、施工和建设。一些在 2013 年前建成的老馆，也按照标准进行了改造或重建。

目前，绝大多数水族馆符合行业标准。

标准建设本身也是个长期的过程。随着水族馆的发展，社会各界对水族馆的要求也越来越高，对动物保护的呼声也越来越强，主管部门对行业的要求也越来越细。因此，水族馆标准建设也一直没有停止。2018年，农业农村部又制定颁布了6项水族馆标准，分别是《白鲸饲养规范》（CSC/T9603—2018）《斑海豹饲养规范》（SC/T9606—2018）《海龟饲养规范》（SC/T9604—2018）《海狮饲养规范》（SC/T9605—2018）《水生哺乳动物医疗记录规范》（SC/T9607—2018）《鲸类运输操作规程》（SC/T9608—2018）。而且，一些标准仍在研究编制中。相信经过一段时间的努力，我国水族馆行业标准将会更加健全，行业发展将更加规范。

三、行业管理与行业协会

（一）国家行业管理

1996年，农业部下发了《关于加强水族馆和展览、表演、驯养繁殖、科研利用水生野生动物管理有关问题的通知》（农渔发〔1996〕3号，农业农村部令2019年第2号修改），对水族馆引进动物进行规范和引导。2010年，水族馆行业的快速发展引起了国家水生野生动物保护主管部门的高度关注。农业部于2010年发布了《农业部关于加强海洋馆和水族馆等展演场馆水生野生动物驯养展演活动管理的通知》（农渔发〔2010〕36号）。通知要求，各水族馆先进行自查评估，在此基础上，农业部组织专家对各地水生野生动物展演场馆进行了一次全面清查整顿和评估。截至2010年12月底，全国共有25个省（自治区、直辖市）报送了84家水生野生动物展演场馆的自查评估报告，农业部于2011年1月上旬组织濒危水生野生动植物种科学委员会委员及有关专家组成15个核查组，分赴各地对展演场馆进行了现场核查，并于2011年1月17—19日在北京召开会议，对各场馆水生野生动物人工繁育场所设施及条件、技术能力、经费保障、规章制度、应急预案、档案记录、广告宣传、经营管理等进行了全面集中评估。2011年4月，《农业部办公厅关于水生野生动物展演场馆评估结果的通报》（农办渔〔2011〕34号）通报了评估结果。84家场馆中，66家展演场馆通过评估，可以按规定继续开展水生野生动物人工繁育和展览、表演活动；11家展演场馆原则通过评估，需进行整改；7家场馆未通过评估。这是国家主管部门首次从政府规范管理的角度对水族馆行业进行的一次全面检查和清理，给快速发展的水族馆行业号了一把脉，开了一剂稳步规范发展的良方，使快速发展的水族馆行业朝着规范和可持续的正确方向前进。这次检查评估，也为后来水族馆行业标准的实施和新建场馆的评审打下了良好的基础。2015年9月，农业部渔业渔政管理局发布《关于进一步加强海洋馆和水族馆等场馆水生野生动物特许利用管理的通知》（农渔资环函〔2015〕71号），对进一步规范海洋馆和水族馆等场馆水生野生动物特许利用行为，切实加强水生野生动物保护，提出了三个方面的具体要求。目前，这三个方面的要求仍是新建、改建海洋馆的主要指导原则。

（二）中国野生动物保护协会水生野生动物保护分会

2007年6月18日，中国野生动物保护协会水生野生动物保护分会经民政部审查，准予登记（民社登〔2007〕第1135号），正式获准成立。2009年10月26—27日，水生野生动物保护分会一届二次理事会在湖北省武汉市召开。会议一致通过了关于规范水族馆行业发展的提案，并立即着手水族馆行业标准的研究、编制与实施；配合农业部渔业局对全国水族馆进行了检查和评估；利用水族馆平台，承办"全国水生野生动物保护宣传月"启动仪式。此外，水生野生动物保护分会举办了3届水族馆发展论坛。2014年10月15—16日，首届水族馆发展论坛在珠海横琴长隆国际海洋度假区召开，来自海峡两岸渔业行政主管部门、科研单位、水族馆及相关行业近280位代表出席了论坛，论坛上有来自内地20余个省市及港台地区的50余家水族馆，共提交了40余篇论文，分别进行了大会报告或壁报交流。2017年11月1—3日，"第二届中国水族馆发展论坛"在山东泉城极地海洋世界会议中心举办，来自全国渔业行政主管部门、科研院所、水族馆企业、供应商代表以及港台地区和欧美的140家水族馆300多名代表出席论坛，论坛邀请了国际水生动物医学学会（The International Association of Aquatic Animal Medicine，IAAAM）代表等来自美国、加拿大、日本以及中国港台地区的专家出席，论坛共发表论文47篇，其中近30篇在论坛上做演讲报告，17篇以墙报形式发表，所有论文被收入论文集。2019年10月16—17日，"第三届中国水族馆发展论坛"在浙江省湖州市举行（图16-1），来自国际水族馆机构、水生野生动物保护组织、国内科研院所、全国各地动物园和海洋馆的代表400余人参加了论坛，论坛共收集论文52篇，其中37篇在论坛上做演讲报告，所有论文被收入论文集，论坛邀请了德国、美国、日本和国内的国际水族馆大会指导委员会部分委员及来自中国港台地区的代表出席。三次论坛都设置了展区，为水族馆和供应商搭建了交流平台。

图 16-1　农业农村部长江流域渔政监督管理办公室主任马毅
在浙江省湖州市第三届水族馆发展论坛上致辞（摄影：丁宏伟）

（三）中国自然科学博物馆学会水族馆专业委员会

1992 年 5 月 8 日，青岛水族馆举办了开馆 60 周年纪念活动，活动邀请国内其他水族馆的代表参加。1994 年，经国家民政部社团司和中国自然科学博物馆协会正式批准，成立中国自然科学博物馆协会水族馆专业委员会筹备委员会。1995 年 5 月 10—12 日，在青岛水族馆隆重举行了中国自然科学博物馆协会水族馆专业委员会（以下简称"水族馆专业委员会"）成立大会。水族馆专业委员会成立后，每年都召开专业委员会全体委员会议、学术年会，并且出版年会论文。该委员会从 1995 年的 10 多个单位的 50 名代表，发展到 2019 年的 200 多个单位的 600 多名代表。水族馆专业委员会成立以来已召开了 25 届学术年会，10 次培训班，编辑出版了 21 辑论文集，团体会员单位已发展到近 80 家。水族馆专业委员会一直坚持学术交流的广泛性和实用性，并不断提升论文的学术水平，很多年轻的技术人员通过水族馆专业委员会的平台提升自己的技术水平，水族馆专业委员会也促进了各水族馆之间的交流，共同提高中国水族馆的专业水平。

执笔人：中国科学院水生生物研究所　张先锋

第十七章　水族馆的投资与经营

据统计，全球约有 4% 的水族馆相继关闭。有记录最早关闭的是美国波士顿水族与动物公园（Boston's Aquarial & Zoological Gardens），开业 3 年后于 1862 年关闭。1863 年，美国巴纳姆水族馆（Barnum's Aquarium）关闭。德国汉堡动物园（The Zoological Gardens of Hamburg）是世界最早的水族馆之一，运营了 67 年之后，于 1930 年关闭，这是关闭的水族馆中运营时间最长的。有 3 家水族馆在开业 5 年内关闭，2 家开业 15 年内关闭，2 家以上开业 30 年内关闭，5 家开业 40 年内关闭。新加坡范克里夫水族馆（Van Kleef Aquarium），美国南波士顿水族馆（South Boston Aquarium），新西兰奈皮尔海洋天地（Marineland in Napier）分别于开业 40 年、41 年和 42 年后关闭。这 3 家中，有 2 家是最近 10 年关闭的（Suzanne，2018）。

中国水族馆关闭的数据没有系统的统计。张先锋等（2009）在《中国水族馆》一书中统计，截止到 2009 年，建成开放的共有 64 家水族馆（含港台地区）。目前，除少数因并购、改制等原因更换名称外，有 17 家水族馆先后关闭，关闭比例高达 26.6%。关闭的水族馆中，比较著名的有中国农业展览馆水族馆、无锡东方水族世界、北京九龙乐园水族馆、三亚天涯热带海洋动物园水族馆、上海海豚表演馆、武汉新世界水族公园、太原迎泽公园海底世界、桂林海洋世界等。这些水族馆关闭的原因除少数是政府规划调整等因素，主要原因均是经营不善。这些馆大多数是在开业 5 年内关闭，极少数营运超过 10 年。国内水族馆关闭的比例远高于国外水族馆，这与中国水族馆企业投资及市场运营模式密切相关。

一、企业投资与市场运作

中华人民共和国成立后，水族馆作为国家的事业单位一直存在了几十年，无论经营的好坏都由国家承担。1992 年以前的水族馆基本上都是国有事业单位。从 1992 年之后民营资本不断注入，民营水族馆数量也不断增加。1995 年之后，外资、民企大量投入，合资兴建水族馆成为那段时间的主要形式。随着水族馆行业的发展逐步走向成熟，水族馆的投资回报率得到认可，游客量稳步增加，更多的民营资本和国企资金也大量涌入。2000 年以后，大量的民营合资，民营、国企合资以及民营、事业单位合资兴建的水族馆不断涌现，水族馆投入体制呈现多元化局面。某沿海城市有两座大型水族馆，其中一家 2003—2011 年累计接待游客超过 1 200 万人次，年增长率为 13.5%；另一家 2006—2011 年累计接待游客超过 1 000 万人次，门票收入年增长 10%。另一沿海城市水族馆 2013—2017 年游客量和年收入也稳步增加（表 17-1）。另据全球主题娱乐协会（The Themed Entertainment Association，TEA）的权威数据显示，2014 年建成开放的珠海长隆海洋王国，2015—2018 年继续上榜全球 20 大主题公园排行榜，入园游客保持两位数的稳定增幅，全年接待游客数量突破 1 000 万人次，位居中国民族旅游品牌第一主题乐园位置。这也从一个侧面反映了中国水族馆蓬勃发展的局面。

表 17-1　沿海城市某水族馆 2013—2017 年游客量与年收入统计

年份	游客量/万人次	年收入/万元
2013	159.56	23 450.74
2014	199.27	29 122.04
2015	208.94	30 833.29
2016	211.57	31 158.52
2017	227.39	34 268.37

数据引自：https：//soshoo.webvpn.las.ac.cn/index.do。

相应地，政府投资或参与投资的水族馆比例越来越低。2016—2017 年新申报建设的 45 家水族馆，申报总投资 527 亿元人民币，外企、民企、国企或合资企业投入超过 99%，政府投入不到 1%。企业投入以商业地产（房产、商场、酒店）与文旅项目捆绑式为主。水族馆的建设和运营基本上都是市场行为。这一点，与发达国家水族馆建设运营体制、国内动物园和博物馆建设和运营体制大不相同。

我国水族馆建设政府投入的比重远低于日本等发达国家。日本水族馆约一半为政府投资，政府经营，多列入日本文部省文化财产管理范围。另有一部分为"公办民营"性质（BOT 模式），即政府投资建设，交给民营公司运营，不要求收回投资，只要求保证正常运营。还有一部分为民企投资运营的。另外，我国水族馆建设与我国动物园和博物馆行业也不同，动物园和博物馆主要由国家各级政府投资，运营也都是政府保障的公益性事业单位。

水族馆目前这种投入和运营机制有积极的一面，决策、投入、运营效率相对较高，建设周期短、见效快。但消极的一面也是显而易见的，首先是决策的盲目性较大，在选点、定位、规模等方面缺乏深入研究，加大了运营风险。其次是对科普、保护和研究的重视不够，对动物福利的投入相对薄弱，从而导致水族馆行业的可持续性差。此外，还有一个突出的问题是水族馆同质化严重，精品馆、特色馆欠缺。

我国水族馆快速发展的拐点即将出现，下一步可能会迎来水族馆的"关门潮"，有一批馆将不可避免地面临淘汰。与此同时，水族馆也将向差异化方向发展，一批特色馆、精品馆、富含文化内涵的馆、保护及研究型水族馆等将涌现。我们还可大胆设想一下，随着国家经济社会发展，随着人们对自然和文化需求的进一步提高，由政府投资建设运营的国家水族馆（海洋馆）或省市水族馆（海洋馆）会陆续出现。

二、市场化运作带来的弊端

（一）工匠精神欠缺

近20多年水族馆快速发展，给人们造成了某种假象——水族馆行业门槛低、成本回收快，因此水族馆吸引了一大批金融、房地产、旅游、商贸等行业的企业游资投入。这种投资模式，这样的企业背景，自然导致了对利润追求的最大化和设计、建设及运营的非专业化。除了前面提到的同质化外，我国水族馆尽管数量较多，但精品馆比例不高。精品馆规模不一定大，除了应具备水族馆应有的基本功能外，还应有如下特征：①特色鲜明，包括建筑特色、展示品种特色、地域特色、专项技术特色（如专长水母培育繁殖、专长珊瑚礁饲养繁殖、专长珍贵濒危特有鱼类繁殖等）；②具有行业认可的专业技术团队、行业认可的大师级人物（运营大师、研究大师、科普大师、技术大师等）；③普通游客回头率高、口碑好，专业人员挑不出"毛病"。

（二）门票定价偏高

同样是由于企业行为和市场运作的原因，水族馆门票定价普遍偏高。旅游业通常把购买一张景点正价门票占当地人均月收入的比例称作"票价收入比"。

有人曾做了一个调查，我国内地水族馆门票"票价收入比"约为 6%~10%，中国香港海洋公园为 2.8%，美国为 1%~2%，日本为 1%。中国内地水族馆的"票价收入比"是上述国家或地区的 2~10 倍。除了与同行对照外，水族馆与国内同一地区相似景点门票的价格相比也偏高。据第三方大数据对我国内陆旅游城市某水族馆经营状况分析发现，2017 年，该水族馆的门票价格是 180 元，在该地区 A 级景区中价格偏高。过高的门票价格，可以在较短时间内收回投资，但会造成"一锤子买卖"的现象，失去回头客，这显然是不可持续的。有人认为，水族馆目前在我国处于卖方市场阶段，尽管票价偏高，但游客也会接受。这也很可能是造成本世纪初我国新建水族馆中约 1/4 的馆在开业 5 年左右的时间就陆续关闭的重要因素之一。

针对这一现象，希望政府引导和规范水族馆发展的呼声越来越高。一方面，政府在国家相关法律、规定的范围内，出台行业标准，加强行政管理，做好相关服务；另一方面，如果政府能够像重视博物馆建设那样重视水族馆建设，像日本、欧洲各国政府一样建设一批公益型水族馆，改变水族馆行业投资结构和运营模式，门票价格偏高的情况应该会得到改善。

(三) 收入来源单一

目前，国外经营良好水族馆的收入来源中，门票收入只占 40% 左右，商品、餐饮、广告赞助等非门票收入约占 60%。而国内水族馆的收入来源，门票占 80% 以上，有的甚至达到 90%。这种来源单一、仅靠门票收入的水族馆很难持续，更难出精品、出大师。

另据大数据统计，内地知名主题公园非门票收入占比在 20%~25%。以商品、餐饮等收入为主的非门票收入的毛利率通常可达 60%~70%，而公园整体的毛利率则在 20%~30%，非门票收入的利润贡献能力不容忽视。

与主题公园相比，水族馆除了具有主题公园同样的商品、餐饮、广告等非门票收入来源，还有更多的非门票收入潜力可以挖掘，如特色服务（喂食、潜水等）收入，科普产品带来直接和间接收入，研究和保护（含救助）带来的社会赞助及政府支持等。非门票收入占比，是衡量我国水族馆与发达国家水族馆差距的一个重要指标。提高非门票收入占比，是中国水族馆下一步运营努力的方向。

(四) 水族馆企业的 IP 化——一座有待挖掘的金矿

目前，许多企业，尤其是第三产业的企业，都在研究企业的 IP 化，旅游、服务业尤其如此。水族馆业相对于其他旅游、服务业，有着更为丰富的、可以说是取之不尽的 IP 元素，还拥有博大精深的海洋文化、水文化背景。我国水族馆从业人员虽然已开始考虑企业 IP，但尚未见到一个成功打造水族馆企业 IP 的案例。

企业的 IP 化，不管是形象角色化，还是周边产品化，增加收入是一方面，另一方面更重要的是增强与消费者的情感联系，培养忠实粉丝和扩大潜在粉丝群，拉近和消费者之间的距离，也就是水族馆业常说的增加游客的"黏性"。企业 IP 化增强的是情感共鸣，提升的是文化力量，发展的是与消费者的关系。这就是泛 IP 时代的企业 IP 化价值。

水族馆企业的 IP 化，需要解决三个方面的问题。一是要造就一批真正的精品馆、特色馆，差异化的馆。没有这个前提，再好的 IP 策划、打造都是无源之水，无本之木。当然，精品馆、特色馆打造的过程，也需要有 IP 化的参与，而且，必须结合到展示、科普等服务体验上，以及保护和研究的全过程。二是水族馆内部应有很强的 IP 观念和运作能力，其决策者确实理解 IP 的价值和运作方式，天然承担了"首席 IP 内容官"的角色。三是需要既熟悉水族馆行业特点，又深谙如何将 IP 化价值与水族馆行业紧密结合的人才。只有这样，才能将 IP 价值与水族馆的经营高度结合，让 IP 价值为水族馆产品、营销和品牌提供动力。可以预见，在不远的将来，水族馆业将出现 IP 策划"大师"，这个"大师"可能不是一个人，而是一个团队，里面既有水族馆行业专家，也有 IP 打造专家。

执笔人：中国科学院水生生物研究所　张先锋

第十八章　水族馆国际交流与合作

中国水族馆的发展和中国水族馆与国际同行的交流几乎是同步进行的。本章将对中国水族馆界参加国际水族馆大会（International Aquarium Congress, IAC）的历史进行简要介绍。这一过程也从一个侧面反映了中国水族馆走向世界的过程。

一、走向世界

20 世纪 90 年代中期，我国水族馆正处于快速发展的起始阶段，恰逢第四届 IAC 于 1996 年在日本东京召开。尽管有些馆尚处在计划、设计阶段，我国的研究人员、水族馆代表和水族馆的建设单位等共有 22 人参加了该大会。22 位中国参会代表中，大陆 11 人、香港 7 人、台湾 4 人。从此，中国水族馆迈开了走向世界的步伐。

2000 年 11 月 20—25 日，第五届 IAC 在摩纳哥拉沃托的格里马尔迪综合中心（Grimaldi Forum）召开，我国多名代表参加会议（图 18-1），并且实现了两个突破。一是首次有中国代表在 IAC 开幕式上做报告——中国科学院水生生物研究所张先锋研究员在大会开幕式上做了题为"中国水族馆"的报告，首次把中国水族馆介绍给国际同行。时任摩纳哥公国王储阿尔贝亲王（Albert Alexandre Louis Pierre Grimaldi）参加了开幕式，并聆听了报告。二是中国代表首次应邀担任 IAC 指导委员会（International Aquarium Congress Steering Committee）委员。张先锋研究员在报告中讲到，2000 年中国水族馆已接近 40 家（含港台地区），有的已具有相当规模，这引起了国际同行的高度关注。当时的 IAC 指导委员会认为，是时候邀请中国同行加入指导委员会了。指导委员会一致同意并邀请张先锋研究员作为中国代表进入指导委员会。

2003 年，经过一番激烈竞争，上海海洋水族馆获得 2008 年第七届 IAC 的主办权。为筹备办好首次在中国召开的 IAC，上海海洋水族馆管理团队一行与在美国参加完北美动物园水族馆协会（The Association of Zoos & Aquariums，AZA）

2003 年年会的张先锋研究员一道，先赴考察奥兰多海洋世界（Sea World Orlan-do），然后专程拜访将于 2004 年举办第六届 IAC 的东道主——蒙特利湾水族馆（Monterey Bay Aquarium），向对方取经如何筹办 IAC。

图 18-1 2000 年 11 月 20—25 日，参加第五届 IAC 的三位代表

（自左至右：刘仁俊，张先锋，白利平；照片提供：张先锋）

2004 年 12 月 7 日，第六届 IAC 如期在蒙特利湾水族馆召开。彼时，中国水族馆已发展到近 60 家。水族馆同行渴望与国际同行的交流，参加 IAC 更为踊跃。我国有 40 多名水族馆从业人员参加了第六届 IAC，在所有参会国代表中，中国是除了主办国外人数最多的国家。由于中国参会人员众多，为便于交流，东道主在会场设置了英中、日中双语同声传译系统，全程提供同声传译服务。自那以后，IAC 形成了惯例，每届会议均提供英中或日中双语同声传译服务。这在国际学术交流会议上还不多见。在第六届 IAC 闭幕式上，2008 年第七届 IAC 东道主、上海海洋水族馆总经理王亮应邀成为中国第二位 IAC 指导委员会委员。王亮先生接过 IAC 会议大旗，欢迎国际同行 2008 年在上海再见。

2008 年 10 月 19—24 日，第七届 IAC 在上海国际会议中心隆重举办（图 18-2）。参会代表 700 多人，创造了 IAC 参会人数最多的纪录。有多位中国同行在会上交流了中国水族馆的研究、医疗、科普、繁殖等工作。2008 年 8 月，北京成功举办了第二十九届奥运会；10 月，上海第一次代表中国成功举办了第七届

IAC。这两个盛会都创造了多个新的纪录，这在国际水族馆界一时传为佳话。

图 18-2　2008 年 10 月，第七届 IAC 在上海成功举办

（水生野生动物保护分会李彦亮会长等出席大会开幕式；照片提供：王亮）

　　此后的 2012 年南非开普敦第八届 IAC，2016 年加拿大温哥华第九届 IAC，2018 年日本福岛的第十届 IAC（图 18-3），中国水族馆同行都积极参加，参会人数都是除主办国外人数最多的国家。随着中国水族馆的快速发展，IAC 指导委员会先后于 2012 年和 2016 年，邀请香港海洋公园动物与教育总监蒋素珊（Suzanne M. Gendron）、北京海洋馆总经理胡维勇和青岛海底世界副总经理王士莉加入 IAC 指导委员会任委员。至此，中国已有 5 人成为 IAC 指导委员会委员，为委员人数最多的国家。

图 18-3　日本福岛第十届 IAC，部分中国参会代表合影

（照片提供：张先锋）

二、技术、设备与人才交流

走向世界的同时，中国水族馆打开大门，虚心向欧美、日本等发达国家的水族馆学习，积极引进技术、设备和人才。中国水族馆的技术引进是全方位的，包括概念、设计、材料、设备、布展、训练、医疗、科普和保护等方面，大致走过了以下几个阶段。

早期的设计、材料和设备购买阶段。2000年前后，我国水族馆概念设计、建筑设计和维生系统设计等基本上都是空白。为建设水族馆，一批欧美、日本和东南亚国家的设计团队被引进中国。与这些设计团队同时引进的有水族馆关键材料和设备，如亚克力板材、过滤罐，耐腐蚀的水泵、闸阀，防水涂料等。当时建设的一批水族馆，基本上都是采用这种方式引进设计、材料和设备的。这些努力为后来中国水族馆的发展积累了经验，打下了基础。

中期的技术和智力引进阶段。一是水族馆技术交流更为广泛和深入，部分国外技术团队与国内深度联合，形成新的技术合作模式，既有国外的先进理念和技术，又有国内专业团队的配合，使这样的交流合作更接地气。二是企业、行业协会、研究单位等邀请一批批境外设备、医疗、训练等领域的专家，以做学术报告、培训讲座及现场操作示范等方式来传经送宝。这段时间，应邀而来的水族馆专家有美国兽医专家韩孟德（Ted Hammond）博士，香港海洋公园兽医总监周佐民，香港海洋公园训练师吴乃江，台湾兽医陈德勤，澳大利亚维生系统专家克里斯瓦纳（Chris Warner）等。三是走出去的渠道更为多样化。除了每四年一届的IAC，水族馆同行还参加一些更为专业的国际交流会议，如国际海洋动物训练员协会（The International Marine Animal Trainers Association，IMATA）年会、国际水生动物医学学会（The International Association of Aquatic Animal Medicine，IAAAM）年会，北美区域性水族馆学术年会（Regional Aquatic Workshop，RAW），北美动物园水族馆协会年会等。还有一些水族馆自发走出去交流考察。

近期的双向交流，部分输出阶段。自2004年第六届IAC开始，越来越多的中国水族馆从业者提交的交流报告或墙报被大会接收，介绍中国水族馆的故事、交流经验和技术。水族馆与国际同行的交流已逐渐呈现出双向交流的雏形。自2016年温哥华第九届IAC起，已有中国水族馆供应商参加水族馆商业展览，把中国制造质优价廉的亚克力材料等产品推向世界。中国水族馆与国外水族馆签署馆际友好合作协议也陆续出现。如北京海洋馆与加拿大温哥华水族馆、日本福岛海洋科学博物馆，上海海洋水族馆与日本福岛海洋科学博物馆，中国科学院水生生物研究所与日本琵琶湖博物馆、日本福岛海洋科学博物馆等相继签署友好馆际合作交流协议（图18-4）。上海红珊瑚科技发展有限公司近年已开始向国外输出技术、材料及专业设备，并同国外同行合作开发国际市场。还有水族馆应邀赴俄罗斯、东盟国家等合作建设水族馆。

图18-4　2017年4月15日，日本福岛海洋科学博物馆与中国科学院水生生物研究所、
北京海洋馆和上海海洋水族馆合作协议签字仪式（摄影：王熙）

三、保护合作

由于人类面临气候变化、海平面上升、海洋污染（尤其是塑料污染）、海洋生物资源衰退等重大环境问题，这些问题又与水族馆关系密切，水族馆界通常都十分关注并积极参与这些重大问题的探讨和研究，并利用水族馆平台向广大民众传播海洋环境保护知识。历届 IAC 的主题，都与海洋环境保护有关。中国水族馆与国际同行在这方面开展了积极的合作，产生了良好的反响。

2019 年 10 月 16—18 日，由水生野生动物保护分会主办的第三届中国水族馆发展论坛在浙江湖州举行。应李彦亮会长邀请，有 7 位境外水族馆专家专程参加论坛，并做大会报告。其中，德国柏林动物园水族馆（Zoo Berlin & Aquarium Berlin）前馆长，欧盟水族馆馆长协会（European Union of Aquarium Curators，EUAC）发起人之一、前主席、世界水母大会（International Jerryfish

Conference，IJC）发起人之一杰耿·雷恩（Jürgen Lange）博士，IAC 前任主席、日本福岛海洋科学博物馆（Fukushima Aquamarine）前馆长安部義孝（Yoshitaka Abe）博士，美国德州水族馆（Texas State Aquarium）总裁托马斯·钦米德（Thomas Schmid）先生在大会上做学术报告。与第三届中国水族馆发展论坛举办的同时，EUAC 2019 年年会正好在法国滨海布洛涅（Boulogne sur mer）瑙西卡国家海洋中心（Nausicaá Centre National de la Mer）举行，EUAC 2019 年年会东道主、瑙西卡国家海洋中心总裁、现任 IAC 主席菲利浦·瓦莱特（Philippe Vallette）专门为论坛录制了一段 6 分钟的祝贺视频在论坛开幕式上播放。李彦亮会长与瓦莱特先生商议，两个大会的水族馆同行们通过网络连线，讨论通过保护海洋环境，保护水生生物的联合宣言，李彦亮会长、瓦莱特先生以及 EUAC 主席法尔咯托（Joao Falcato）先生在联合宣言上签字（图 18-5）。

图 18-5　2019 年 10 月 16 日，李彦亮会长通过网络签署
保护海洋宣言（摄影：张先锋）

四、全球水族馆合作宣传禁塑运动

2018 年，由欧盟委员会（气候行动总司）［European Commission（DG Environment）］和联合国环境规划署（UNEP）共同发起，得到摩纳哥海洋博物馆（Oceanographic Museum of Monaco）、欧盟水族馆馆长协会、世界动物园水族馆协会（WAZA）、美国水族馆保育联盟（US Aquarium Conservation Partnership）、联合国教科文组织政府间海洋学委员会（the Intergovernmental Oceanographic Commission of UNESCO）等机构联合支持的"禁止使用一次性塑料：您准备改变吗？

（Single-use plastics：are you Ready To Change?）"环保活动，在欧洲、北美、日本等地水族馆得到了广泛呼应、支持和参与。

该活动的目标是截至 2019 年年底联合全球至少 200 家水族馆参与该活动，承诺直接对游客宣传，并调动各自的信息传播渠道，共同呼吁公众关注塑料污染。同时也呼吁有此意愿的水族馆更改其餐厅、纪念品店等的采购政策，减少直至消灭一次性塑料制品。参与活动的水族馆亦可进一步号召其合作伙伴，如赞助商、资助人、民间组织、学校等，将活动的影响力最大化，促成本地、区域、国家，乃至全球规模的行为变革。

这个倡议得到了中国水族馆同行的积极响应，在短短的时间内，就有 30 多家水族馆给摩纳哥海洋博物馆馆长纳蒂亚·奥乃斯（Nadia Ounaïs）女士发去邮件，表示支持和参与该活动。按照活动发起组织的要求，参与该活动的水族馆，都在开展宣传活动时使用该活动的官方名称"全世界水族馆联合起来 拥抱改变，拒绝塑料污染（World aquariums ready to change to beat plastic pollution）"，在馆内张贴该标语口号，并在社交媒体上使用上述两个话题标签。

2019 年 10 月 23—24 日，在挪威首都奥斯陆召开的"我们的海洋（Our Ocean）"大会上，"全世界水族馆联合起来 拥抱改变，拒绝塑料污染"发起方，公布了全球确认参与、支持该活动的 200 家水族馆名单，中国水族馆有 30 多家在列。

目前，水生野生动物保护分会正积极与 IAC 探讨扩大合作途径，与日本等亚洲同行讨论组建"亚洲水族馆协会"（Asia Aquarium Association，AAA）。相信随着中国水族馆的进一步发展，中国水族馆的国际地位会进一步提高，在区域和全球水族馆行业中发挥更为积极和重要的作用。

执笔人：中国科学院水生生物研究所 张先锋

参考文献

蔡晓丹，洪孝友，朱新平. 2018. 我国一级水生保护动物鼋的生存状况调查与保护策略建议 [J]. 渔业研究参考，（21）：1-7.

常剑波. 1999. 长江中华鲟产卵群体结构和资源变动. [D]. 武汉：中国科学院水生生物研究所.

常剑波，曹文宣. 1999. 中华鲟物种保护的历史与前景 [J]. 水生生物学报，23（6）：712-720.

陈锦辉，刘健，吴建辉，等. 2016. 长江口中华鲟幼鲟补充量波动特征分析 [J]. 上海海洋大学学报，（3）：25.

陈涛，邱永松，贾晓平，等. 2010. 珠江西部河口中华白海豚的分布和季节变化 [J]. 中国水产科学，17：1057-1065.

陈细华. 2007. 鲟形目鱼类生物学与资源现状 [M]. 北京：海洋出版社，148.

陈细华，李创举，杨长庚，等. 2017. 中国鲟鱼产业技术研发现状与展望 [J]. 淡水渔业，（6）：108-112.

重庆长寿湖水产研究所. 1975. 北京：中华鲟拴养催情试验报告 [J]，水产，（10）：13.

崔禾，何建湘，郑维中. 2006. 我国鲟鱼产业现状分析及发展建设 [J]. 中国水产，（6）：8-15.

丁庆秋，万成炎，易继舫，等. 2011. 匙吻鲟全人工繁殖技术规程 [J]. 水产养殖，（9）：26-27.

董首悦，董黎君，李松海，等. 2012. 江西鄱阳湖湖口水域船舶通行对长江江豚发声行为的影响 [J]. 水生生物学报，（2）：246-254.

杜浩，罗江，周亮，等. 2020. 长江鲟子三代繁育技术研究 [J]. 四川动物，39（2）：197-203.

范陆薇. 2008. 宝石级红珊瑚的成分和结构特征研究 [D]. 武汉：中国地质大学.

费梁，胡淑琴，叶昌媛，等. 2006. 中国动物志·两栖纲·上卷：总论，蚓螈目，有尾目 [M]. 北京：科学出版社，242-254.

甘小平，熊娟，王志坚. 2011. 重庆市胭脂鱼资源及保护现状 [J]. 安徽农业科学，39（10）：5909-5911.

龚全，刘亚，杜军，等. 2013. 长江鲟全人工繁殖技术研究 [J]. 西南农业学报，26（4）：1710-1714.

龚世平，史海涛，徐汝梅，等. 2006. 海南尖峰岭自然保护区淡水龟类调查 [J]. 动物学杂志，（41）：82-85.

龚世平，陈川，谢才坚. 2004. 海南岛黎母山淡水龟类生态考察记 [J]. 大自然，（6）：48-49.

龚世平，葛研，陈国玲，等. 2012. 广东鼎湖山国家级自然保护区爬行动物多样性与保护 [J]. 四川动物，31（3）：483-487.

顾辉清，葛亚非. 2000. 浙江瓯江流域鼋的分布和繁殖的研究 [J]. 四川动物，19（3）：151-153.

郭柏福，常剑波，肖慧，等. 2011. 中华鲟初次全人工繁殖的特性研究 [J]. 水生生物学报，35（6）：940-945.

郝玉江，王丁，张先锋. 2006. 长江江豚繁殖生物学研究概述 [J]. 兽类学报，26（2）：191-200.

洪孝友，朱新平，陈辰，等. 2018. 人工驯养鼋繁殖习性研究 [J]. 水生生物学报，42（4）：134-139.

侯峰. 2009. 甘肃秦岭细鳞鲑保护生物学研究 [D]. 兰州：西北师范大学.

胡隐昌. 2001. 胭脂鱼的主要生物学 [J]. 珠江水产，（2）：33-35.

黄祝坚，毛延年. 1984. 海龟的种类、习性及其资源保护 [J]. 生态学杂志，（6）：37-40.

焦彩强，王飞，穆兴民，等. 2010. 渭河流域气候变化与区域分异特征 [J]. 水土保持通报，30（5）：27-32.

蒋文华，于道平. 2006. 半自然水域中长江江豚春季昼间活动规律的观察 [J]. 动物学杂志，41（3）：54-58.

蒋文华，于道平，潘晓龙. 2002. 胭脂鱼误捕与救治研究 [J]. 水利渔业，22（5）：8-9.

蒋志刚，江建平，王跃招，等. 2016. 中国脊椎动物红色名录 [J]. 生物多样性，24（5）：500-551.

柯福恩，胡德高，张国良. 1984. 葛洲坝水利枢纽对中华鲟的影响——数量变动调查报告 [J]. 淡水渔业，14（3）：16-19.

寇治通. 2002a. 山瑞鳖驯化养殖、保护及其开发利用Ⅰ. 山瑞鳖的繁殖习性 [J]. 四川动物，21（2）：105-107.

寇治通. 2002b. 山瑞鳖驯化养殖、保护及其开发利用的初步研究Ⅱ. 山瑞鳖的生长、饲养管理及保护利用 [J]. 四川动物，21（3）：204-206.

来英，包海鹰，包占宏. 2016. 红珊瑚的资源、化学成分及药理活性研究进展 [J]. 中国海洋药物，35（3）：112-120.

李贵生，唐大由. 1999. 山瑞鳖与中华鳖繁殖生态的比较研究 [J]. 水利渔业，19（6）：3-5.

李红敬，林小涛，梁日东，等. 2008. 胭脂鱼全人工繁殖及苗种培育技术 [J]. 海洋与渔业，（11）：25-27.

李龙，姚晓军，巨喜锋，等. 2020. 2000—2014 年中国内流区主要湖泊面积变化 [J]. 人民黄河，42（6）：63-67.

李年文. 1999. 胭脂鱼的生物学特性及人工饲养技术（上）[J]. 科学养鱼，（7）：12-13.

李年文. 1999. 胭脂鱼的生物学特性及人工饲养技术（下）[J]. 科学养鱼，（8）：11-12.

李融. 2008. 中国鲟鱼养殖产业可持续发展研究 [D]. 青岛：中国海洋大学.

李思忠. 1966. 陕西太白山细鳞鲑的一新亚种 [J]. 动物分类学报，（1）：92-94.

李文龙，石振广，王云山，等. 2009. 养殖达氏鳇人工繁殖的初步研究 [J]. 大连水产学院学报，

24（S1）：157-159.

李彦亮. 2019. 中国水生野生动物保护历程及展望［N］. 中国渔业报.

李应森，张惠敏，李忠，等. 2000. 山瑞鳖的繁殖生态［J］. 上海水产大学学报，9（1）：72-74.

梁刚. 2007. 陕西省大鲵的繁育模式及初步评价［J］. 经济动物学报，11（4）：234-237.

廖常乐，王合升，刘礼跃，等. 2018. 海南鹦哥岭自然保护区淡水龟类资源调查［J］. 热带林业，46（1）：45-48.

刘爱群，孙茂实. 1995. 漫谈生物资源的价值及其保护［J］. 云南林业，（2）：26-26.

刘坚红. 1999. 山瑞鳖的人工养殖［J］. 广西农业科学，6：317-318.

马建章，晁连成. 1995. 动物物种价值评价标准的研究［J］. 野生动物学报，（2）：3-8.

马艳. 2017. 浅谈红珊瑚的历史与文化［J］. 艺术科技，30（3）：229.

蒙彦晓，王桂华，熊冬梅，等. 2018. 基于形态学差异探讨秦岭细鳞鲑亚种有效性问题［J］. 水生生物学报，42（03）：550-560.

牟剑锋，陶翠花，丁晓辉，等. 2013. 中国沿岸海域海龟的种类和分布的初步调查［J］. 应用海洋学学报，32（2）：238-242.

农新闻. 2015. 温度和养殖密度对山瑞鳖幼鳖摄食和生长的影响［J］. 养殖科学，35（7）：122-125.

曲秋芝，马国军，孙大江. 1996. 鲟鱼类及我国对鲟鱼类研究的发展概况［J］. 水产学杂志，9（2）：78-84.

曲秋芝，孙大江，马国军，等. 2002. 施氏鲟全人工繁殖研究初报［J］. 中国水产科学，9（3）：277-279.

任剑，梁刚. 2004. 千河流域秦岭细鳞鲑资源调查报告［J］. 陕西师范大学学报（自科版），（S2）.

邵俭，危起伟，吴金明，等. 2014-09-17. 一种秦岭细鳞鲑人工繁殖方法［P］. 湖北：CN104041457A.

邵俭，危起伟，王丰，等. 2016-05-11. 一种秦岭细鳞鲑苗种的培育方法［P］. 湖北：CN105557595A.

邵俭，褚志鹏，陆斌，等. 2018. 不同饵料对秦岭细鳞鲑苗种生长及存活的影响［J］. 科学养鱼，348（8）：32-34.

史海涛，等. 2011. 中国贸易龟类检索图鉴（修订版）［M］. 北京：中国大百科全书出版社，60-171.

史建全，祁洪芳，杨建新. 2010. 青海湖裸鲤资源增殖放流技术［J］. 河北渔业.（1）：10-12.

史建全，祁洪芳，杨建新，等. 2016. 青海湖裸鲤增殖放流效果评估［J］. 水产渔业，（12）：128-129.

史建全，祁洪芳，杨建新，等. 2000. 青海湖裸鲤人工繁殖及鱼苗培育技术的研究［J］. 淡水渔业，（2）：3-6.

四川省长江水产资源调查组. 1988. 长江鲟鱼类生物学及人工繁殖研究 [M]. 成都：四川科学技术出版社，1-228.

四川重庆长寿湖渔场水产研究所. 1976. 长江鲟人工繁殖初步试验报告 [J]. 水产科技情报，（9）：17-21.

宋炜，宋佳坤，范纯新，等. 2010. 全人工繁殖西伯利亚鲟的早期胚胎发育 [J]. 水产学报，34（5）：777-785.

孙大江，曲秋芝，马国军，等. 2003. 中国鲟鱼养殖概况 [J]. 大连水产学院学报，18（3）：216-221.

孙大江. 2015. 中国鲟鱼养殖 [M]. 北京：中国农业出版社，158-173.

孙庆亮. 2014. 秦岭细鳞鲑保护生物学研究 [D]. 武汉：华中农业大学.

孙勇，林英华. 1996. 生物资源的价值 [J]. 野生动物学报，（3）：8-9.

唐大由，李贵生，李海. 1997. 山瑞鳖的生物学特性及人工养殖技术 [J]. 中药材，20（4）：168-171.

汪松，解焱. 2004. 中国物种红色名录：第一卷：红色名录 [M]. 北京：高等教育出版社，191.

王金秋，等. 2008. 基于形态性状的松江鲈鱼种群鉴别 [J]. 海洋与湖沼，39（4）：348-353.

王金秋，成功. 2010. 松江鲈在中国地理分布的历史变迁及其原因 [J]. 生态学报，30（24）：6845-6853.

王静，郭睿，杨袁筱月，等. 2019. 中国海龟受威胁现状和保护建议 [J]. 野生动物学报，40（4）：1070-1082.

王剀，任金龙，陈宏满，等. 2020. 中国两栖、爬行动物更新名录 [J]. 生物多样性，28（2）：189-218.

王丕烈. 2011. 中国鲸类 [M]. 北京：化学工业出版社.

王丕烈. 2012. 中国鲸类 [M]. 北京：化学工业出版社.

王亚民. 1993. 我国南海海龟资源的调查与保护研究现状与展望 [J]. 生态学杂志，6：60-61.

危起伟，李罗新，杜浩，等. 2013. 中华鲟全人工繁殖技术研究 [J]. 中国水产科学，20（1）：1-11.

危起伟，夏永涛. 2017. 中国鲟鱼资源保护与产业发展分析报告 [C]. 4-6.

危起伟. 2003. 长江中华鲟繁殖行为生态学与资源评估 [D]. 武汉：中国科学院水生生物研究所.

危起伟，李罗新，杜浩，等. 2013. 中华鲟全人工繁殖技术研究 [J]. 中国水产科学，（1）：1-11.

危起伟，杨德国. 2003. 中国鲟鱼的保护、管理与产业化 [J]. 淡水渔业，33（3）：3-7.

魏卓，王丁，张先锋，等. 2002. 长江八里江江段江豚种群数量、行为及其活动规律与保护 [J]. 长江流域资源与环境，11（5）：427-432.

吴金明，杨焕超，邵俭，等. 2017. 秦岭细鳞鲑栖息地环境特征研究 [J]. 水生生物学报，41

（1）：214-219.

肖文, 张先锋. 2000. 截线抽样法用于鄱阳湖江豚种群数量研究初报 [J]. 生物多样性, 8 (1)：
106-111

肖文, 张先锋. 2002. 鄱阳湖及其支流长江江豚种群数量及分布 [J]. 兽类学报, 22 (1)：7-14.

薛超, 危起伟, 孙庆亮, 等. 2013. 秦岭细鳞鲑的年龄与生长 [J]. 中国水产科学, (4)：
743-749.

严建国. 2009. 红珊瑚的分布及其仿制品的鉴别 [A] //国家珠宝玉石质量监督检验中心. 2009 中
国珠宝首饰学术交流会论文集 [C]. 国土资源部珠宝玉石首饰管理中心, 中国珠宝玉石首饰行
业协会：3.

杨德国, 危起伟, 李绪兴. 1999. 秦岭湑水河太白段珍稀水生动物分布现状及保护对策 [J]. 中国
水产科学, 6 (3)：123-125.

杨光, 周开亚, 高安利, 等. 1998. 江豚生命表和种群动态的研究 [J]. 兽类学报, 18 (1)：1-7.

杨健, 肖文, 匡新安, 等. 2000. 洞庭湖、鄱阳湖白鱀豚和长江江豚的生态学研究 [J]. 长江流域
资源与环境, 9 (4)：44-450.

于道平, 董明利, 王江, 等. 2001. 湖口至南京段长江江豚种群现状评估 [J]. 兽类学报 (03)：
174-179.

于道平, 王江, 杨光, 等. 2005. 长江湖口至荻港段江豚春季对生境选择的初步分析 [J]. 兽类学
报, 25 (3)：302-306.

余志堂, 邓中粦, 蔡明艳, 等. 1998. 葛洲坝下胭脂鱼的繁殖生物学和人工繁殖初报 [J]. 水性生
物学报, 12 (1)：87-89.

余志堂, 邓中粦, 赵燕, 等. 1986a. 葛洲坝枢纽下游白鲟性腺发育的初步观察 [J]. 水生生物学
报, (3)：97-98.

余志堂, 许蕴玕, 邓中粦, 等. 1986b. 葛洲坝水利枢纽下游中华鲟繁殖生态的研究 [A] //鱼类
学论文集 (第五辑). 北京：科学出版社, 1-14.

原居林, 解林红, 朱俊杰, 等. 2009. 陕西秦岭细鳞鲑群体遗传多样性的 RAPD 分析 [J]. 淡水渔
业, 1：72-75.

占车生, 乔晨, 徐宗学, 等. 2012. 渭河流域近 50 年来气候变化趋势及突变分析 [J]. 北京师范
大学学报 (自然科学版), 48 (4)：399-405.

张春光, 赵亚辉, 等. 2015. 中国内陆鱼类物种与分布 [M]. 北京：科学出版社, 284.

张德锋, 李爱华, 龚小宁. 2014. 鲟分枝杆菌病及其病原研究 [J]. 水生生物学报, 38 (3)：
465-504.

张孟闻, 宗愉, 马积藩. 1998. 中国动物志爬行纲第一卷 [M]. 北京：科学出版社, 115-118.

张书环, 聂品, 舒少武, 等. 2017. 子二代中华鲟分枝杆菌感染及血液生理生化指标的变化 [J].
中国水产科学, 24 (1)：136-145.

张先锋，刘仁俊，赵庆中，等. 1993. 长江中下游江豚种群现状评价 [J]. 兽类学报，13（4）：269-270.

张先锋，王士莉. 2009. 中国水族馆 [M]. 北京：海洋出版社，121.

张益峰，陆专灵，赵忠添，等. 2016. 山瑞鳖稚鳖庭院养殖技术研究 [J]. 大众科技，18（197）：86-87.

张溢卓，赵明军，杜浩，等. 2013. 中华鲟全人工繁殖技术研究 [J]. 中国水产科学，20（1）：1-11.

章克家，王小明，吴巍，等. 2002. 大鲵保护生物学及其研究进展 [J]. 生物多样性，10（3）：291-297.

赵明军，夏永涛，刘龙腾，等. 2018. 供给侧结构性改革背景下中国鲟鱼产业发展路径 [J]. 农业展望，12：78-83.

赵学敏. 2005. 湿地：人与自然和谐共存的家园——中国湿地保护 [M]. 北京：中国林业出版社，255.

赵燕，黄锈，余志堂. 1986. 中华鲟幼鱼现状调查 [J]. 水利渔业，(6)：38-41.

赵忠添，张益峰，黄立斌，等. 2014. 山瑞鳖的研究进展 [J]. 南方农业学报，45（12）：2280-2283.

赵忠添，黄立斌，张益峰，等. 2015. 山瑞鳖人工繁殖试验研究 [J]. 现代农业科技，11：271-276.

赵忠添，张益峰，陆专灵，等. 2016. 山瑞鳖小水体无沙养殖试验 [J]. 江苏农业科学，44（6）：335-337.

郑凯迪. 2003. 胭脂鱼的生物学特征及人工养殖技术 [J]. 水产养殖，(2)：9-11.

中国科学院水生生物研究所. 2018. 2017 长江江豚生态科学考察报告 [R].

周开亚. 2002. 白鱀豚系统发生位置的研究 [J]，自然科学进展，12（5）：461-465.

周开亚，杨光. 1998. 南京-湖口段长江江豚的种群数量和分布特点 [J]. 南京师范大学学报：自然科学版，2：91-98.

周婷，王伟. 2009. 中国龟鳖养殖原色图谱 [M]. 北京：中国农业出版社，98-106.

周婷，李艺，林海燕. 2011. 李艺金钱龟养殖技术图谱 [M]. 北京：中国农业出版社，48-160.

周晓华. 2019. 中国鲟鱼保护与产业发展管理 [J]. 中国水产，526（9）：45-50.

周运和. 2005. 两种饲料养殖山瑞鳖成鳖的比较试验 [J]. 中国水产，9：81-81.

朱元鼎，孟庆闻，等. 2001. 中国动物志（圆口纲软骨鱼纲）[M]. 北京：科学出版社.

曾凡美. 2011. 江西永丰长江胭脂鱼人工繁殖技术全国领先 [J]. 海洋与渔业，(6)：4.

邹仁林，甘子钧，陈绍谋，等. 1993. 红珊瑚 [M]. 北京：科学出版社.

邹仁林，甘子钧，陈绍谋，等. 1994. 红珊瑚 [J]. 生态科学，(1)：163.

邹仁林. 1998. 珍贵珊瑚 [J]. 生物学通报，33（5）：19-20.

邹仁林. 2001. 中国动物志 ［M］. 北京：科学出版社，1.

ADAMS K R, FETTERPLACE L C, DAVIS A R, et al. 2018. Sharks, ragys and obortion: The prevalence of capture-induced parturition in elasmobranchs. Biological Conservotion, 217: 11-27.

BRONZI P, ROSENTHAL H, Gessner J. 2011. Global sturgeon aquaculture production: an overview. Journal of Applied Ichthyology, 27: 169-275.

CHAN F F, CHENG I, ZHOU T, et al. 2007. A Comprehensive Ouer view of the Population and Conservation Status of Sea Turtles in China Chelonian Conservation & Biology, 6: 185-198.

CHAN S C Y, KARCZMARSKI L, 2017. Indo-Pacific humpback dolphins (*Sousa chinensis*) in Hong Kong: Modelling demographic parameters with mark-recapture techniques ［J］. PLoS One 12 e0174029.

CHEN B, GAO H, JEFFERSON T A, et al. 2018. Survival rate and population size of Indo-Pacific humpback dolphins (Sousa chinensis) in Xiamen Bay, China. Marine Mammal Science, 34, 1018-1033. doi: 10. 1111/mms. 12510.

CHEN B, XU X, JEFFERSON T A, et al. 2016. Conservation status of the Indo-Pacific humpback dolphin (*Sousa chinensis*) in the northern Beibu Gulf, China ［J］. Adv Mar Biol 73, 119-139.

DONG W, XU Y, WANG D, HAO Y. 2006. Mercury concentrations in Yangtze finless porpoises (Neophocaena phocaenoides asiaeorientalis) from eastern Dongting Lake, China ［J］. Fresenius Environmental Bulletin, 15: 441-447.

ERNST C H, BARBOUR R W. 1989. Turtles of the World ［M］. Washington (DC) : Smithsonian Institute Press. 96-116.

FAN X, WEI, Q, CHANG J. et al. 2006. A review on conservation issues in the upper Yangtze River—a last chance for a big challenge: can Chinese paddlefish (Psephurus gladius), Dabry's sturgeon (Acipenser dabryanus) and other fish species still be saved? ［J］. Journal of Applied Ichthyology. 22 (Suppl. 1) : 32-39.

FAO. 2020. Fishery and Aquaculture Statistics ［DB/OL］. ［2021-02-02］. http: //www. fao. org/ (12/2020) .

FIGUEROA D F, BACO A R. 2014. Complete mitochondrial genomes elucidate phylogenetic relationships of the deep-sea octocoral families Coralliidae and Paragorgiidae ［J］. Deep-Sea Research Ⅱ, 99: 83-91.

GONG S P, SHI H T, JIANG A W, et al. 2017. Disappearance of endangered turtles within China's nature reserves ［J］. Current Biology, 27 (5): 170-171.

GONG S P, WU J, GAO Y C, et al. 2020. Integrating and updating wildlife conservation in China ［J］. Current Biology, 30: 915-919.

GUO L, LIN W, ZENG C, et al. 2020. Investigating the age composition of Indo-Pacific humpback dolphins in the Pearl River Estuary based on their pigmentation pattern ［J］. Marine Biology 167, 1-12.

GUO L, ZHANG X, LUO D, et al. 2021. Population-level effects of polychlorinated biphenyl (PCB) exposure on highly vulnerable Indo-Pacific humpback dolphins from their largest habitat [J]. Environmental Pollution, 117544.

HONG X Y, CAI X D, CHEN C, et al. 2019. Conservation Status of the Asian Giant Softshell Turtle (Pelochelyscantorii) in China, Chelonian Conservation and Biology, 18 (1): 68-74.

IUCN. 2000. The IUCN Red List of Threatened Species [DB/OL]. [2021-2-2]. http://www.iucnredlist.org.

IWC. 2001. Annex K. Report of the standing sub-committee on small cetaceans [R]. Journal of Cetacean Research and Management 3 (Supplement): 263-291.

LI R, ZOU Y, WEI Q W. 2009. Sturgeon aquaculture in China: status of current difficulties as well as future strategies based on 2002-2006/2007 surveys in eleven provinces [J]. Journal of Applied Ichthyology, 25, 632-639.

LI S, WANG D, WANG K, et al. 2007. The ontogeny of echolocation in a Yangtze finless porpoise (Neophocaena phocaenoides asiaeorientalis) [J]. The Journal of the Acoustical Society of America, 122 (2): 715-718.

LI S, WANG K, WANG D, et al. 2008. Simultaneous production of low- and high-frequency sounds by neonatal finless porpoises [J]. The Journal of the Acoustical Society of America, 124 (2): 716-718.

LIU R, WANG D, ZHOU K. 2000. Effects of water development on river cetaceans in China [R] // REEVES R R, SMITH B D, KASUYA T. Biology and conservation of freshwater cetaceans in Asia, 40-42. IUCN Species Survival Commission Occasional Paper No. 23, Gland, Switzerland.

MEI Z, ZHANG X, HUANG S, et al. 2014. The Yangtze finless porpoise: On an accelerating path to extinction? [J]. Biological Conservation, 4 (172): 117-123.

MILLER G S. 1918. A new river-dolphin from China, Smiths. Misc Coll., 68 (9): 1-12.

NELSON J S, GRANDE T C, WILSON M V H. 2016. Fishes of the World (5th Ed). New York: John Wiley & Sons, Inc.

NING X, GUI D, HE X, et al. 2020. Diet Shifts Explain Temporal Trends of Pollutant Levels in Indo-Pacific Humpback Dolphins (Sousa chinensis) from the Pearl River Estuary, China [J]. Environmental Science & Technology, 54 (20): 13110-13120.

NOWACEK D P, THORNE L H, JOHNSTON D W, et al. 2007. Responses of cetaceans to anthropogenic noise [J]. Mammal Review, 37 (2), 81-115.

PILLERI G, GIHR M. 1972. Contribution to the knowledge of the cetaceans of Pakistan with particular reference to the genera Neomeris, Sousa, Delphinus and Tursiops and description of a new Chinese porpoise (Neomeris asiaorientalis). Investig. Cetacea 4, 107-162.

POPOV V V, SUPIN A Y, WANG D, et al. 2005. Evoked-potential audiogram of the Yangtze finless porpoise (Neophocaena phocaenoides asiaeorientalis) [J]. The Journal of the Acoustical Society of America, 117 (5): 2728-2731.

POPOV V V, SUPIN A Y, WANG D, et al. 2011. Noise-induced temporary threshold shift and recovery in Yangtze finless porpoises Neophocaena phocaenoides asiaeorientalis [J]. The Journal of the Acoustical Society of America, 130 (1), 574-584.

REEVES R R, JEFFERSON T A, KASUYA T, et al. 2000. Report of the Workshop to Develop a Conservation Action Plan for the Yangtze River Finless Porpoise, Ocean Park, Hong Kong, 16-18 September 1997 [R] //REEVES R R, SMITH B D, KASUYA T. Biology and Conservation of Freshwater Cetaceans in Asia, 67-80. Occasional Paper of the IUCN Species Survival Commission.

REEVES R R, WANG J Y, LEATHERWOOD S. 1997. The finless porpoise, Neophocaena phocaenoides (G. Cuvier 1829): a summary of current knowledge and recommendations for conservation action [J]. Asian Marine Biology, 14: 111-143.

RHODIN A G J, IVERSON J B, BOUR R, et al. 2017. and van Dijk, P. P. Turtles of the World: Annotated Checklist and Atlas of Taxonomy, Synonymy, Distribution, and Conservation Status (8th Ed.) [J]. Chelonian Research Monographs, 7: 1-292.

ROSS D A N, GUZMÁN H M, POTVIN C, et al. 2017. A review of toxic metal contamination in marine turtle tissues and its implications for human health. Regional Studies in Marine Science, http://dx. doi. org/10. 1016/j. rsma. 06. 003.

SHAO J, XIONG D M, CHU Z P, et al. 2019. Population differentiation and genetic diversity of endangered Brachymystax tsinlingensis Li between Yangtze River and Yellow River in China based on mtDNA [J]. Mitochondrial DNA Part A, 30 (5).

SHEN L, SHI Y, ZOU Y C, et al. 2014. Sturgeon Aquaculture in China: status, challenge and proposals based on nation-wide surveys of 2010-2012 [J]. Journal of Applied Ichthyology, 30: 1547-1551.

SMITH B, REEVES R R. 2000. Survey methods for population assessment of Asian river dolphins [R] //REEVES R R, SMITH B D, Kasuya T. Biology and conservation of freshwater cetaceans in Asia. IUCN SSC Occasional Paper, 23: 97-115. IUCN, Gland, Switzerland and Cambridge, UK.

SUZANNE M, GENDRON. 2018. Aquariums: Economic Engines for Our Communities but How Do We Help the Planet also? [R] 10IAC, Fukushima, Japan, Nov., 2018.

TAO J P, QIAO Y, TAN X C, et al. 2009. Species identification of chinese sturgeon using acoustic descriptors and ascertaining their spatial distribution in the spawning ground of gezhouba dam [J]. Chinese Science Bulletin, 54 (21), 3972-3980.

TSOUNIS G, ROSSI S, GRIGG R, et al. 2010. The Exploitation and Conservation of precious corals [J]. Oceanography and Marine Biology: An Annual Review, 48, 161-212.

TU T H, DAI C F, JENG M S. 2015. Phylogeny and Systematics of Deep-sea Precious Corals (Anthozoa: Octocorallia: Coralliidae) [J]. Molecular Phylogenetics and Evolution, 84, 173-184.

TU T H, DAI C F, JENG M S. 2012. Precious corals (Octocorallia: Coralliidae) from the northern West Pacific region with descriptions of two New Species [J]. Zootaxa, 3395: 1-17.

WALLER R G, BACO A R. 2007. Reproductive morphology of three species of deep-water precious corals from the Hawaiian Archipelago: Gerardia Sp., Corallium Secundum, and Corallium Lauuense [J]. Bulletin of Marine Science, 81 (3): 533-542.

WANG D. 2009. Population status, threats and conservation of the Yangtze finless porpoise [J]. Chinese Science Bulletin, 54: 3473-3484.

WANG D, LIU R, ZHANG X, et al. 2000. Status and conservation of the Yangtze Finless Porpoise [R]. In: R. R. Reeves, B. D. Smith, and T. Kasuya (eds), Biology and Conservation of Freshwater Cetaceans in Asia, 81-85. IUCN SSC Occasional Paper No. 23, Gland, Switzerland and Cambridge, UK.

WANG K X, WANG D, ZHANG X F, et al. 2006. Range-wide Yangtze freshwater dolphin expedition: the last chance to see baiji? [J] Environmental Science and Pollution Research, 13 (6): 418-424.

WANG J Y, YANG S C, FRUET P F, et al. 2012. Mark-Recapture Analysis of the Critically Endangered Eastern Taiwan Strait Population of Indo-Pacific Humpback Dolphins (*Sousa Chinensis*): Implications for Conservation [J]. Bulletin of Marine Secience 88, 885-902.

WEI Q W, ZOU Y C, LI P, et al. 2011. Sturgeon aquaculture in China: progress, strategies and prospects assessed on the basis of nation-wide surveys (2007-2009) [J]. Journal of Applied Ichthyology, 27: 162-168.

WEI Q W, KE F E, ZHANG J M, et al. 1997. Biology, Fisheries and Concervation of Sturgeons and paddlefish in China [J]. Environmental Biology of Fishes, 48: 241-255.

WEI Q, HE J, YANG D, et al. 2004. Status of sturgeon aquacul ture and sturgeon trade in China: a review based on two recent nationwide surveys. Journed of Applied Ichthyology 20, 321-322.

ZHANG X, WANG D, LIU R, et al. 2003. The Yangtze River dolphin or baiji (Lipotes vexillifer): population status and conservation issues in the Yangtze River, China [J]. Aquatic Conservation: Marine and Freshwater Ecosystems, 13 (1): 51-64.

XIAO W, ZHANG X. 2000. Distribution and population size of Yangtze finless porpoise in Poyang Lake and its branches [J]. Acta Theriologica Sinica, 22: 7-14.

XIE P, CHEN Y. 1996. Biodiversity problems in freshwater ecosystems in China: impact of human activities and loss of biodiversity [J] //MACKINNON J, WANG S. Conserving China's biodiversity, 160-168. Beijing: China Environmental Science Press.

XU X, SONG J, ZHANG Z, et al. 2015. The world's second largest population of humpback dolphins in the waters of Zhanjian deserves the highest conservation priority [J]. Sci Rep 5, 8147.

YANG F, ZHANG Q, XU Y, et al. 2008. Preliminary hazard assessment of polychlorinated biphenyls, polybrominated diphenyl ethers and plochlorinated pibenzo-p-dioxins and pibenzofurans to Yangtze finless porpoises in Dongting Lake, China [J]. Environmental Toxicology and Chemistry, 27: 991-996.

YING-CHUN XING, BIN-BIN LV, EN-QI YE, et al. 2015. Revalidation and redescription of Brachymystax tsinlingensis Li, 1966 (Salmoniformes: Salmonidae) from China. [J]. Zootaxa, 3962 (1): 191-205.

ZHANG S H, XU Q Q, DU H, et al. 2018. Evolution, expression, and characterisation of liver-expressed antimicrobial peptide genes in anclent chondrostean sturgeon [J]. Fish and Sheufish immunology, 79: 363-369.

ZHANG X, ZHAN F, YU R O, et al. 2021. Bioaccumulation of legacy organic contaninants is pregnant Indo-Pacific humpback dolphins (*Sousa chinensis*): Unique features on the transplacental transfer [J]. Science of The Total Environment 785, 147287.

ZHANG X, YU R Q, LIN W, et al. 2019. Stable isotope analyses reveal anthropogenically driven spatial and trophic changes to Indo-Pacific humpback dolphins in the Pearl River Estuary, China [J]. Science of The Total Environment, 651, 1029-1037.

ZHAO X, BARLOW J, TAYLOR B L, et al. 2008. Abundance and conservation status of the Yangtze finless porpoise in the Yangtze River, China [J]. Biological Conservation, 141: 3006-3018.

ZHOU K, LEATHERWOOD S, JEFFERSON T A. 1995. Records of small cetaceans in Chinese waters: a review [J]. Asian Marine Biology, 12: 119-139.

ZHU X P, HONG X Y, ZHAO J, et al. 2015. Reproduction of captive Asian giant softshell turtles, Pelochelys cantorii. Chelonian conservation and biology, 14 (2): 143-147.

ZHUANG P, ZHAO F, et al. 2016. New evidence may support the persistence and adaptability of the near-extinct Chinese sturgeon [J]. Biology Conservation, 193: 66-69.